U0639027

本书获天津市高等学校综合投资规划项目资助

生态哲学译丛

佟　立◎主编

THE PHILOSOPHICAL FOUNDATIONS OF ECOLOGICAL CIVILIZATION:
A MANIFESTO FOR THE FUTURE

生态文明的哲学基础

未来宣言

［澳］阿伦·盖尔——著

张　虹——译

天津出版传媒集团

天津人民出版社

图书在版编目（CIP）数据

生态文明的哲学基础：未来宣言 / (澳) 阿伦·盖
尔著；张虹译. -- 天津：天津人民出版社, 2021.9
（生态哲学译丛 / 佟立主编）
书名原文: The Philosophical Foundations of
Ecological Civilization：A Manifesto for the
Future
ISBN 978-7-201-17084-8

Ⅰ.①生… Ⅱ.①阿… ②张… Ⅲ.①生态文明—哲
学—研究 Ⅳ.①B824

中国版本图书馆 CIP 数据核字(2020)第 268209 号

The Philosophical Foundations of Ecological Civilization：A Manifesto for the Future/ by
Arran Gare/ ISBN: 9781138685765.
Copyright ⓒ 2017 by Routledge.
All Rights Reserved：Authorised translation from the English language edition published by
Routledge, a member of the Taylor & Francis Group.
Tianjin people's publishing house is authorized to publish and distribute exclusively the
Chinese (Simplified Characters) language edition.
Copies of this book sold without a Taylor & Francis sticker on the cover are unauthorized
and illegal.
本书贴有 Taylor & Francis 公司防伪标签,无标签者不得销售。
著作权合同登记号：图字 02-2018-268 号

生态文明的哲学基础：未来宣言
SHENGTAI WENMING DE ZHEXUE JICHU：WEILAI XUANYAN

出　　版	天津人民出版社	
出 版 人	刘　庆	
地　　址	天津市和平区西康路35号康岳大厦	
邮政编码	300051	
邮购电话	(022)23332469	
电子信箱	reader@tjrmcbs.com	
责任编辑	王佳欢	
封面设计	明轩文化·王　烨	
印　　刷	天津新华印务有限公司	
经　　销	新华书店	
开　　本	710毫米×1000毫米　1/16	
印　　张	26.5	
插　　页	2	
字　　数	320千字	
版次印次	2021年9月第1版　2021年9月第1次印刷	
定　　价	128.00元	

总　序

　　"生态哲学译丛"是我于2017年5月在天津外国语大学欧美文化哲学研究所策划主编出版的选题。在天津外国语大学领导的大力支持下,我申报了天津市高等学校"十三五"综合投资规划项目,经专家评审和天津市教育委员会审批获准立项资助。

　　获准立项后,我们选购了三百余部英文版生态哲学、生态伦理学、生态思潮、环境哲学等方面的著作,作为哲学硕士一级学科研究生教材和研究资料。精选了其中十五部著作,计划组织英语专业有关教师和哲学专业有关教师开展翻译工作,以丛书的形式出版。鉴于本丛书的出版价值,选题得到了天津人民出版社领导的大力支持,编辑部老师积极开展了版权引进工作。这项工作因多种原因,版权引进历时一年多,共引进了四部版权,其他著作的版权引进仍在联络中。天津人民出版社总编王康老师和编辑部的老师们,为本丛书的出版做了大量的编审工作,在此一并致谢!

　　我们设计这套丛书的初衷是,始终坚持让外国哲学的研究和翻译为我国现代化和思想文化建设服务。生态文明建设是中国特色社会主义事业的重要内容,关系人民福祉和民族未来。落实党的十九大精神,树立国际视野,汲取古今中外的生态智慧,不断推进生态哲学理论中国化,加快形成人与自然和谐发展的新格局，开创社会主义生态文明新时代是中国特色社会主义发展的必然需求，也是哲学工作者和翻译工作者的任务。因此，开展中外生态哲学研究与文献翻译工作，为我国培养生态哲学研究与文献翻译人才，为建设美丽中国提供可资借鉴的国外学术研究成果，具有重要的理论和现实意义。

培养学术翻译人才，提高理论思维水平和翻译水平，需要用学术批判的眼光，不断地学习以往的哲学，汲取精华，去其糟粕。恩格斯说："一个民族要想站在科学的最高峰，就一刻也不能没有理论思维"①，"但是理论思维无非是才能方面的一种生来就有的素质。这种才能需要发展和培养，而为了进行这种培养，除了学习以往的哲学，直到现在还没有别的办法"②。加强理论学习，要紧密结合"生态哲学研译"工作。深入贯彻习近平总书记对研究生教育工作的重要指示，落实立德树人的根本任务。打造"卓越而有灵魂"的哲学专业研究生教育，努力提高研究生培养质量，不断提高师资队伍"研译双修"水平，增强"研译创新"能力，努力产出"研译"精品成果，服务中外文明互鉴、互译，服务人类命运共同体建设和生态文明建设。习近平总书记指出，"世界文明历史揭示了一个规律：任何一种文明都要与时偕行，不断吸纳时代精华。我们应该用创新增添文明发展动力、激活文明进步的源头活水，不断创造出跨越时空、富有永恒魅力的文明成果。激发人们创新创造活力，最直接的方法莫过于走入不同文明，发现别人的优长，启发自己的思维"③。牢记党和国家领袖的教诲，对于人才培养，服务社会，具有重要的实践意义。

20世纪以来，伴随工业化而来的大气污染、海洋污染和陆地水体污染等对人类社会和自然环境的影响日趋严重，成为当代人类共同关心的

---

① 《马克思恩格斯选集》（第三卷），人民出版社，2012年，第875页。

② 同上，第873页。

③ 《习近平谈治国理政》（第三卷），外文出版社，2020年，第470页。

问题。"生态文明"(Ecological Civilization)是当今国内外重大的理论课题之一,中外学界高度关注。西方学界自20世纪以来对"生态问题""生态伦理""生态思想"等进行了多层面的考察和研究,经过半个多世纪的演化达到高潮,形成了当代西方生态哲学思潮,代表性著作被译为多语种出版,促进了生态思想在全球的传播。

国外研究生态思潮的成果既有丰富的学理内涵,又有错综复杂的思想,即使在同一学派内部也存在着分歧。其理论具有反人类中心论、反二元论、反男权中心主义、反性别歧视、反控制自然、反人定胜天、反种族歧视、反物种歧视,倡导平权主义、素食主义,尊重自然规律和物种生命等特征。这一点,恰恰反映了西方学术界在同一问题上视野多维的学界风格,体现了西方学术思想所具有的争鸣传统。从更深的层次看,他们的学说反映了资本主义现代化过程中发展经济与破坏环境的深刻矛盾和社会矛盾,揭示了资本主义社会浮士德式的困境。

生态文明代表了不同于工业文明的思想观念和价值取向,它超越了唯经济增长论和人类主宰自然的思想,强调人与自然和谐共生的价值观;工业文明尽管给人类社会带来了物质繁荣,但并没有正确解决人与自然的关系问题,造成了全球生态环境危机,从城市污染到物种濒临灭绝,反映了工业文明的局限性。西方生态哲学思潮的兴趣,反思了资本主义发展经济与破坏环境的悖论。从工业文明向生态文明的社会转型是人类社会发展的必然规律。习近平生态文明思想,是马克思主义生态哲学中国化的根本体现,丰富了马克思主义生态哲学的研究内容,对于正确处理人与自然的关系,加强社会主义生态文明建设,具有重要的指导意义。习近平总书记指出:"纵观人类文明发展史,生态兴则文明兴,生态衰则文明衰。工业化进程创造了前所未有的物质财富,也产生了难以弥补的生态创伤。杀鸡取卵、竭泽而渔的发展方式走到了尽头,顺应自然、保护生态的绿色发展昭示着未来。"①共谋全球生态文明建设，关乎人类未来。拥有天蓝、地绿、水净的美好家园，是每个中国人的梦想，也是全人类共同谋求的目标。

当今世界处于百年未有之大变局中，人类社会既充满希望，又充满挑战，和平与发展仍是时代的主题。全球问题和深层次矛盾不断凸显，不稳定性、不确定性因素增多。构建人类命运共同体，建设美好和谐的世界，是人类的共同愿望和时代精神。

人类社会的基本标志是文明，"每一种文明都扎根于自己的生存土壤，凝聚着一个国家、一个民族的非凡智慧和精神追求，都有自己存在的价值"②。世界文明的多样性和丰富性构成了人类社会的基本特征，交流互鉴、互译是人类文明发展的基本要求。几千年的人类社会发展史，就是人类文明发展史、交流史，"每种文明都有其独特魅力和深厚底蕴，都是人类的精神瑰宝。不同文明要取长补短、共同进步，让文明交流互鉴成为推动人类社会进步的动力、维护世界和平的纽带"③。世界是在人类各种文明的交流互鉴中走到今天，并走向未来，而翻译在促进不同民族、语言和文化交流中发挥了重要作用。人类社会的可持续发展，需要加强生态文明领域的交流互鉴、文献互译，增进相互了解，注入新鲜血液，促进和平与发展，应对日益突出的全球性挑战。

项目分工如下：

项目负责人佟立负责"生态哲学译丛"出版选题策划和出版论证工作；负责申报天津市高等学校"十三五"综合投资规划项目论证工作；负责组织选编欧美生态哲学、环境哲学等具有代表性英文版著作（三百余部）基本信息（英汉对照）；组织研究生登记造册，作为研究所师生开展生态哲学研究与文献翻译工作的重要参考文献；以此为基础，组织翻译队伍遴选

---

① 《习近平谈治国理政》（第三卷），外文出版社，2020年，第374页。

② 同上，第468页。

③ 《习近平谈治国理政》（第二卷），外文出版社，2017年，第544页。

具有重要影响和重要出版价值的(引进版)新著十五部,统一报送天津人民出版社引进版权;组织遴选英语学科教师参加翻译工作;负责制订译著翻译计划、出版计划、成果验收等项目管理工作;负责撰写"生态哲学译丛"总序。

课题组成员张虹(天津外国语大学欧美文化哲学研究所协同创新中心成员、英语学院副教授),刘国强(天津外国语大学欧美文化哲学研究所协同创新中心成员、英语学院副教授),王慧云(天津外国语大学欧美文化哲学研究所协同创新中心成员、英语学院副教授),夏志(天津外国语大学欧美文化哲学研究所协同创新中心成员、英语学院讲师),常子霞(天津外国语大学欧美文化哲学研究所协同创新中心成员、求索荣誉学院副教授),郝卓(天津外国语大学欧美文化哲学研究所协同创新中心成员、求索荣誉学院讲师),沈学甫(天津外国语大学欧美文化哲学研究所协同创新中心成员、副教授),姚东旭(天津外国语大学欧美文化哲学研究所协同创新中心成员、副教授)等参加项目翻译和服务工作。

由于我们的研究水平和翻译水平有限,译著一定存在诸多不足和疏漏之处,欢迎专家学者批评指正。

佟　立

写于天津外国语大学欧美文化哲学研究所

2020年7月18日

序 言

　　作为一位历史学家、科学数学哲学家和社会环境哲学家,在这个地球环境遭到极端毁坏的背景下, 在反智主义和虚无主义盛行的国家中写这样一本书,需要不懈的斗争来捍卫独立研究的条件,需要抵制大学和其他公共机构的腐败,抵制由于政府的派系斗争而逐步陷入瘫痪的智性分化。然而在这样的环境下工作也有其好处,消极的虚无主义、真哲学的边缘化、智性文化的碎裂,以及公共体制(尤其是大学和研究机构的腐败)的腐化、民主的瓦解、人口的非政治化、跨国公司的霸主地位、公共财产的侵占、生态破坏,它们相互联系,彼此作用。也就是说,推动整个人类生态灭绝的驱动力在眼前变得愈加清晰。与此同时,发展成熟的哲学在其中所起到的重要作用也愈加明了。它能够帮助人们在迷途中找到正确的方向,让人们了解世界的错综复杂,理解生活的意义、历史的内涵,使人们勇于面对种种困难,设想未来会出现的各种实在的可能性;更加容易认识到齐心协力挑战权力精英,并抵制学术生活腐败(无论在国内还是在国外)的价值及重要性。

　　我要诚挚地感谢国内的阿伦·罗伯茨、格伦·迈凯伦,以及斯威本科技大学复杂过程研究团队的其他成员;国际上,我还要感谢小约翰·库伯、默里·库德、大卫·雷·格里芬、米歇尔·韦伯、詹姆斯·奥康纳、乔尔·科韦利、迈克尔·齐默曼、塔基斯·福托鲍罗斯、斯坦·萨尔斯、杰斯帕·霍夫梅耶、卡莱维库尔·普·西梅奥诺夫、斯图尔特·考夫曼、莎莎·约瑟夫维克、伊恩·麦吉尔克里斯特、王志和、徐春和尾关周二。我非常感激朱丽叶·班尼特、安德鲁·道森和斯坦·萨尔斯对这部书稿提出的各种意见和建议。我还要谢谢潘岳先生为中国的生态文明发展做出的积极贡献。

目 录

引　言

　　我们人类创造的温室效应已处于失控的危险状态，如果世界顶级的气候科学家是正确的，那么我们没有理由认为他们是错的，除非我们采取非常激烈的措施来停止温室气体排放。温室效应会完全改变全球的生态系统，导致数十亿人类的死亡、文明的消失。即使没有温室效应的强烈作用，格陵兰岛和南极冰川的融化也会淹没河流三角洲及沿海平原，那里坐落着我们主要的城市，种植着我们赖以生存的粮食。会出现更多的极端天气情况、更大量的降雨，超出海洋和极地能够承受的范围。另外，种植着大量作物的热带地区会更加炎热和干旱；物种大量灭绝，类似过去地质时代结束时的种种迹象。据预测，到21世纪中叶，亚马孙热带雨林将被毁坏殆尽，海洋渔业将会走向衰亡。欧洲的蜜蜂与开花植物相伴相生，和人类共同繁衍至今，它们为植物受精，为我们提供了三分之一的食物来源，但如今它们正在大量死亡。在亚洲，北京的空气有时也令人不快。以上这些仅仅是全球生态灾难迫近的点滴明显迹象。然而正如乔治·蒙贝尔特（George Monbiot 2006）指出的，应对当下情况所做的努力简直就是杯水车薪。乌尔里希·贝克（Ulrich Beck）把我们的困境总结如下：

　　工业生产的副作用悄无声息地转化成为全球生态的种种困境，这不仅仅是关系我们周遭的环境——不是所谓的"环境问题"——而且是工业社会本身影响深远的体制危机……过去看上去"有用的"和"合理的"，如今成为或看上去危及了生命，所以引发并造成了功能紊乱、不合逻辑……如果说我们前几代人生活在马车时代，那么如今和未来，我们都将生活在灾难蠢蠢欲动的危险时代。我们的先辈发现了潜在的危机，他们一边全力抵抗，一边向全世界大声呼吁，但我们却不以为然："物种的自杀行为"就在眼前。

（Beck 1996，p.32，p.34，p.40）

2　　　尽管在 2015 年巴黎会议上各国已经对减少温室气体排放达成了一致，但似乎大部分国家的政府更关注的是经济增长而不是人类的生存。如今每个人都面临着失业的危险，而经济增长被认为是可以解决这个问题的唯一途径。但政府却更专注于开发新技术，据说是为了提高产量而不是增加就业，而技术的进步可能会导致更多的人失去工作。但各方数据表明，除了计算机芯片的生产，从 20 世纪 70 年代以来，这些技术的进步反而降低了劳动生产力（尽管不同国家略有差异），而新技术从总体上来说产生了更多的温室气体，给生态系统带来了更大的压力（2005，p.91）。从官僚体制和狭隘的国家私利解放出来的市场带来了经济繁荣，这一点显而易见。然而不断出现的经济危机将会使多国乃至全球经济陷入瘫痪，但潜在的原因至今没有着手解决。佩雷尔曼（Perelman）（2007，pp.3ff.）和皮克迪（Piketty）（2014，pp.571ff）的研究指出，从 1973 年起，绝大多数生活在西方先进国家的劳动人民的境况愈来愈差。为了能找到工作，他们不得不花更多的时间接受教育，受雇后，为了获得同样多或者还要少的薪酬，又要工作更长的时间。此外，在速食经济下，很多工作的内容和性质发生了变化,工作不再给人们带来满足感,而且工作也没有保证,年轻的一代正面临随时失业的危险和岌岌可危的经济前景,逐渐形成了一个新的阶层——不稳定无产者,下面还有一个长期失业阶层在不断壮大。

也许有些统治阶层的精英们已经决定,牺牲富裕国家人民的福利来发展其他国家的经济,分享经济发展带来的好处,但是这些发展中国家的绝大多数人民的生活也很糟糕。范达娜·席娃(Vandana Shiva)和其他一些学者指出,农业企业用不可持续发展的农业取代可持续发展的农业,把这些国家的人民一步步推离他们的土地。乡下的人被迫搬到城市的"贫民窟"居住,正如迈克·戴维斯(Mike Davis 2006)曾描绘的贫民窟的星球。为了生存,他们去参加犯罪团伙,或者去生态低效的工厂上班,这些工厂的条件让人想起 19 世纪早期的英国。无论如何选择,他们只不过是在拓展不可持续的人类生态足迹,尽管不如这些发展中国家中殷实的精英阶层(这些政策的实际受惠者)奉献的多,至少在短期上是如此。

我们会认为在这种情况下应该出现政治运动,政治领导人会振臂高呼,为他们的社会指定新的方向。然而如今出现的最激烈的政治运动就是抗议:他们对未来没有任何愿景,而且似乎也没有兴趣去构想未来的各种可能。即使他们获得了权力,政治激进分子也只会糟蹋了这些机会。似乎任何政党当权,无论他们称自己为保守党、自由党、社会民主党,他们贯彻相同的政策,开放市场,倡导管理主义,贩卖公共财产,削弱工作安全并以新技术取代工人,进一步巩固超级富豪的地位,拓展人类的生态足迹,在这些方面他们相差无几。要不然,他们变得腐败堕落,对富人献媚,通过发传单来获取穷人的支持,通常以牺牲高效工人为代价。提供真正的选择是那些仇视环保主义者的宗教原旨主义者和狭隘的民族主义者,极少例外。另一些选择则因为希望回到过去,或者完全不切实际而被人们嘲笑或被搁置(无论这种评价公正与否)。

通过对一般常识的阐释,不可能理解所有这些。如果不具备充分的常识,那么除非不过问政治,正如很多人一样,他们就不得不到学术领域寻求更好的阐释方案。在这里,他们会发现学派林立,各种学科、子学科层出不穷,更替愈加频繁,有时各类观点互相支持,有时却又互相对立,这进一步分散、削弱了人们理解世界的能力,甚至马克思主义也变得碎片化。如此的分裂几乎完全摧毁了人文学科的可信性,但在人类科学,甚至自然科学方面,这种情况也没有好多少。激进的经济学家声称,承认新自由主义议程的主流经济学彻底失去了其权威性,但他们的观点彼此之间也有所不同。他们被主流经济学家所忽视,而这些经济学家始终操纵着经济部门和主要刊物,对政客和政府官员有独家访问权。自然科学家总是在类似什么是良好的饮食习惯这样的小问题上出错,因此失去了可信性。一些据称是专家的人,自诩为怀疑环保主义者,仍旧认为没有发生环境危机。如果要为我们的信仰寻求更坚固的基础,就要回到自然科学领域,最终追溯到历史上最成功的物理科学;而还原论者认为,该终极科学必须能够解释所有其他科学,我们在主要理论方面有很多不一致的地方,在解决这些差异性问题上也毫无进展。一些物理学家认为,要解决眼下这种情况,最重要的研究项目根本不是科学。正如彼得·沃伊(Peter Woit)所说,这甚至算不上是错。如果我们忽视对物理状态的批评意见而接受主流观点,也就是自然只能通过数学来了解,无法通过非数学语言来阐释,而高级物理学中运用的数学需要至少有理论物理或数学博士学位的人才能理解。也就是说,我们不断被灌输宇宙不可知的观念,我们不要试图去了解我们生活的地方,还是把这些留给那些对什么是科学还无法达成一致的专家们去研究。

4   在这种情形下,转向哲学领域、向哲学家去寻求帮助是很自然的事了,很明显至少一些年轻人正在这么做。他们发现将哲学本身碎片化的分析哲学家逐步占据了主导地位,他们要么支持科学主义,赋予矛盾挣扎中的科学家(和专家)权力去定义现实;要么反对科学主义、捍卫常识,尽管这显然无法使我们理解自己生活的世界。如果这些年轻人转向欧陆哲学家会发现，法国哲学家们都倡导结构主义，这是科学主义的另一种形式，或者说是后结构主义；而后结构主义者则解构人文科学，他们认为即使是对全面了解世界的探索都是令人难以忍受的，揭露民主根基的种种假设被看作一种基本的时尚。还有德国哲学家推崇的唯心主义的某些形式，但若用来阐释并解决生态问题，实在不太合适。鉴于各类学科的显著发展，以及解构的后现代主义者对唯心主义的种种质疑，我们有理由相信唯心主义不可能也无法应对全球生态毁灭问题。在急需哲学家之际，人们似乎已决定重新定义哲学，使之避开文明的难题，只是服务于信息技术的发展和娱乐行业。

我要陈述的观点是，为了应对我们所处的危机，多种不同的想法已经出现并且已经壮大起来了，但要使之行之有效，就必须把它们确立下来、整合到一起且进一步发展。这些观点被边缘化，因为它们挑战了现有的权力结构和权力精英，最根本的是，它们质疑大多数人定义自身和他们目标的文化。目前需要的是达成这种融合的方法，以调动起全人类重新定义我们在宇宙中所处的位置和最终命运，而后在此基础上打造一个能够壮大生命并有效管理当前全球生态系统的社会。这就需要哲学再定位来克服其碎片化，替换掉统治现代性的有缺陷的哲学假设，包括主流科学。这需要思辨哲学和自然哲学的复兴。为达到此目的，本书成为生态文明的宣言，但同时也是自然哲学与思辨哲学的宣言。这本书还是"思辨自然主义"的宣言，以"思辨辩证法"为条件来打造生态文明。

还有一个更深入的问题，在当下的知识和文化环境中，哲学名声扫地，无论声称是哲学的，或是更进一步将人们引入关于支持何种哲学辩论的泥沼，仍旧会因为没有实际效用而招致漠视。知名的西班牙籍、阿根廷籍及加拿大籍科学哲学家（我的基本学科就是科学哲学）马里奥·邦格（Bunge）指出："学术哲学已变得愈加陈腐，只专注于自己的过去，怀疑全新的观点，只关注自身，几乎完全脱离了现实，因此很难在应对普通人面临的问题上给予帮助。"(Bunge 2001,p.9)这就是大多数人如何看待学术哲学的,至少是在英语为通用语的国家是这样的。哲学就是知识的迷宫,哲学家则为我们亲自演示了它的无疾而终。但这是为了把哲学与当下哲学家们所做的等同起来,他们忽视发展趋势。乔治·奥威尔(George Or-well)曾指出,所用的词汇的意思与它们的本意正相反。如果了解过去哲学的含义,就会知道很多目前声称的"哲学"恰恰是反哲学的。

在过去,哲学在文明形成中居中心位置,正如阿弗烈·诺夫·怀特海(Al-fred North Whitehead)(1932,p.x)所说:"(哲学)是所有智性追求中最有效的……它是精神大厦的建筑师,也是它们的溶解剂/解决方法;精神先于物质。"无论好与不好,被认真对待还是冷漠无视,哲学都是文明的基础。怀特海的观点是:

> 哲学观点是思维和生命的根本基础。我们听取的观点和我们束之高阁的观点支配着我们的希望、我们的恐惧和我们行为的约束。我们生活着,我们思考着。这就是为什么哲学观点的凝聚远超任何专业研究。它锻造了我们的文明形式。
>
> (Whitehead 1938,p.63)

整个宣言自始至终体现这么一个观点：哲学与一般人文学科在揭示我们文化的种种缺陷中起了不可或缺的决定性作用，并在此过程中为克服这些缺陷而进行的文化转型奠定了基础，然而这种努力不但被政府极大阻碍，还被包括主流哲学话语在内的学术界阻挡。它们将具有缺陷的现代性假设固定下来，却对发展全新想法加以抑制。哲学原本的样子与其(在英语国家)成为的样子之间形成了一道鸿沟，而这部作品就是对这种背离的抗议：对带有分析哲学特点的微小事件的深奥探讨(尽管有明显例外)，或是紧跟法国最新的智性时尚——对欧陆哲学的追捧，最终都退出了过去定义哲学的更广阔的抱负。没有了雄心壮志的哲学统领文化各个领域，其他学科不可避免地碎裂为各种子学科、子学科下的子学科，破坏了学术界、知识界和文化生活的整体性。我们需要新的概念来克服这种碎裂化，通过这些观点我们可以了解并有效地解决文化、社会和文明存在的问题，同时发展并捍卫这些概念。然而不仅如此，能够解决问题的这些概念要适用并体现在实践中、体制中和人们对生命的态度中。以这种方式，未来文明的基础才能够确立。

6

要打造一个有望实现的未来，需要为质疑和取代当前盛行的自然主义还原论形式开辟道路，以及由其产生并支撑它的科学主义；相应地，质疑和取代正统的生物学家、经济学家和心理学家贬低生命和人性的观念。而哲学家们却没有提出这样的问询：出了什么问题吗？布劳德（C.D.Broad）指出，传统上，哲学家使用三种"方法"：分析、提炼（归纳）和综合。分析哲学家推崇分析，但却限制了它的功能，在大多数情况下将经验的分析排除在外。斯堪的纳维亚的分析哲学家是例外，他们中的大多数为了提炼观点也是大幅度地削减分析的作用，却使自己的视野变得狭窄，无法看到文化的凝聚力缺失和他们自身对这些问题的形成产生的作用。尽管不总是这样，但通常这与对哲学历史的污名有关，结果导致需要理解的更重要的哲学问题和论点的背景遗失了。这样的分析哲学家默许了智性问询和文化的碎裂。更重要的是，他们几乎完全摒弃了综合思维的作用，而综合思维恰好能够克服这种分裂，并发展新的思维方式，促成新的观点的形成来取代目前普遍存在的缺陷性思维和概念。

当哲学充分利用这三种方法，那么对其他学科以及更广阔的文化和文明的影响是巨大而深远的。正如怀特海再次表明的：

　　哲学将联想与常识黏结在一起，给专家们添加了制约，同时又辅以更广阔的想象空间。哲学提供了一般性概念，使人们可以更容易地理解大自然中浩如烟海的种种具体未知。

（Whitehead 1978,p.17）

这种哲学改变了文化，由此创造了坚定不移、团结一致地扭转历史方向的新的主体性。那些明确表示要这么做的作品就是宣言。如米哈伊尔·埃普斯坦(Mikhail Epstein)所言：

> 宣言表明了新的……文化纪元的到来，它们以宣告的方式引发行动。宣言不是描述性的演讲行为，而是行动派的；它们说什么就会执行什么……宣言既不是事实的也不是虚构的——它们是形成性的。

（Epstein 2012m,p.14）

7　　　尽管深远的智性和文化是倡导思辨自然主义的原因，但最重要的是它要挑战从科学到技性科学的还原，挑战艺术、人文和"人性化的"人类学科的急剧贬值，以及挑战随之而来的虚无主义及其后果。接下来就要讨论，克服虚无主义就需要为争取真正的民主而再次斗争，把人们从全球市场的要务中解放出来，从公司经理和官僚的控制中解放出来，这对有效地应对和克服全球生态危机很必要。这需要后虚无主义哲学奠定基础，并把人类置于一条通往新的、生态的、可持续发展的文明的路上；或者按照中国环保主义者的说法，这是一条"生态文明"之路。

　　了解以上这些之后，如何来阅读这本书的想法就会呈现井然有序的状态。哲学家、哲学专业的学生以及那些对哲学怀有浓厚兴趣的朋友，尤其是那些了解环境危机的严重性并明白如果应对失利会产生可怕后果的朋友们，从头到尾阅读此书会有帮助，但我更主张这些人可以先阅读他们最感兴趣的章节而后再通读。他们会了解到本书旨在描述、倡导并采用思辨的辩证哲学对现代哲学与科学的发展进行整体性概览，尤其是康德之后的发展,对比不同哲学传统间的差异及联系,支持并发展一种新的哲学综合来取代当下的正统观念。本书尝试描述目前哲学边缘化的状态,与此同时阐述哲学远超目前认知的重要性及巨大潜能。本书通过这种思辨的辩证形式,捍卫一种被极大忽视的哲学传统——思辨自然主义。最后,本书强调了目前哲学面临的挑战,并指出在未来哲学如何成就,不只是处理一些哲学和理论问题以及如何发展自然和人类科学,而是指引当下的人们去处理实际问题,去制定政策,去参加政治斗争,所做的一切都是为了给未来奠定哲学基础。

　　还有一些致力于环境问题的人,如除哲学之外的其他学科的学者、科学家和学生,环保积极分子、公务员、环保政党人员,以及之前对哲学不感兴趣的政治领袖,他们读这本书就不是那么容易了。我在写这本书的时候,考虑了这部分读者,但我并不建议他们从头到尾阅读此书。若对哲学不感兴趣,就会很难理解为什么要浪费时间在审视和批判主流分析哲学家,审视法国哲学的历史及其与马克思主义的关系上。尽管也许这两者之间并不是完全不相关,但这些重实务的人会不理解为什么不仅在艺术和人文学科,甚至还在科学领域检验逻辑实证主义导致的严重后果,以及为什么思辨自然哲学对这些学科的进步至关重要。我建议这些读者在阅读完简介后可以先读一下结论,然后按照第一章、第五章和第六章的顺序读下去。第五章说明"激进启蒙运动"(与主流"温和启蒙运动"相对)是被压抑的传统,该传统主张自治、自由和民主的社会构想。第六章通过对生态学的发展和人类生态学对激进启蒙运动的再思考,为读者提供了一种新的世界定位和未来视角。告诉读者这种世界定位如何使环保主义者的行为更加有效,如何使他们团结在一起,推动全球人类改变我们的文明。以上章节告诉我们,如果生态文明的概念中不包含上述的世界定位和未来视角,那么包括那些环保政党在内的环保主义者只会产生微弱的影响,即使他们获得了一些权力,也无法避免全球生态的浩劫。同时,这些章节指

8

出了各学科相互联系的重要作用,应对生态危机的行动收效甚微,正是由于各个学科彼此孤立,我们要努力去促成这些有效连接,比如将政治哲学与伦理学相结合,并运用到生态学中。

如果本书中提出的观点不会被政权精英阶级否决,也不会被大众所忽视,那么就要在书中提供充足的依据来支持这些说法,因此就很有必要阅读本书的第三章和第四章来理解马克思主义的不足,以及自然哲学在捍卫并发展真科学、对抗技性科学中的重要性。当下哲学发展停滞,人文学科被削弱,缺陷型经济、政治和伦理哲学被合法化,人们大力倡导科学中的陈旧观念,被权力精英阶级打压的人们无法有效地团结起来,要想了解并挑战导致这一切的哲学信仰,需要读一读第二章。在本章中,被希拉里·普特南(Hilary Putnam)称之为"最伟大的逻辑实证主义者"(1990,pp. 268–277)、20世纪最具影响力的哲学家奎因(W.V.Quine)的作品被置于历史的语境下进行解读,揭示了其局限性和假设的根本缺陷导致最终的无果。与其对立的分析哲学家,最重要的是贾可·辛提卡(Jaakko Hintikka)的作品中简明地指出了这些缺陷,唯心主义传统的著作中对此也有提及。而弗里德里希·谢林(Friedrich Schelling)的哲学则更深入地从根本上质疑了这些问题。谢林成功地反驳了康德的二分法哲学,将自然哲学与历史和艺术融合在一起。他的作品体现了一种思辨辩证法,开辟了一条现代哲学本应走的路,如今过程形而上学者正走在这条路上。重视哲学的科学家和数学家们正在复兴这种哲学,对该哲学的倡导也贯穿全书。

第一章

文明的最终危机:向哲学求助的原因

本书支持并进一步阐明和提出了一种新的未来愿景。我相信这种构想有潜力团结全人类去克服有史以来最大的危机——全球生态系统的内在毁灭。该系统孕育出适宜人类生存的稳定的间冰期,该系统内的人类与其他物种共同繁衍至今有一万年之久。在这段时期,文明出现并繁荣发展,继续为人类生活提供条件。很明显,我们如果继续走目前的老路,势必会加速生态毁灭直到出现大规模的环境变化。比如,失控的温室效应会导致从一种生态系统迅速向另一种生态系统转化,这会导致如今世界上人口密集地区的生存条件迅速变得恶劣,就好比在纽芬兰岛周围过度捕捞鳕鱼几乎导致鳕鱼的灭绝(Holling 2010)。像这样的系统变化会越来越平常,估计在未来五十年中,海洋生态系统几乎会被全部毁坏。全球生态系统的崩塌很可能会发生,除非出现文明的根本转向(Gare 2014a)。在复杂的理论中,这种变化的可能性被概念化为分叉,用更激烈的词汇来表达就是灾难。这正是目前德国杰出的气候科学家汉斯·乔吉姆·斯基勒内哈博(Hans Joachim Schellnhuber)的研究重点,被公认为是对人类的"忠告",他在自己的研究基础上发表了论文《全球变暖:无须忧虑,恐慌在即?》

（Global Warming：Stop Worrying，Start Panicking？，2008）。简直不可想象，当权精英阶级竟然不知道，如果不能解决温室气体排放问题，会威胁亿万人民的生活。全球掌控国家政治的新的统治阶层似乎都心照不宣地视这种情况为达尔文机制的一种体现。在他们看来，气候的不稳定可以剔除多余人口。斯宾塞·沃特（Specer Weart）在《全球变暖揭秘》（The Discovery of Global Warming，2016）一书中提供了一组持续更新的超文本，阐释了气候科学的发展进步，向我们展示了面临生态危机的原因。

10　　　在未来的二百年中，如果目前的这个拥有复杂生命、世界大多数人口的全球生态系统没有灾难性地毁灭，人们过着文明的生活，增强而不是削弱生态系统的适应力，那会是因为整个人类在此期间进行了一次重要的文化、社会和经济的转型（Klein 2014，Kovel 2007）。全球化资本主义的毁坏性动力扩展蔓延，相伴而生的商品化、管理主义、消费主义、文化的贬值、公共机构的腐化、团体的分裂、民主过程的瓦解、公共资产的掠夺，以及财富、收入和权力掌握在全球公司王国手中，控制着大众和国家的跨国公司进而掌控市场供求，以上这些都会被克服。若都能实现，对未来新的愿景就能够激发人们的想象力，激励他们努力去争取两个世纪之前大家还认为不可能实现的种种。正如有人曾评论说："我们能想象得到世界的尽头，但想象不出资本主义的尽头。"（Jameson 2003，p.76）有一些角逐者正在努力实现这些，目前唯一最有潜力的愿景是由中国环境保护主义者提出来的，并且至少在原则上获得了中国政府的支持：生态文明的愿景被纳入政府决策的目标之一，并写进了宪法。

　　同时，阻碍该愿景的阐明并且影响此次转型的原因也逐渐清晰起来，那是有关人类、人类在自然界所处的位置，以及对这样一种未来有害的人类命运的深层假设。这些假设根植于新自由主义、新保守主义和科学主义，以及我们的体制和生活方式，并不断被其复制。智性文化的碎片化将这些假设置于毋庸置疑的位置，使我们几乎无法理解在现代社会中交互作用的力量，及其压抑和破坏性的影响如何被克服。只有工具性知识、经济学范畴、政治权力、达尔文主义和社会达尔文主义被人们重视。我们生活在这样一种文化中，乌尔里希·贝克（Ulrich Beck）将其准确地描述为，"概念是空洞的：它们不再能抓住我们的注意力，无法为我们照明前路、点燃激情。世界的上空漂浮着阴郁的灰色……这也许也是语言霉菌带来的吧"（Beck 2000，p.8）。

来自生活各个领域和不同学术专业领域的人都开始质疑这些假设，并努力对抗目前的这种智性碎片化。为了应对这种语言"霉菌"，有些人转向哲学寻求帮助，包括生态学家。大卫·艾伯拉姆（David Abram）在二十多年前提出：

生态危机可能源于我们物种近期共同的知觉错乱，这是一种独特形式的短视，需要我们去修正。对很多人来说……唯一可能的行动就是从我们觉察到的生态世界的角度去安排和行动。然而生态的思维正面临种种问题，这源于人类世界——大多数人仍把该思维当作一种意识形态；同时，生态科学仍是一种高度专业化的学科，受主要的机械论生物学的限制。如果没有哲学家们同心协力的关注，生态学缺乏一种连贯的共同语言来支撑它的目标。这样，它就只不过是一批不断累积的事实与仇恨的碎片和无法言传的幻影罢了。

（Abram 1996，p.82）

按以往的传统来说，哲学家们关注人类文明的主要问题，努力克服会导致灾难的片面、分化的思维形式，赋予人们在任何生存环境中找寻意义的能力，并为他们提供开创未来的方法。哲学家们是（或者曾经是）"文化的抚慰者"，如尼采（Nietzsche）所述，哲学不仅是众多学科中的一种，还是跨学科的，哲学质疑其他学科的假设，对它们的价值观念和主张提出问题,揭示彼此在相互关系中的重要作用,融合它们的观点,提出新的问题,开辟探究和行动的新路径。根据古希腊的源头,哲学的目标是为综合认识宇宙及人类在宇宙中的位置奠定基础,人类根据这样的整体理解定义自身的终极目标。哲学有责任去理解更广泛的文化及其问题和矛盾所在,有责任滤清文化、社会和文明之间的关系,有责任弄明白人们是如何并应该怎样生活,社会如何并应该怎样组织安排。就哲学自身而言,这也是一种终结,是自由探寻精神的巅峰和肯定,本着好奇之心热切追寻世界的本质,对所有接收到的方法、信仰和体制提出疑问,并因此获得智慧。由此,如卡尔·雅斯贝尔斯(Karl Jaspers 1993)对弗里德里希·谢林的解读:"哲学必须进入到生活中。这不仅适用于个人,也适用于时代背景、历史和人类。哲学的力量应该能洞察一切,任何人离开哲学都无法生存。"哲学对个体和社会形成非常重要,是宇宙的核心。

第一节 哲学与人文学科的危机

　　然而那些向哲学寻求指引的人发现,大学为哲学家们提供优厚的条件来解决这个最关键的质疑,而这些哲学家却重新定义了哲学,除了一些极少的例外。尤其在那些英语国家,他们把哲学细化为诸多子学科及专业,而且将过去那些伟大科学家质疑的问题排除在外,也不着手应对当前最大的困难,托词为不学术。环境哲学,通常被认为是环境伦理学,被划分到一个微不足道的子学科的子学科,在这里即使采取激进的立场,也是无能为力。哲学从整体上还是沿着 20 世纪早期的轨迹行进,罗宾·柯林伍德(Robin Collingwood)曾哀叹那个时期的哲学家们打造出"一种极科学化的哲学,如果不是终身致力于哲学研究的人根本无法理解;(他们使哲学变得)深奥晦涩,只有专业的全日制学生和对哲学有悟性的人群才能对此有所了解"(p.51)。同时,他们还声称哲学是"专业哲学家的专利,并痛斥历史学家、自然科学家、神学家和其他非专业人员发出的哲学言论"(p.50)。他们扬扬自得于哲学的无用,拒绝伦理学、政治哲学甚至认识论。而这导致的后果却伴随着我们。约翰·科汀汉(John Cottingham)评论道:

> 在英国,A-Level 的很多课程快速崛起,哲学位列其一。这表明,尽管政府敦促增加技术类和职业倾向类课程的教学,仍有很多中学高年级学生对人生的意义这样比较传统的问题感兴趣。……但随着心怀高远的哲学专业学生的深入学习,他们的失落感接踵而至。如今在英语国家,大学从宏大概述的视角对人类生活和我们在实物体系中所处的位置进行探查,这样的研究为学生提供的价值少之又少。反之,这门课程被划分为许多高度技术化的专业,这些专门人才不断仿效自然科学的方法。当他们毕业的时候,会被安排关起门来进行精细复杂的项目"研究",而他们却无法向该领域外的任何人说明白这些研究的重要性。
>
> (Cottingham 2011,p.25)

实际上,英语国家中的主流学术派哲学家转而信奉羸弱消极的虚无主义,并诋毁和斥责任何对虚无主义的质疑,无论这些质疑是何人发出,哪怕是专业的哲学家。他们不仅削弱哲学,还削弱人文学科、艺术、大学、教育、民主和文明,以及人类对抗所面临威胁的能力。专业的哲学家还有意地把哲学与反智主义和反知识分子结合在一起。

这个宣言的争论点在于哲学的复兴,连同人文学科、文科和真科学的复兴,它们都取决于自然哲学的回归。因此,这个宣言不仅是生态文明的宣言,还是自然哲学的宣言,或更准确地说(为了区分分析哲学家的自然主义)是思辨主义的宣言。该哲学需要重新定义人类的自然,以及哲学自身在自然和宇宙中的位置，来支持、融合并进一步发展那些反抗当下在知识探索中的碎片化、过度专业化和教条主义的学科和专业，为一种后虚无主义文化开辟道路。只有以这样的方式，我们才能对目前自身的形势有综合的了解，开阔视野，使人们能够展望未来。在这个未来，人们不会一直处于经济不安定状态，他们不但不用降低自己的生活水准，还可以自由地为获得更好的生活条件而努力，为更好的未来而打拼。

思辨自然主义与唯心主义不同，也与避开思辨而完全着重于批判分析的哲学不同。唯心主义发展起来，主要是回应在 17 世纪科学革命中形成的笛卡尔、霍布斯、牛顿的宇宙学，与此同时，批判分析发展起来以回应唯心主义。尽管回避思辨并不意味着支持牛顿的宇宙学，支持思辨哲学也不意味着倡导唯心主义，但在这几十年，人们强烈倾向于假定存在这些联系。在批判分析（或现在所说的分析哲学，尤其是在美国或其他英语国家中这么说）传统中的主要人物不遗余力地支持基于大部分牛顿假设（自己却不自知）的一种还原论自然主义，还捍卫主流科学关于扩展其方法的外延，来解释现实中包括人类意识在内的方方面面的声明。也就是说，在实证主义和逻辑实证主义中，他们捍卫"科学主义"，认为科学独占可以获取和积累真知识的方法，还包括定义什么是真知识。尽管分析哲学本身源于奥地利和德国，没有分析和自然特征的哲学会被贴上"欧陆哲学"的标签，但人们通常认为"欧陆"哲学家一直在进行传统的哲学思考，其奉行知觉，断定知识或推理形式超越任何自然或科学的解释。这么做就奉行了某种形式的唯心主义。很明显，在布雷弗利（Braver 2007）和雷丁（Redding 2009）描述的近期欧陆哲学历史中，都将其归为唯心主义的范畴。最糟糕的是，唯心主义被看作思辨的。思辨自然主义不仅对这些相互对立的观点的相关性提出怀疑，而且并不认为以上是哲学的瘫痪、浅薄化和边缘化的根源，同样，也不是艺术和人文学科的削弱、主流还原主义科学的虚无主义假设在更广阔的文化和社会中的牢固确立的根本原因。按照虚无主义的假设行动所招致的后果,正威胁着民主、文明、人类以及全球生态系统当下运行规则的未来。思辨自然主义者中很多是知名的科学家和数学家,鉴于上述诸多威胁,他们正在考虑复兴"哲学",使其回归原态,去寻求全面了解人类及其在大自然中的位置,质疑并取代当下通行的世界观,克服这种虚无主义,从而避免全球生态灾难。①

从表面上看,定义这些反对观点种类的普遍性和根据这些反对意见划分所有哲学家的困难,会将上述强烈的声明和确凿的日程置于被高度质疑的位置。从世界范围内看,哲学在近几十年中呈现观点和方法高度多元化的趋势(Habermas 1992b),这也就表明有相当一部分哲学家无法被这些类别的条条框框禁锢住,这些哲学和哲学家们聚集在一起形成了"欧陆哲学"。保罗·M.利维斯顿(Paul M.Livingston 2012)认为,后结构主义结合了分析哲学的元逻辑;詹姆斯·布莱德利(James Bradley 2012)则认为,"欧陆哲学"是英美的产物,而实际上法国的"欧陆哲学"结合了分析哲学,否定主体位置。由克洛德·列维-施特劳斯(Claude Levi-Strauss)引领的结构主义对抗新黑格尔主义者、现象学家和解释学的拥护者,几乎完全不理会唯心主义和人文主义哲学,更重要的是,完全不把让-保罗·萨特(Jean-Paul Sartre)的存在主义哲学放在眼里。根据正统的结构主义和后结构主义,世界和人类主体只不过是定义他们行为的功能结构的结果。结构主义是还原论的一种形式,它与讲英语国家的哲学家推崇的那种自然主义是对立的。在皮尔斯(Peirce)的影响下,斯堪的纳维亚分析哲学结合了现象学、解释学和符号学。马克思主义哲学家一般都反对还原论自然主义和思辨唯心主义,并发展了一系列的哲学观点。罗伊·巴斯卡(Roy Bhaskar)的辩证评判现实主义发展前景光明,在应对气候变化和持续发展问题上发挥了积极的作用(Bhaskar 2010)。"思辨现实主义"或"思辨唯物主义"的近期拥护者一方面反对唯心主义,另一方面声称要促进思辨思维,尽管他们所说的"思辨"意义并不明朗(Bryant 2011,Johnston 2014)。这是一种反康

14

德主义哲学，与思辨自然主义完全不同。也有一些哲学家坚定地拥护在科学范畴内的革命性发展，这些哲学家受到过程形而上学、复杂理论和皮尔斯符号学的影响，非常重视思辨。但是这些哲学家影响甚微，而且不被大众所喜爱（Hooker 2011）。然而从这里所捍卫的观点来看，这种多元化是哲学边缘化的表征，只不过是来掩盖实际上何种观点居于主导地位，以及可以实际挑战这种主流观点的思辨自然主义是如何被边缘化的。

第二节　两种文化和科学主义的胜利

　　问题并不仅是公开而明确拥护的观点（尽管这些观点是问题的主要部分），而是心照不宣的假定，它们限制了人们的思维方式、辩论框架，以及学科、大学和研究机构的组织形式，限制了学者、当权人士和更广大的大众认真对待某些观点的方式。而另一些想法通常是更好的，却被人们忽视甚至遗忘。这些默认假定的观点极端相对，充分显示了渗透在我们文化中的笛卡尔二元论已经根深蒂固（Mathew 2003, pp.173ff.）。这种二分法显而易见，如实证主义者捍卫的主流科学，唯心主义者支持的人文学科和艺术。这些在反复出现的查·珀·斯诺（C.P.Snow）所指的科学家的文化与文学知识分子的文化论争中很明显。斯诺与李维斯（F.R.Leavis）的争鸣暗合了早先赫胥黎（T.H.Huxley）与马修·阿诺德（Mathew Arnold）的论争，前者拥护科学唯物主义，后者支持英国唯心主义者，同时也与在德国、法国和意大利的辩论和早期唯心主义者对牛顿的批判和赫尔姆霍茨对歌德（Goethe）的批判相符合。在新古典主义与制度经济学、主流心理学和人文主义心理学、自然地理与人类地理的相对中也呈现这种对立。在正统的、结构的和分析的马克思主义与黑格尔的、现象学的和人文主义的马克思主义的对比中也呈现该对立。无论误将哲学认为是分析的、自然主义的、科学的、还是"欧陆的"、唯心主义的、与人文学科和艺术相关的，该趋势都是这些根深蒂固的假设的一种明示。鉴于这种划分，如果哲学不是支持这一方或是另一方，那么这样的哲学就会被忽视并边缘化。在所有情况下，这种对立并没有从根本上清楚地理解人类在自然界的位置。近期的一些哲学家质疑这种划分，比如思辨现实主义者，他们的想法并没有那么激进，他们并没有成功克服这些根深蒂固的假设，因此也没能逃离智性贫民窟的处境。只有一些与他们持对立观点的哲学家阅读他们的作品。

这些对立双方斗争的结果是主流还原论科学战胜了人文科学，尤其在英语国家中。在 20 世纪的后几十年，在上述国家中，美国式的分析哲学与法国的结构主义和后结构主义的支持者几乎使人文科学走向了自我毁灭之路。尽管在所有情况下它们之间也存在着差异，但这些发展确实是科学主义的胜利。分析和结构主义的马克思主义对人文主义的马克思主义的胜利也是科学主义对人文主义的胜利。尽管在法国、德国、意大利和其他欧洲国家，人文主义并没有像在北美、英国和澳大利亚那么惨败，但人文主义在这些国家边缘化的趋势是显而易见的，杰罗姆·凯根(Jerome Kagan 2009)很好地分析了上述情况。导致的结果就是那些接受人文科学教育的大众对行政部门、教育机构、媒体和政治领域的职业预期呈颓势。人文科学的边缘化与数学思维(可以由电脑执行)和相关的专业知识的完全胜利直接相关，尤其是在经济学领域，它们战胜了想象力、理解力、洞察力、领悟力、判断力和智慧，以及培养这些所需的教育。根据迅速更迭的流行趋势，将非分析哲学划分为数量众多的分支和方向恰恰说明了其边缘化的现状。洪堡大学模型逐步瓦解，文理科的教职工在追寻真理，将科学转化为技性科学、民主的衰落，管理主义的崛起，新古典主义经济学家当权以及社会达尔文主义的复兴中起到了重要作用。

要揭示这些默认的假设，这些对立观点为何并如何产生，以及这些假设是如何构建了文化和社会，如何影响文明的轨迹，就要从历史的角度系

16

统地研究它们是如何产生并如何发展演化的。要这么做,就首先要检验在美国当下盛极一时的分析哲学和科学主义。就是在美国,该哲学的影响及其对人文科学的致命打击呈现了最极端的形式。与此同时,揭示了哲学浅薄化所带来的明显的危机。

阿拉斯戴尔·麦金太尔(Alasdair MacIntyre 1987)在美国哲学协会上的讲话中指出:

> 哲学如今被看作……一种无害的装饰性活动,人们普遍认为接受哲学教育是为了训练及增长条理清晰的论述能力,以便像大部分人一样进入法律或者商务院校。鉴于此,代表当代资产阶级的哲学教授很像坚守旧制度中高贵举止的舞蹈老师。舞蹈老师教 18 世纪的富家子弟如何拥有灵活的四肢,而哲学教授则训练他们的后代如何拥有灵活的大脑。

(p.85)

约翰·麦克库伯(John McCumber)出版了有关哲学在美国发展的书籍——《沟渠时代》(*Time in the Ditch*, 2001),他在书中描述了哲学的明显边缘化现象。几乎所有人都认为哲学在美国被边缘化了,它在现代世界一无用处。

当然,如果有人根据最初对哲学的理解来看待它是正确的,从另一种意义上来讲,一切都与真理近在咫尺。首先,如保罗·利文斯顿(Paul Livingston 2012)所说,现代世界的生命形式是由哲学家得出的"语言的逻辑数学形式化使信息技术化成为可能"的结果。"当代政治实际构成的一些完全相同的形式结构通过物质和技术得到实现",这样的结果数不胜数。"比如,这包括实际的通信和计算机技术,如今这些技术正在全球范围内不断地决定着社会、政治和经济体制以及行为模式。"(p.4)这并不是削弱了知识分子在社会中的作用，而是极大扩展了他们的作用，只不过是以一种全新的形式。

17　　卡尔·博格斯(Carl Boggs)很好地描述了上述情况，并指出了这对大学的影响：

> 知识分子思想观念的影响在19世纪蓬勃发展，尤其是在工业化领域。在这个领域，现代性就意味着孤立的传统精英阶层的消亡以及理性化知识分子阶层的不断扩张，他们推崇启蒙运动的价值观——推理、世俗主义、科学和技术的进步以及对自然的控制……没有什么地方比高等教育的结构更能体现现代化的影响，在这里，代表传统知识分子的古典学者、哲学家、牧师或者文学人物被投身于知识产业、经济、政府和军队工作的技术性知识分子所取代。
>
> （Boggs 1993,p.97）

在科学主义的旗帜下，这种转变在逐步进行，其声称只有建立在实验证据和演绎逻辑基础上的科学知识才能被称作知识，值得被认真对待。

然而尽管是以科学主义的名义削弱人文科学，但这并不是科学的胜利。我们现在所看到的不是过去的科学，那个时候，伟大的科学家们质疑既定的假设以拓展理解世界的新途径，在差异中寻找共性，使人们更好地了解自身及其在宇宙中的位置。我们现在拥有的是"技性科学"，一种被市场和人力资源经理所指引，由分析哲学家描述并拥护的科学。这是数学家诺伯特·维纳(Norbert Wiener 1993)曾警告过的由"兆位科学(Megabuck Science)"导致的一种科学形式，"兆位科学"由那些有着明确任务、超专业化、短期目标、为了科学而科学的冷漠人士所掌控。结果会是什么样呢？医学研究者布鲁斯·查尔顿(Bruce Charlton)出版了一本题为"试都不试：真科学的堕落"(*Not Even Trying:The Corruption of Real Science*,2012)的书中谴责了科学研究的现状。他将这种现象比作共产主义衰败前波兰的一家工厂："这家工厂一直在生产大量的残次玻璃杯。人们不去购买，甚至连用都不想用。因此，货物在工厂周围大量囤积——耗尽资源、阻挡人们的去路，还占用所有可用区域。"菲利普·米罗斯基（Philip Mirowski）在《科学大卖场：美国科学私有化》(*Science-Mart:Privatising American Science*, 2011)一书中为这种言论提供了证据。查尔顿表明，如今的科学很糟糕，如果它能够付费让研究者们停下手中的工作什么也不做，还是有些可取之处。而这还不是最糟糕的。斯普林格出版社与美国电器和电子工程师协会（IEEE）从订阅服务中删除了一百二十篇推荐的论文，因为他们发现这些论文是由计算机程序（SCIgen）随机生成的无意义的研究论文（Noorden 2014）。这样的科学没有带给人们对世界更深的理解，而只是大量的支离破碎的知识和伪知识，它为公司提供营利的方法，为政府提供制造武器的方法，为精英阶层提供控制或愚弄民众的方法。曾被用来说明市场对生活各方面的影响的新古典经济学的前凯恩斯主义形式满血回归，几乎完全掌控了公共政治，成为上述科学的有效帮凶。像生态学、人类生态学、气候科学以及制度和生态经济学这样限制追求统治和利润的科学被削弱和边缘化了。

博格斯在他后来的一部作品《政治的结局：公司权力和公共领域的衰落》(*The End of Politics:Corporate Power and the Decline of the Public Sphere*, 2000)中，阐述了这种新的技性科学便利了公司殖民化，"公司在实质上获得了新的权力，规模经济的持续发展、公司的合并、永久战争经济体的巨大复原力、大型公司进入媒体和流行文化领域，以及……全球化的进程都加速了公司殖民化"(p.68)。与此同时，这种技术打造了一个以媒体为中心的世界，却伴随着主体的去中心化、文化的破碎、一切皆为商品化景象、日益分散的公共生活、公共领域的分裂、变革型政治的去政治化和失效，以及民主的空心化。简而言之，"随着标志着19世纪自由放任原则的物质利己主义、极端个人主义和社会达尔文主义的回归，不断增长的公司权力获得了合理化"（p.257），"美国的进步行动只能维持最孱弱的思想和组织的存在，这样的现实令人扼腕……并且没有国家同盟或党派有能力进行政治干预或是构建促成转变的可持续愿景或策略"（p.256）。博格斯就上述情况的后果总结如下：

> 由于资本不断增强的流动性和不稳定性，以及技术和信息革命的综合作用，世界体系变得愈加合理化，改变似乎变得愈加不可能。权力中心变得愈加遥不可及，似乎超出了政治抵抗所能触及的区域。后现代时期推崇的意义碎裂，正在分化公共领域，使这个历史僵局愈发难解，所发挥的作用只不过是为知识分子和普通民众中存在的极度不信任和悲观主义做出解释罢了。
>
> （Boggs 2000, p.212）

博格斯所描述的是新自由主义的成功，其将建立全球市场纳入日程，或者是如罗伯特·弗兰克（Robert Frank）阐述的《上帝之下的统一市场》（*One Market Under God*, 2000）。这个市场由跨国公司及其经理人所操纵，这个公司王国，尤其是财政部门，视其他人口为消费者，而不是民主体制下共同体中的公民。他们在制造共识、消除公民经济安全方面取得了成功，通过增补潜在的对立来颠覆、边缘化并削弱那些无法增补的。也就是说，他们支持沃尔特·李普曼（Walter Lipmann）的观点。李普曼早在1920年就提出民主是不可能实现的，认为统治精英必须通过公共关系在民众间"制造共识"，并同时解除他们的权利，这与约翰·杜威（John Dewey）的观点相悖。

这指出了第二种路径，而牵涉其中的哲学远不是无害的行为。哲学家不再寻求全面地了解世界（探求智慧的根本条件），却责备那些为此而努

19

力的哲学家们，他们没有为更广大的民众留下任何适应这种新社会秩序的方法，也没有为他们提供确认权力核心层议程的方法、抵抗并克服意义碎裂的方法、致力于打造更美好未来的方法，以及自我治理的方法。而那些极端后现代主义文化理论家拥护的是删减过的法国哲学，他们坚决捍卫意义的碎裂和公共领域的分化，形成了英语国家分析哲学极其强大的力量。在面对广告和公共关系这类思维控制产业时，哲学家使人们体会到了无力感，使民主成为不可能。

而实际上，新自由主义和新自由策略很复杂，存在很多分歧和冲突，只有那些故意视而不见的人才不会看到，这是自 20 世纪 70 年代以来世界上存在的最强大的思想驱动力（Plehwe 2006）。后现代主义者所宣称的"对元叙事的怀疑"是任何霸权话语失败的一种表现。没有一种反对新自由主义的新的主话语能够取代那些已经失信的话语，这种新的话语可以让人们团结起来形成一股主要的政治力量，抵制那些很快失败却毫无持续影响力的行动。博格斯指出，检验一次反抗事件，要看其是不是"没有任何政治遗留（这里的'政治'不仅是简单的选举活动），没有清晰阐述的愿景或计划，没有组织策略，没有任何权力或统治上的想法，反叛的宣泄很快消失"（Boggs 2000）。博格斯认为，唯一能够真正挑战所有这些的是环保运动。他在《生态与革命》（*Ecology and Revolution*）一书中评论道：

> 在三十多年来，世界见证了环保运动表现出最接近一种成熟而且战略清晰的生态激进主义。尽管这些运动也存在局限和瑕疵，但它们造成了一定的全球影响，并似乎构成了唯一一致力于扭转现代危机的政治力量——唯一改革战略一贯统一的力量。
>
> （Boggs 2012, p.149）

实际上,尽管环保积极分子努力应对由新自由主义统治和公司权力造成的全球生态危机,但成效微乎其微。迈克尔·塞伦博格(Michael Shellenberger)和泰德·诺德豪斯(Ted Nordaus)在《环保主义之死》(*The Death of Environmentalism*,2004)中,克里斯汀·麦克唐纳德(Christine MacDonald)在《环保公司》(Green, Inc.)中,我自己在文章《与现实冲突》(Colliding with Reality, Gare 2014a)中,都对此情况做出阐述。

20

第三节　与虚无主义斗争到底

新自由主义的崛起及其应对生态危机时诸多努力的失败,显示出现代性文明根深蒂固的虚无主义。这本书继续我之前作品的主旨,去理解并克服这种虚无主义。在《虚无主义有限公司:欧洲文明和环境破坏》(*Nihilism Incorporated:European Civilization and Environmental Destruction*,1993a)和《超越欧洲文明:马克思主义、过程哲学和环境》[*Beyond European Civilization:Marxism, Process Philosophy and the Environment*,1993b,后合并为《虚无主义有限公司》(*Nihilism Inc.*,1996)]这几本书中,我追溯并努力描述了欧洲文明的发展、胜利、主导世界及生态破坏,阐释了对生态灭绝无动于衷的虚无主义文化的形成原因、具体表现及其不断壮大。在写作这几本书时,正值欧洲文明的两个分支——美国与苏联争夺世界霸权。第一卷可以看作虚无主义的谱系,介绍了马克思、尼采、怀特海、海德格尔、法兰克福学派哲学家、乔瑟芬·李约瑟(Joseph Needham)、罗伯特·扬(Robert Young)和皮埃尔·布迪厄(Pierre Bourdieu)。第二卷研究了马克思主义及其影响和成就,同时提出了对过程哲学的辩解。尽管苏联声称受到马克思主义的影响,马克思列宁主义(马克思主义的更激进形式)获得的胜利,竟然产生了一种与欧洲的主流文化极其相似的文化。人们认为,只有将马克思主义的真知灼见置于过程形而上学某种形式的更广阔的哲学视域，才会勾勒出通往未来的真正不同的路径。过程形而上学受中国思维的影响，要超越欧洲文明去开创一种有利于环境持续发展的全球文明。基于之前过程哲学家的研究，这个观点被详细论述并倡导，其隐含意义也被揭示出来。

现代性文明的终极危机已然出现，我的第三本书《后现代主义和环境危机》（*Postmodernism and the Environmental Crisis*, 1995）应时而生。有人辩称，全球生态危机逐渐逼近，引发了文明的危机，并因为跨国公司的发展与经济全球化摧毁了富裕国家中产阶级的梦想而愈发严重。如尼采所说，后现代性的界定是对元叙事的怀疑，等同于信仰的逐步崩塌，这取代了上帝在现代世界的位置。"后现代主义者"以两种不同的方式来应对危机：解构后现代主义者认为，文化的碎裂是一种解放；建设性后现代主义者则认为我们应该重建自然学科，跨越科学与人文学科之间的分界，并通过过程形而上学重新定义进步。解构后现代主义推崇的最有影响力的哲学家就是福柯和德里达，二人深受尼采和海德格尔的影响，致力于诊断现代性虚无主义的病因。他们认为现代性的特征是权力意志自相矛盾，或者是通过构建社会来揭示自身，正如等待被开采的储备，他们的观点为克服虚无主义提供了方向。然而他们的观点被福柯和德里达所发展，至少被美国的解构后现代主义者盗用，形成了对人文学科的攻击。解构后现代主义者辅助削弱了对主流科学虚无主义含义的反对。为了捍卫人文学科并支持建设性后现代主义者，同样受到尼采和海德格尔影响的皮埃尔·布迪厄和保罗·利科（Paul Ricoeur）的综合研究提供了另一种可能，一种更具开创性、更合理的选择来应对后现代条件引发的迷失。米哈依尔·巴赫金（Mikhail Bakhtin）、阿拉斯戴尔·麦金太尔（Alasdair MacIntyre）和大卫·卡尔（David Carr）的著作，进一步发展了利科有关叙事的研究，提出并倡导一种崭新的、对话的环保主义宏大叙事。

尽管这些著作对未来的预测获得了成功,但它们的结论都相对天真。假定如果能够显示虚无主义并不是客观有效,而是从饱受质疑有根本缺陷的假设出发,如果可以表明过去主要的思想家被曲解,他们的思想比他们的追随者所理解的内容更加深远,更具有批判性和启示性,如果我们关注这些伟大的思想家及其作品的意义,那么随着人们逐步意识到人类所处的危险境地,他们会接受这些观点,努力打造一个少战事而更有助于生态可持续发展的全球文明。而这些著作中的论争并没有证实这种乐观主义,它们只是指出了正统的马克思主义者和解构性后现代主义者并没有真正地挑战现代性主流文化的假设。就此,正统马克思主义者与解构性后现代主义者之间存在一种奇特的联系,作为新自由主义,它们愈加明显地垄断各国及世界主要机构。它们各自的支持者尽管标榜自己受到这些哲学家观点的影响,但他们不仅支持而且与新自由主义者拥有相同的假设,实际上,他们为了自身能够更多地获取利益,反而强化了主流秩序。因此,如阿兰·浦西奥特(Alain Supiot)指出的,在欧盟,前东欧共产主义者和很多西方马克思主义者与新自由主义者一道,反对社会民主主义者、社会自由主义者与传统的保守派,他们强行推广市场至生活的方方面面(Supiot 2012),当我们知道这些也就不会那么吃惊了。西奥多·达林普尔(Theodore Dalrymple)在《我们的文化,还剩下什么》(*Our Culture, What's Left of It*, 2005)中写道:"左右两方沆瀣一气,左方认为天赋人权,但不需要履行义务,右方的自由论者则认为消费者的选择可以解决一切社会问题。"(p.14)

第四节 卡斯托里亚蒂斯和激进启蒙运动的挑战

为什么共产主义者、自我标榜的激进知识分子和右翼新自由主义者彼此联系？关键在于他们对民主的态度。在复杂的现代社会中，通过以下途径可以凝聚大量人群：官僚体制、市场、民主机制和进程。新自由主义真正融合了官僚体制与市场来对抗民主。跨国公司的经理人和财政部门占统治地位的新全球化公司王国，在技术官僚的辅助下，从民主政府的机构获得了权力。他们颠覆民主，将大众的自由之地从政治领域和工作领域转移到了消费领域，有效地将人们禁锢于公司王国。与此同时，公司王国自由地掌控政治家，掠夺公共财产，通过再分配将财富和收入纳入超级财富，如果他们真的这么做了，就会摧毁全球生态系统。深刻洞察到这种转变的人物是柯奈留斯·卡斯托里亚蒂斯（Cornelius Castoriadis），他之前是一位马克思主义者，在某种程度上受海德格尔的影响，后来逐渐对马克思主义有诸多批评。卡斯托里亚蒂斯于 1987 年确认了居于现代文明统治地位的两种互相对立的社会假想：一种是源于古希腊要求自治的解放事业，人们借此提出问题，为他们的体制和信仰负责；另外一种是对世界的伪理性统治。他在《马克思列宁主义的彻底粉碎》(The Pulverisation of Marxism-Leninism)一文中是这样描述的：

> 当今占统治地位是一种混淆偏见——古典"自由主义"近代版本的基础——资本主义假想与解放和自治相互矛盾。追溯到 1906 年，马克斯·韦伯(Max Weber)曾嘲笑资本主义可能与民主有关联的观点……资本主义认为一切都从属于"生产力的发展"：人们是生产者，然后是消费者，完全居于附属位置。理性统治的无限扩张——伪统治和伪理性——如今已是显而易见，因此成为另一种现代世界伟大的假想意义，在技术和组织领域得到了有力的体现。
>
> （Castoriadis 1997b, p.61）

马克思常说他所知道的就是，他不是一名马克思主义者，与他不同的

22

是,共产主义者只是支持对自然和人类的(伪)理性统治的资本主义假想。人们被评价为生产者。卡斯托里亚蒂斯认为,共产主义者在苏联所创建的是官僚资本主义。因此,之前的共产主义者完全熟悉由新自由主义者主导的世界。这些新自由主义者开创了一种新型的公司经理人运行的官僚资本主义,他们许诺理性统治世界,他们强化竞争、实施科学(泰勒主义的)管理原则、量化所有的工作行为,并迫使工人彼此竞争来争夺工作岗位,而不管他们有繁重的债务缠身却毫无安全保障。据说那些对发展民主毫无兴趣的激进的后现代主义知识分子,都心照不宣地支持这种假想,从消费者而不是生产者的角度去审视这种假设。人文教育可以孕育人们的美德,这样他们就能够取代并坚持自我管理共同体的自由,为他们自己、社会和未来负责,而他们却看不到人文教育的任何作用。因此,他们谴责那些试图培育这种品德的人士,这些精英们违反个人拥有自己喜好的自由,购买他们所喜爱的,过着自我放纵的生活。

借助古希腊人,卡斯托里亚蒂斯真的在呼吁一场新的复兴,也就是寻求自治的"再生"。但是他的这种诉求只不过是诸多这类诉求中比较新的一个,而诞生了人文学科和公民人文主义的佛罗伦萨文艺复兴则是唯一的一个。在现代性中,有一种被压抑的传统——"激进启蒙运动"并不是毫无作为的。其奋力支持这种诉求,反对原子论、功利主义以及有关占优势地位的"温和启蒙运动"的工具主义观点。它引起了一系列的复兴。目前,每一次复兴都吸引了历史学家的目光,他们在努力挽救民主的意义,避免由于误用引起的该词意义的丧失。这些复兴是有必要的,因为从一开始,对于自治的诉求就一直有其强劲的对手,而这个对手经常能够胜出。这是为什么历史对解放社会假想那么重要的一个原因,是恢复并激发被压制的自治诉求的一种方法,也是揭示压制后的错觉和堕落的方法。它的对手憎恨或藐视历史,或竭力消除历史以及人文科学和艺术的影响,也是因为同一个原因。在《希腊城邦和民主的创建》(*The Greek Polis and the Cre-*

ation of Democracy）一书中，卡斯托里亚蒂斯向大家讲述了哲学本身就是在追求独立自主的过程中产生的（1997a, pp.267–289）。当人们质疑并为他们自己的信仰和制度负责的时候，哲学出现了，成为民主社会不可或缺的一部分。民主要求公正和真理，定义并发展这些概念的诉求，以及达成二者的一致是有效达成共同决策、行动一致可能性的条件。当人们了解到科学不仅是工具性技术知识的时候，科学本身就是在追寻真理中相伴而生的。对公正和真理的探寻一直都威胁着专制统治者和寡头政治家，尽管他们也想获得这些诉求产生的补偿。

　　一旦大家理解了理性统治的社会假想，便很快明白了其邪恶的一面。人们自己开始反对被操纵、被控制。实际上，人们被看作没有实在生命，只有对理性统治的追求，而且是完全可预知的，后来也确实如此，这就是人们如何理解普遍意义上的人类和整个大自然的。理性统治的社会假想不能承认真实的生命，只要看来有生命就可以了，其专注于将真实的生命转化为无生命的，比如，将动物看作把低价青草转化为高价肉品的机器，如果可以的话，除去动物这一中间环节来实施转化。这就解释了新自由主义（或新保守主义）政府政策中存在的特有矛盾，他们致力于将生产者简化为可以把低价物质转化为高价产品的有效、低成本转化者，如果可以的话，通过先进的技术替代所有转化者。甚至作为消费者，人们被打造成可预测的经济工具，他们的喜好和决定操纵在广告商的手中。在资本主义的最新形式中，广告在刺激大众过度消费直至债务危机中发挥了重要作用，这样可以有效地奴役这些消费者，使他们更易于操控（Lazzarato 2015）。而且他们是可以被抛弃的。如果机器人技术的发展取代人类，医学技术的进步能够无限期地延长统治精英的寿命，那么这些自我繁殖的人类将不再被需要。

　　了解了这一点，这种理性统治的社会假想的另一个特点就能够理解了。尽管反对寻求自治的社会假想，但却与其相伴而生、共同发展。既然如果不揭示理性控制的邪恶一面,就无法原原本本地展现自身,这种社会假想就通过盗用追求自治的语言不断发展、伪装自己,同时中和它盗用来的语言。那些被自治的社会假想打动的人并没有完全被这种策略剥夺权力,因为他们可以在之后努力恢复并进一步发展该语言的原意。这样的辩证法在共产主义国家是显而易见的,在这些国家里,管理主义的对手通过马克思主义哲学使其主张合法化,这点可以在马克思的著作中,尤其是马克思的《1844年经济学哲学手稿》(1844 Manuscripts)和《政治经济学批判大纲》(Grundrisse)中找到相关论述,这些说明马克思的主要关注点并不在技术统治世界,而是解放与自治。同样的,是随着《美国独立宣言》中的自由进步,公司权力层与美国自由主义者合谋,一起摧毁了的民主。迈克尔·桑德尔(Michael Sandel 2005),更严格来说,波考克(J.G.A.Pocock 1975)指出了这对文艺复兴时期公民人文主义的共和哲学创立者的影响,以及自由对他们的意义——这意味着摆脱奴隶身份、获得自由之身并实现自治。而那些关心理性统治的人采取了其他策略来达到他们的目的。不是通过直接攻击对真理的追求来转化它、削弱它,而是把它等同于科学知识的获得。他们通过将科学方法应用于神职,提升包括经济学家在内的技术科学家地位,这些人认为科学处于公众毋庸置疑的位置,与此同时推崇质疑其他一切知识解读的极端怀疑主义。追求技术统治的社会假想有其忠诚的护卫者[更重要的是,弗里德里希·哈耶克(Friedrich Hayek)、米尔顿·弗里德曼(Milton Friedman)和赫尔曼·卡恩(Herman Kahn)],同时,该社会假想也为自己的拥护者清除或损毁那些谴责他们信仰的作品,同时使那些服务于他们利益的观点蓬勃发展。当那些增强精英权力的人标榜他们的作品为激进时,该方法尤其奏效,比如支持霍布斯人类观点的粗俗的马克思主义者,以及提倡理想怀疑论的解构后现代主义者,削弱了人文科学。

如今,马克思主义和后现代主义都不处于知识论争的核心。目前大力提倡虚无主义(或者声称所有价值观平等,这是虚无主义的伪装)以及文

25

化碎裂,使特权精英摆脱伦理诉求,并破坏应对当下社会状态及其生态毁灭趋势的诸多努力。尽管如此,全球公司王国的胜利,揭示了自治的社会假想的支持者们在推进他们的事业,欧洲文明获得的更高程度的人性,以及对所有生命的更深理解就清楚地展现了他们事业的进步,尽管有关世界的机械论观点也在不断发展。虽然这种社会假想处于从属地位,但对公正、自由和民主的追求却一直缓慢、不规则地前行。赫尔德(Herder)和黑格尔在确认自由与人性进步的趋势上是正确的。随着新自由主义的发展,这些进步还没来得及登上濒危名单就迅速消逝了。像大学那样的机构曾经坚持更高的价值原则,旨在培养致力于人类公益、抑制市场与官僚体制的人才,而现在这些机构正在被逐渐转化为跨国公司企业,唯一的目的就是利润最大化,并为此目的创造条件。政府机构被转化为扩张全球市场、积累财富,以及强化跨国公司、财政部门及其经理人权力的工具。哲学的再定义和边缘化是这个过程中的一部分,不仅哲学,人文科学和真科学也在被蓄意毁坏。为应对文化的碎裂并取代缺陷性假设要进行广泛的智性研究,人们可以坚持自己的权利而不用畏惧随后的报复,可以揭发腐败、抵制压迫并揭示未来种种新的可能,但以上所需的条件正在消失。没有坚定地倡导真理、公正和自由的强有力的公共机构,只关注财富和权力的市场正在变成摧毁地方和全球生态系统的机器,陆地、海洋和天空,无一幸免。

因此,捍卫思辨自然主义不仅仅是为寻求真理来提供论据,更深入的问题是捍卫追寻真理的实践,也就是质疑已存在的信仰,提出它们的缺陷,并代之以更好的信仰。护卫社会中可以追寻真理的场地(或文化领域),这就涉及了将文化领域从经济和政治领域分离出来,实现自治,提倡洪堡式大学,捍卫人文科学和真科学及其机构,使它们不只是开发服务于权力精英的高收益技术或军事技术。捍卫对真理的追求及其条件是捍卫真正的民主及使其有效运作的公共机构、掌控国民经济来对抗跨国公司及全球公司王国的颠覆行为，以及维护人类文明的核心内容。它还要捍卫人们可以畅所欲言，并旨在打造并维持可持续发展的全球生态秩序而采取政治行动的社会形式。反对虚无主义不仅是一种智力行为，它本身就是一种政治行动，包含着政治斗争。

26

第五节　重塑康德后的哲学历史

鉴于此，本书继续挖掘现代性文明的意义，来揭示是什么阻碍我们通过文化转型来解决当下面临的问题。本书第二、三、四章的论述是关于现代哲学的主要传统，可以理解为对康德哲学的不同回应。如果以该方式检验，思辨自然主义会是这些传统中最合情合理的一种。在第二章——"从分析哲学到思辨自然主义"考察了分析哲学、分析哲学的起源，以及在威拉德·范·奥曼·奎因（Willard van Ormand Quine）影响下分析哲学在美国的自然主义转向。该分析哲学源于新康德主义的一种形式，其极力贬低概述的地位，消除康德提出的综合推理的作用，然后试图发展一种自称为世界性的正式语言，等同于主流科学的语言，这事实上是逻辑实证主义的发展。这么做，分析哲学被禁锢在了当下还原主义科学的假设中，以及被科学主义影响的更广阔的文化假设中。它将主体经验与感知从世界上消除，甚至生命，去除了一切价值，只保留了生存斗争和"基因机器"统治所需的有效计算，这些"基因机器"的"DNA链"自我复制，"快乐"只是斗争的副产品。它产生出了至今为止最虚无的文化之一。

了解了这种哲学的统治，就明白了为什么无论通过何种唯心主义去捍卫人文科学都注定失败，无论是新康德主义、新黑格尔主义、解释学的还是现象学的。然而追溯分析哲学至康德，借鉴贾可·欣提卡（Jaakko Hintikka）作品中对打造世界性语言产生的怀疑，这些美国分析哲学家提出的超越质疑的假设被揭示出了问题。一种完全不同的哲学纲领也被揭示出来，仍旧是源于康德，分析不可能避开概述或综合分析。这将思辨置于哲学的中心位置，而且这种思辨是自然主义的，不是唯心主义的。这挑战了还原主义科学及分析哲学家的虚无主义根源，为人文科学的地位及其所代表的理想奠定了基础。思辨哲学与复兴的辩证法都采取了唯心主义和自然主义的形式。更普遍的是，大众把唯心主义的形式与思辨结合在一起，致力于创造一种新的有关自然哲学的综合推理的弗里德里希·谢林提倡思辨哲学的自然主义形式，但也有人认为相比旨在全面了解世界、了解我们所处的位置及其间意义的唯心主义，这种思辨哲学的自然主义形式更具有光明的前景。

27 　　在第三章——"辩证法：从马克思主义到后马克思主义"分析了马克思主义辩证法的发展历程。从传统意义上来说，该辩证法是取代英语国家分析哲学最具影响力的一支。这一章不仅描述了其光明前景，也分析了西方马克思主义的失败和法国哲学的衰亡。辩证法深受马克思、马克思主义者和后马克思主义者的推崇，因此我们希望能从这些思想家这里找到捍卫思辨自然主义的武器，把人类从虚无主义文化中解放出来。然而我们发现个别马克思主义所倡导的辩证法是删减后的版本而且存在问题（除一些例外），著名的有亚历山大·波格丹诺夫（Aleksandr Bogdanov）、乔瑟芬·李约瑟（Joseph Needham）、厄恩斯特·布洛赫（Ernst Bloch）、理查德·莱文斯（Richard Levins），后来，还有生态马克思主义，比如安德列·高兹（André Gorz）、詹姆斯·奥康纳（James O'Connor）以及乔尔·科维尔（Joel Kovel），这种形式的辩证法基本上回避思辨，等同于唯心主义，甚至马克思主义的唯物主义都是有问题的。马克思本身的辩证法也存在根本性问题，他的追随者不断努力想要超越这一点，从而进行了激烈的讨论。他们与一些马克思主义者论争，这些人追随恩格斯，将辩证法融入科学主义并将其原则当作发展的普遍规律。而另一些人则转向黑格尔，然后是现象学，将主体与能动性纳入核心区域,把马克思主义与人文科学等同起来,认为"自然"只是一种社会范畴。

早先,这些论争发生在日耳曼世界,有关马克思主义的最重要的辩论发生在法国,法国通常被看作反对英语国家分析哲学和美国式科学自然主义的中心。认真审视这些论争,就会发现马克思主义辩证法和法国哲学的捍卫者之间产生了分歧,有的拥护与存在主义现象学相关的人文科学,著名的代表人物是让–保罗·萨特,有的拥护与结构主义相关的科学主义,代表人物是克洛德·列维–施特劳斯和路易·阿尔都塞,莫里斯·古德利尔在一定程度上也有一些。这些相互对立的立场推动辩证法大步向前,以让·皮亚杰、吕西安·戈德曼和皮埃尔·布迪厄为代表的生成结构主义(genetic structuralism),以及以保罗·利科对隐喻与叙事研究为代表的解释学都得到了长足发展。把这些研究综合起来会更有前景。然而尽管不断强调日耳曼与英语国家的分析哲学的缺陷,这些思想家对自然主义还是持模棱两可的态度(甚至在他们自称是唯物主义者时)。他们确实为思辨思维开辟出一片有限的区域,但除了加斯东·巴什拉和莫里斯·梅洛–庞蒂(庞蒂生前并没能充分发展他的观点)的个例外,法国哲学家并没有成功地勾勒出一种完全非还原主义的自然主义,这种自然主义能够超越科学与人文科学的对立,并为新的社会秩序奠定基础。鉴于此,我们可以说无论是马克思主义,还是法国哲学都没能抵抗住分析哲学与还原主义科学的影响,或最重要的是,没能有效地对抗当下盛行的虚无主义及其生态毁灭的结果。

考察了马克思主义和后马克思主义关于辩证法杰出著作的成就与局限,后面一章具体分析了罗宾·柯林伍德、查理斯·桑德斯·皮尔斯和艾尔弗雷德·诺思·怀特海三位思辨自然主义者为描述哲学做出的努力。然而他们都不认为自己的哲学思考是辩证的,尽管有人认为这是了解他们著作的最佳方法,也有人认为受到源自谢林的思维传统的影响,这些哲学家发展了全新的概念框架来了解世界,实际上是在不断发展辩证思维。随着

28

他们洞察力的复苏，以及在科学的后实证主义哲学家影响下的进一步发展，相较于分析哲学家，他们提出了一种对推理的更佳理解，能够真正地推动科学和数学的进步。此外，他们还提出了很多概念能够超越当下科学的局限。他们把思辨的自然主义与分析哲学的自然主义进行对比，指出分析哲学家对思想领域和实际生活的严重影响，尤其是对科学和艺术的影响。思辨自然主义，尤其是由理论生物学家、数学家和自然哲学家罗伯特·罗森发展起来的思辨自然主义也与法国马克思主义哲学家阿兰·巴迪欧的思辨唯物主义进行了对比。巴迪欧是源于法国传统结构主义的马克思主义代表人物，也是思辨唯物主义的主要拥护者。有人认为，鉴于此，思辨自然主义者不仅为理解数学的伟大和成就提供了更好的基础（巴迪欧认为这是哲学的核心内容），还为进一步推进与人文科学紧密相关的数学和科学的发展开辟了道路。因此，他们为超越马克思主义缺陷提供了一个更坚实的基础。他们为真正的民主政治的复兴奠定了基础。思辨自然主义着眼于生命的本质，使人类了解自身是源于其他生命形式，是具有感知能力、反省能力和创造能力的生物，参与生态系统、自然和历史的动态发展，这涉及将自然和人类归为创造性形成的复杂过程。

第六节　思辨自然主义、激进启蒙运动和生态文明

对思辨自然主义的辩护构成了第五章"思辨自然主义唤醒激进启蒙运动"和第六章"从激进启蒙运动到生态文明：开创未来"的基础。这两章提供了一个更广阔的视角来理解和推进前三章中阐述的论争。很明显，历史上曾发生过两次相互对立的启蒙运动。一次是由约翰·洛克和艾萨克·牛顿发起的温和启蒙运动，致力于对自然的技术统治与占有性个人主义，即对世界的理性统治，用卡斯托里亚蒂斯的话来描述就是与过去一刀两

断，并在推理新概念的基础上开创新的时代。另一次是基于人文科学而不
是科学的激进启蒙运动，该启蒙运动倡导坚守并发展文艺复兴时期由古
希腊人和罗马共和国人民发起的以自我管理为方式的对自由的追求，用
卡斯托里亚蒂的话来说，就是努力恢复自治的社会假想。康德对激进启蒙
运动的重要性在于，他捍卫并赋予自由在其哲学中的核心位置，进而守护
了人文科学。这使我们回首人文科学且将此书称为宣言，这还使我们回想
到本书在前言部分中引用的埃普斯坦的话，宣言不是描述行为而是行动
派的，宣告了新纪元的来临。本书还为大家描绘了两个时代：在哲学范畴
内，思辨自然主义时代，首先使哲学恢复原态，使人文科学在智性生活和
文化生活中回到其适当的位置，同时涵盖自然科学并转化自然科学，复
兴激进启蒙运动并追求自由（第五章的核心）。在其后的时代，人类开始
创造出生态可持续发展的文明，一种生态文明（第六章的核心）。

　　埃普斯坦指出，尽管自然科学的实际成果是改造自然的技术，人类科
学的实际成果是政治推动下的社会转型，人文科学的实际成果是文化转
型。在文化中，客体与主体是统一的，文化转型就是转化我们自身，创造新
的主观性。文化转型会涉及我们的概念转变，包括自然科学技术、社会科
学政治、人文科学和文化，以及我们如何理解我们同自然的关系。这将政
治哲学和伦理置于哲学的核心和人文科学的核心，不仅仅关注我们应该
如何组织社会、如何生活，还要关心我们要努力成为什么样的人，以及要
努力打造出什么样的文化。人们总是在体制内、文化形式内以及自然环境
和人为条件下活动。哲学需要为这些人提供概念框架来指导或重新指导
他们自身，指引他们的方向，让他们舒适而有效地行动、生活。第五章辩证
地综述了亚里士多德思想、佛罗伦萨文艺复兴中再次兴起的罗马共和思
想，以及自然主义基础之上的德国文艺复兴中新黑格尔哲学的社群主义
思想。 第六章运用了深受思辨自然主义者启发的有关生态学的进步著
作，来重新表述激进启蒙运动。它通过过程关系理论生态学为生态政治哲

学提供了一个统一的概念框架,还提出了德性伦理,能产生出具有品格与道德的主观性来使当下体制免于腐败(比如大学),并使它们沿着新的方向发展,开创并维持不断追寻自由且扩大生存环境的新体制。这里表现为"生态哲学形成"或"家庭形成"的政治和伦理,可以作为创造生态文明的基础,并激励人们去实现。

30   在一定程度上来说(尽管不仅是),这个宣言是有关元哲学的著作,向人们揭示哲学是如何迷失方向,并按照其本来的样子定义哲学。它也是一本哲学著作,引领人们去开创未来。它拒斥科学主义,捍卫人文科学和哲学在其中的位置,当然人文科学要倡导自然哲学并涵盖自然科学领域。为了思辨自然主义,我利用了所有哲学家能够用到的方法:分析、概述和综合,来证明目前的哲学家们不但拒绝承认综合推理的作用,还贬低概要的作用,这么做不仅削弱了自身,还削弱了科学与人文科学,并损害了文化与社会。不仅分析哲学家(显而易见负有最大责任)对此负有责任,很多欧陆哲学家也是难辞其咎。比如,马克思主义者为了推行辩证法对思辨思维持怀疑态度。为了突出这些缺陷,我曾介绍了一些哲学家的著作,他们确实在使用这些方法,著名的是谢林、柯林伍德、皮尔斯和怀特海,也间接地提到了波格丹诺夫、李约瑟、布洛赫和梅洛-庞蒂。当然了,这个宣言既不是捍卫他们的著作本身,也并不是完全抵制分析哲学,或我曾阐述并批评过的西方马克思主义和后马克思主义欧陆哲学家的辩证哲学。分析和批判的辩证法作为哲学的组成部分要被辩证地接纳,其中也包括分析、概述和综合推理思维,这些都是思辨哲学的必要组成。

也就是说,并不是拒斥批判的辩证法,而是倡导并使用以思辨为核心的辩证法的一种扩展形式。整个宣言是有关辩证法的著作,涉及诸多概述,将不同哲学家和哲学传统"一起对待",以这种方式捍卫、利用并发展辩证思维。本书中所使用并倡导的辩证法并没有被置于分析与思辨的对立面,而是包括分析、概述和综合推理,本质上是思辨性的。本书以奎因的典型哲学方法开始,他的方法因为过于抽象而极度片面。然而对此的批判并不意味着完全否认奎因著作的价值。虽然将自然主义与科学主义等量齐观的观点被指责,但推崇自然主义是哲学的一大进步。此外,分析也有其价值,但有人认为欣提卡的分析哲学模式能够克服奎因的片面性,因而更佳。而欣提卡是一位分析哲学家,他的著作为辩证法和思辨哲学开辟了道路,甚至推崇其中的一些方面。后康德主义者、费希特和黑格尔提出的思辨的辩证哲学,以及谢林在此基础上发展的自然主义版本显示出了一个前景光明的开始,在随后的一章中,我会向读者展示大多数的马克思主义者如何不去考虑思辨在开创未来中的作用, 再一次截断了辩证法和哲学的潜力。辩证哲学家格奥尔格·卢卡契(Georg Lukàcs)和萨特(Sartre),结构主义者列维–施特劳斯、阿尔都塞和古德利尔,生成结构主义者皮亚杰、戈德曼和布迪厄,阐释学叙事学家利科、大卫·卡尔和米哈依尔·巴赫金受到检验和批判,这不是为了拒斥他们的理论,而是再一次将人们的目光吸引到他们的成就上,同时指出他们的思想也是片面的,他们的观点也需要融入一个更广阔的视域。也就是说要解决对源于谢林传统的思辨自然主义者所维护的片面性的坚持,不是盲目崇拜,而是需要思辨自然主义者将分析哲学、现象学、结构主义哲学和阐释学的进步之处结合到一起,使它们为我们一直追寻的对自身以及世界的全面了解的目标而贡献力量。这应该被看作人类(自然)自我创造的过程,永不会完结。认识到这一点本身就是智慧所在。

31

　　只有了解了这种思辨哲学和智慧的重要性,那么马克思主义者会告诉人们哲学不仅是静默沉思,而是应该引导人们去生活、去改变世界,也就是去开创未来。哲学没有能够使人们理解这些思想,为他们起到引导作用,说明了正统马克思主义的笛卡尔二元论仍有残留。要改变一个人对世界的看法需要文化转型,也就是要改变世界,是创造新的社会形式、发展新的技术形式的社会和政治行为条件。仅鉴于此假设之上,罗伯特·罗森的著作比巴迪欧的作品意义更加深远，更合情合理，与实践的相关性更强。这就引入了包括政治哲学和伦理学的人文科学，其专门关注通过文化转型而达到自我创造。

　　本书的介绍部分、本章和最后两章强调了我们日常生活中以及作为历史参与者所面临的种种危机。最后一章说明了正在研究中的主要工作，包括理论生态学、生态符号学、人类生态学、生态马克思主义，生态经济学和政治生态学。本章旨在提出具体科目中最具前景的研究工作，同时也为说明包括形而上学、自然哲学、哲学生物学、哲学人类学、社会政治哲学和伦理学在内的哲学，为什么需要克服当下研究工作的疏离性及边缘化，要彼此结合，与人文科学相联系，这样才能有效地挑战当下的主流思潮及他们的拥护者，构建一种有关解放的崭新的宏大叙事。本章还指出，哲学需要文化转型，产生新的主观性。表明了自然主义形式的思辨辩证法如何引导那些从事专门研究工作并进行政治行动的人，如何提供一种取代霸权的文化，这种文化不仅能够在思想上而且在实际中质疑、克服并取代霸权式的"反文化"，"反文化"将我们禁锢在衰落和权力的奴役之路上，驱使我们走向全球生态危机。第六章和结语提出了打造生态文明所需的基本观点。

注释

32

　　①因为"哲学"一词是由哲学部门的成员提出的，他们重新定义了哲学，使之与他们的职业相匹配，因此从事这一项目的科学家和数学家通常不会将他们的工作定性为哲学，尽管过去的伟大哲学家们会承认这一点。许多自称为哲学家的学者，归根结底是"智慧的爱好者"的意思，让人想起乔治·奥威尔（George Orwell）的《1984》这部作品中所说的"友爱部"（Ministry of Love），在这个地方，表现出任何不同意见的人都会被带去遭受酷刑，然后被消灭。

第二章

从分析哲学到思辨自然主义

哲学哪里出问题了？在一个世纪内从来没有过这么迫切需要哲学观点对现状进行质疑，提供新的方法来理解世界、未来的新愿景。在这样的情形下，哲学是如何从教育和文化的中心位置退却下来而成为边缘学科，只是发展规范语言去服务信息技术产业，为主流科学辩护，作为其他学术研究的专门子学科里深奥论争中的只言片语，或努力跟上巴黎最新学术时尚？要了解哲学在现代社会中的动荡状态，有必要去了解分析哲学的胜利。如今分析哲学不仅在英语国家主导着哲学领域，还侵入传统上推崇其他哲学的国家，甚至法国。这么做，有必要审视分析哲学与思辨哲学的对立。

布劳德（C.D.Broad，1887—1971）曾在两篇著名的文章中描述过分析哲学与思辨哲学的对立特征，其一出版于1924年，其二出版于1947年。布劳德是英国哲学家中的佼佼者，他的事业上升恰逢思辨哲学的衰落。在《批判和思辨哲学》（1924）一文中，布劳德将批判哲学（后发展为分析哲学）的特征归纳为对基本概念的分析和阐明，以及日常生活和科学的预设。其拥护者认为哲学问题可以各自独立解决，而像科学这样的哲学能够积累毋庸置疑的知识。另一方面，鉴于人类的全部经验——科学的、社会的、伦理的、审美的和哲学的，思辨哲学家试图达成有关宇宙本质的全面概念，以及人类在其中的位置："其作用就是掌握人类各个方面的经验，思考并反省而后努力构想出可以公正地对待万事万物的整体现实（Reality）观点。"（1924，p.96）回到文章《思辨哲学的一些方法》中有关思辨哲学的衰落问题，布劳德提出了哲学家定义该哲学常用的三种方法。它们是"分析"（完全占有支配地位，布劳德不愿过多说明），"概述"（处理一般各种不同领域经验的不一致性要借用概述的方法，也就是"统观"的意思），以及对思辨哲学家最重要最独特的方法"综合推理"，旨在"提供一套概念和原则，能够完满地覆盖被统观的所有不同领域"（1947，p.22）。

34

思辨哲学家必然会使用这三种方法，分析哲学家只运用前两者，并大幅度削减了概述的作用，尽管也有例外，尤其是在斯堪的纳维亚的分析哲学家之中，了解这一点很重要。分析哲学家甚至限制分析的对象，如今大多数分析哲学家把对经验的分析排除在外，也不考虑基本假设的分析，以及这些假设如何影响行动和思维。一些分析哲学家甚至无视来自哲学的概念分析，只是全身心地投入到对命题逻辑形式的分析，或者由它们引申出的句子和推论的分析。然而研究的过程、概念和经验也是可以分析的。现象学的大部分是有关经验的分析，可以被看作分析哲学的一种形式，尽管它并不是。分析哲学家往往忽视或轻视来源于生活和经验不同领域中相互矛盾的假设的重要性，因为他们不重视概要的统观（常常涉及叙事，其本身就是一种综合思维），统观需要揭示这些矛盾，并暴露出产生这些矛盾的根深蒂固、想当然的假设。然后他们拒绝接受或搁置综合形式的推理，该推理可以发展能够超越这些矛盾的新的概念框架。因为他们没有办法去应对这些处于经验或话语不同领域之间的矛盾，他们要么接受这些矛盾是无可避免的（新康德主义的解决方法），要么更普遍来说，给其中某个领域优待，牺牲其他领域，专注于为与其他领域相关的现象进行辩解

（科学主义和"日常语言"的倡导者就是这么做的）。

第一节　思辨哲学的消亡：
从波尔查诺和弗雷格到奎因

主流分析哲学根源于奥地利和德国的伯纳德·波尔查诺（Bernard Bolzano, 1848—1927），鲁道夫·赫尔曼·洛采（Rudolf Hermann Lotze, 1817—1881）以及戈特洛布·弗雷格（Gottlob Frege, 1848—1925）的哲学，这些哲学都批评并大量修改了康德的哲学。罗伯特·汉纳（Robert Hanna）在《康德与分析哲学基础》(*Kant and the Foundations of Analytic Philosophy*, 2001)中指出："布尔查诺和赫尔姆霍茨（Helmholtz）是分析哲学的前哨……（并且）弗雷格是两位创立人之一。"(p.6)[另一位是伯特兰·罗素（Bertrand Russell）。]阿尔伯托·科法（J. Alberto Coffa）在《从康德到卡纳普的语义传统：到维也纳站》(*The Semantic Tradition from Kant to Carnap: To the Vienna Station*, 1991)中，从一种完全不同的前分析哲学角度剖析了该历史背景。最近，汉斯–约翰·格罗克（Hans-Johann Glock）在《什么是分析哲学》(*What is Analytic Philosophy*, 2008)一书中也就此进行了论述。

了解康德哲学在哲学历史上的关键位置很重要。17世纪科学革命带来了诸多认识论问题，人们为了解决这些问题不懈努力，最终促成了康德哲学的形成。科学革命的主要人物有伽利略（Galileo, 1564—1624）、笛卡尔（Descartes, 1596—1650）、牛顿（Newton, 1643—1727）和莱布尼茨（Leibniz, 1646—1716）。他们都是哲学家，他们都曾义不容辞地与反对自然哲学的怀疑论者进行对抗。尽管他们看上去是赢了，但精神和肉体的二元论产生了一种新形式的怀疑论，大卫·休谟（David Hume, 1711—1776）在他的著作中对此进行了详细的描述。在空间上存在于身体内部的大脑是如何了解外部世界的呢?休谟得出的结论是我们不能了解。所有的都是感官印象,以及这些彼此衔接、逐渐消退印象的副本和激情,在此基础上我们体验了此消彼长的规律性,使我们能够做出预测,尽管我们没有什么理由在这些规律性中假设任何理性的必然,也没有什么根据假设出一个大脑不具有这一系列感官印象及其副本和激情。哥白尼革命把人类归于无限宇宙中微不足道的位置,康德发起了第二次哥白尼革命来抵抗这种怀疑论,更根本的是来回应上述观点,他不仅声称要克服怀疑主义,还要把人类回归到宇宙中心的位置。运动中的无限宇宙大部分是知觉（时间和空间）形式的产物,也是大脑产生的想象和理解范畴的产物,通过大脑可以组织感官印象。科学的世界观在某种程度上是人类构造的,而经验世界要按照易懂的方式构建。知识有其"综合"的一面。尽管康德哲学声称要将科学置于稳定的认识论基础之上,与此同时却限制科学知识的要求,只允许其在现象领域提出诉求。康德表明这不会使我们的假设无效,作为本体范畴一部分的我们拥有自由意志,能够基于人性重拾意义,为道德与美学提供了场所。同时康德建立了自己的哲学并以此为基础学科,形而上学、科学和其他领域的研究都要建立在此哲学基础之上；也许是那些拥护康德著作的人们这样认为。我们不久将会看到,这会是激进启蒙的一场重要复兴与进步,来对抗温和启蒙的机械化思维、原子论,以及贬低生命和人性的观点。

　　波尔查诺批评康德没能将主观表象与客观表象区分开,在客观表象中,没能区分表象与客体表象(Coffa,pp.29f.)。强调客观表象需要重新定义分析概念,并给予其特别关注,还需要把哲学中心引向"客观意义",同时消除综合推理的任何积极作用。洛采捍卫并深入发展了这次论争。因此,尽管康德认为经验知识(综合**后验**知识)与数学和形而上学知识(综合**先验**知识)都包含了综合推理,波尔查诺、他后面的洛采以及后来的弗雷格发展了一种在描述符号间意义关系时排除大脑过程作用的哲学,不论

36

是观点、形象还是想象投射。弗雷格认为概念是客观的，只从属于逻辑规律，关注逻辑应该与现象问题区分开来。他批评康德并宣称："概念具有的聚合力要远强于综合觉知的联合力。"（Grege 1950,47）尽管汉纳（2001,p.182）曾指出，弗雷格认同康德关于综合**先验**知识的概念。在洛采之后，弗雷格指出，可以确认或否定的不是概念的有效性，而是命题的有效性，无论他们指向哪些客体（Gabriel 2002）。被看作柏拉图实体的命题具有独立于意识的状态，无法在空间和时间上标记。弗雷格的哲学，以及所有受洛采影响的新康德哲学，都被归为"先验柏拉图主义"（Transcendental Platonism）（Gabriel 2002,p.41）。

迈克尔·达米特（Michael Dummett 1981）把分析哲学描述为后弗雷格哲学。他写道："使意义理论成为哲学基础的革命应该由弗雷格这样的人完成，这几乎是历史的必然，他是怀揣着唯心主义理想而不是出于丝毫的志同道合。"（p.684）弗雷格想要一种纯粹的"客观主义语义学"（objectivist semantics），通过归纳数学功能去分析命题的逻辑结构（Johnson 1987,pp. XXX f.）。这需要将陈述转化为代数公式，并由此界定什么样的陈述能够做出有意义的断言，以及他们能够做出什么样的断言，同时弄清楚运用这些公式进行的运算。用这样的方式就可以检测和评估从这些陈述中获得推论的有效性，之后代数公式可以反译回非代数形式的陈述。人们再次将哲学的焦点放到开发足够多的方法以代数解码陈述、诠释这些代数呈现的排列组合，之后再解决由该方案引发的悖论，就此定义了分析哲学的发展轨迹。

然而弗雷格方案还远不止这些。它还涉及严格界定用逻辑研究的领域，并由此界定什么是意义话语，相应地再次定义哲学。通过弗雷格逻辑得出的唯一断言是类别或种类 X，存在着该种类的客体；或按照奎因（1961,p.15）的著名论断，"'是'会是变量的值"。彼得·弗雷德里克·斯特劳森（P.F.Strawson 1992）详细说明了这个论断的含义："在我们的信仰为真的条件下，我们的本体论只包含量化变量必须覆盖或作为值的事物。"（p.42）这样的论断排除了以往哲学家会提出的基本问题——任何声称存在的，最根本意义上都"是**自我阐释的**（self-explanatory），因此无须进一步的论证和推导。如詹姆斯·布莱德利（2004）所说："它在其本质中携带了所有说明自身的理由。"（p.209）寻找这样自我阐释的存在（或诸多存在）是思辨哲学中综合思维的终极目标，目的是通过这种存在（或这些存在）以连贯的方式说明、理解并阐释其他万物。弗雷格以及他的追随者甚至都不再提出"自我阐释存在的终极目标是什么"的问题。

弗雷格的观点被后来的很多哲学家推崇，英国有伯特兰·罗素（Bertrand Russell，1872—1970）、乔治·爱德华·摩尔（G.E.Moore，1873—1958）和年轻的路德维希·维特根斯坦（Ludwig Wittgenstein，1889—1951）；奥地利有鲁道夫·卡尔纳普（Rudolf Carnap，1891—1970）和维也纳学派（Vienna Circle）；德国有汉斯·赖欣巴哈（Hans Reichenbach，1891—1953）和卡尔·亨普尔（Carl Hempel，1908—1997）；美国有威拉德·范奥曼·奎因（Willard van Orman Quine，1908—2000）。弗雷格曾尝试把代数归纳为逻辑，这个计划后来由伯特兰·罗素继续了下去，后来怀特海也加入进来，他们希望通过逻辑能够解释所有数学问题，然后是逻辑和集合论。弗雷格拒斥康德关于代数知识是一种**综合的先验**观点；但赞同其关于几何知识是**综合的先验**观点；而罗素认为数学知识都不属于**综合的先验**。在他看来，所有的数学知识是具有分析性的。弗雷格在描绘命题中的表达方式时引入了含义和指称（因此金星被赋予了"启明星"的意义），罗素则将逻辑的范围进一步缩窄（连同哲学）而只利用了其中的指称，后来的分析哲学家在这一点上都效仿罗素。卡尔纳普将吉尔伯特（Hilbert）的形式主义与弗雷格和罗素的逻辑主义结合在一起，试图通过对语言的细致分析，最重要的是对在科学中使用语言的细致分析，向众人证明理论可以由一套"记录语句"表达，其中所有的表达方式都有其明确的语义所指。早期的维特根斯坦认为，存在的是可以被细化为原子事实的"事情的状态",他相信这个论断是不可撼动的。科学家的任务就是分析句式,细化为原子命题,并将这些逻辑原子与原子事实相联系。这个计划,尤其是机械推理计划在冷战期间受到美国的扶植,为了在俄罗斯人之前找到增强人类工作效率的方法。该计划的支持者,逻辑原子学家和逻辑实证主义者,成功地将哲学的核心从形而上学转化为对语言的研究,带来了后来被人们所知的哲学上的"语言转向"。

　　分析哲学家后来对数学逻辑及其阐释的作用和与日常语言相关的科学语言的重要性关系上做出了划分。后期的维特根斯坦、约翰·奥斯汀(John Austin)、吉尔伯特·赖尔(Gilbert Ryle)、彼得·弗雷德里克·斯特劳森、斯坦利·卡维尔(Stanley Cavell)、约翰·塞尔(John Searle)以及约翰·麦克道威尔(John McDowell)后期的作品,通过符号逻辑拒斥哲学的主导地位,说明一种传统在悄然兴起,该推崇日常语言及其对概念的认真分析,以及日常推理,以揭示细微差异、误导的引申、理性与非理性的错综复杂、必要的假设以及非正式论争的价值,反对数学逻辑的帝国主义和科学语言。一般来说,这包含了对语言与推理实际语境的理解。路德维希·维特根斯坦在《哲学研究》(*Philosophical Investigations*, 1968)中,有力地强调了这一点:"所以说你的观点是人类协议决定了哪些是正确的, 哪些是错误的?"——是人类决定了对与错,他们就他们所使用的语言达成协议,即观点上不一致,但生命形式上一致(p.241)。做出这样的论断,日常语言分析哲学家汲取了康德哲学,经常使用一种先验演绎(transcendental deduction)的形式来说明接受日常假设有效性的必要, 尽管这与所谓人类行为的科学描述并不一致。麦克道威尔曾明确地表明其作品与康德哲学的联系。对日常语言的专注为人文科学及其历来提倡的价值提供了一定的支持,但却排除了人文科学用以挑战主流科学的假设所需的思辨思维与综合推理,这需要对人们普遍接受的逻辑和科学进行彻底修正。日常语言分析哲学在英国逐渐成为主导,尽管它在美国也有其拥护者,最出名的是卡维尔

38

和塞尔,在斯堪的纳维亚有乔治·亨里克·冯·赖特(Georg von Wright)。斯堪的纳维亚的分析哲学家一般没那么教条,对各流派的思想也更加开放,这一点在达格芬·弗洛斯达尔(Dagfinn Føllesdal)的文章《分析哲学:什么是分析哲学以及研究它的原因?》(Analytic Philosophy:What is it and Why Should one Engage in It?,1996)中对分析哲学的描述中可见一斑。弗洛斯达尔把分析哲学定义为对论证和理由的全心投入,反对运用修辞,在此基础上,他将阐释学家和现象学家归为分析哲学家。最近,哲学家们对约翰·杜威和威廉·詹姆斯(William James),以及康德和黑格尔时期的哲学传统重燃兴趣。理查德·罗蒂(Richard Rorty)和罗伯特·布兰顿(Robert Brandom)是这一趋势的典型代表。当然,与此同时也出现了人们熟知的欧陆哲学。

　　然而分析哲学曾一直与符号逻辑的发展紧密相连,日常语言分析哲学就是符号逻辑狂热支持者的逻辑原子论与逻辑实证主义姗姗来迟的反应,并通过它来诠释、捍卫和发展数学与主流科学的探索。这种反应成功地说明了(如很多主流分析学家主张的)人类推理不能被简化为以人工智能为特点的符号控制(在此人工智能包含了推理特质),日常语言分析哲学只是减缓了努力发展数学逻辑为基于日常语言的另一种推理的脚步。通过追溯詹姆斯和杜威的实用主义,甚至更久远的黑格尔来强化这一传统的努力都没能改变现状。在卡尔纳普、赖欣巴哈和亨普尔之后,出现了一批最具影响力的分析哲学家,尤其是在美国。卡尔纳普给予数学逻辑优先的地位,并规定陈述只有在句法正确时才有意义,非逻辑术语可简化为出现在科学的基本观测证据陈述中的术语。而受皮尔斯影响的分析哲学家和斯堪的纳维亚的分析哲学家专注于数学逻辑的同时,并没有将对人文学科的理解搁置一旁或忽视欧陆哲学,而是维持着广泛的兴趣。在美国,尽管受到皮尔斯和杜威的影响,哲学家们仍坚持逻辑实证主义的传统,维护主流科学的认知主张及其解释万物的理想(涵盖人类生存的方

39

方面面）。除了少数明显的例外，这些科学家认为伦理学、政治学和美学与头脑粗鄙的哲学家无关，他们中的很多人认为以上领域超出了理性话语范畴。

那些仍从事研究伦理学、政治学和美学的分析哲学家，还是除了极少的例外，已经接受了他们的边缘化现状，次要子学科的研究者身份使他们的话语无足轻重。对大多数环境伦理学——一门子学科的子学科而言，这就是实际情况。如乌尔里希·贝克所言，面对全球生态危机，试图通过伦理学来限制技术专家政治集团就好比"在国际喷气式飞机上安装一个自行车车闸"（Beck 1992，p.106）。分析哲学的特点就是对论辩、明晰（这个概念极为不清楚）和精确（极为不精确）的绝对推崇。其支持者相信，只要集中在狭义话题上，大谈特谈"片段和零碎"，避免哲学传统标志的"大问题"就可以了。C.S.皮尔斯认为，"模糊"概念对掌握生命和对人文学科至关重要的创造力是必不可少的，包括尼古拉斯·乔治斯–罗根（Nicholas Georgesçu-Roegen）（1971，pp.44ff，）、莫瑞·科德（Murray Code）（1995，pp.160–167）和柯奈留斯·卡斯托里亚蒂斯（1997a，pp.290–318）也持同样观点，但这些概念却被忽视了。由此，人们相信生命难以理解，摒弃了任何一个创造更好未来的想法，这种对世界的理解只是不断完善推理运算法则、发展技术以获得对世界的理性统治。从传统意义上来说何为美好生活是哲学的核心问题，而这些问题绝大部分被这样的分析哲学排除在外，因为这些问题不能很好地应用于严密的论辩或科学研究，而研究这些问题的人似与口碑欠佳的欧陆哲学家有瓜葛。[1]对缜密的极致追求导致分析哲学目前处于危机之中，因为在他们追寻精确的过程中"对分析概念本身的可辩驳性和最终可理解性产生了质疑"（Hanna 2001，p.11）。

最具影响力的美国分析学家[尤其是奎因和唐纳德·戴维森（Donald Davidson）]拒斥了弗雷格的先验柏拉图主义，忽略甚至否定了概念和概念框架的重要性，进一步缩小了哲学的范围。尽管人们称奎因为概念实用主义者，但他却对概念的发展关注极少，而是专注于真理，要不就是语句（Quine 1960）。戴维森（1984，pp.183-198）继续质疑概念体系本身。奎因一直致力于只把一阶谓词逻辑运算作为推理的有效形式，他承认理论网络、理论、理论术语和理论句子，但更看重观察语句而不是理论语句，并把其作为在语义和知识上的里程碑。戴维森及与他观点类似的分析哲学家们给"语义学"下了一个非常严格的定义，意义不是一种"精神上的存在"而是"一种行为属性"（Quine 1969，p.29）。其他的美国分析哲学家推崇波兰哲学家阿尔弗雷德·塔斯基（Alfred Tarski）的"真理的语义定义"，据此意义可以简化为语句真理条件的具体要求。戴维森详细论述了有关真理定义与意义概念之间的联系，这已经成为这些分析哲学家的共识，他在《真理与意义》（Truth and Meaning，1984）一文中写道："定义的作用是为每句话的真理性提供必要和充分的条件，提供真理条件是使句子产生意义的一种方法。"（p.24）实际上，这是通过简化为其他——真理条件——来努力消除"意义"。这样就将持续发挥作用的分析的全部范畴——概念分析——从哲学中移除了。

40

在奎因的带领下，分析哲学家们后来重新定义了哲学，认为哲学是科学的一部分，或一直与科学相伴而生，仅在普遍程度上与其他科学不同。奎因宣称哲学的核心是逻辑，是科学的一部分。需要强调的是，不是所有的专注数学逻辑的美国分析哲学家都同意奎因这一论断。比如，戴维森就不是科学主义的支持者，而是人类主义的支持者（Pearson 2011）；而索尔·克里普克（Saul Kripke）和希拉里·普特南（Hilary Putnam）也与自然主义划清关系。然而从奎因、伯托（Berto）和普莱巴尼（Plebani 2015）以来近期的分析哲学历史显示出，奎因的作品在什么是本体论的问题上引起了激烈的讨论，也就是有关"元本体"的论争。这导致了一些不同哲学观点的出现，而绝大多数英语国家的分析哲学一直专注于这些不同观点支持者的矛盾冲突，从而揭示了奎因哲学在分析哲学后续发展中的关键作用。奎因之后,何塞·伯纳德特(José Benardete)在《形而上学:逻辑方法》(*Meta-physics:The Logical Approach*,1989)中,只将逻辑学家的作品称为形而上学,通过完全消除自然哲学来牢固确立这种形式的分析哲学。大多数分析哲学家的研究都是在奎因假设的维度内进行的,因此奎因的作品是理解并评价主流分析哲学,并区分与其他哲学的关键所在。

无论怎样设想,奎因哲学观点的核心都是他对意义之于语言地位的攻击,更根本的是"意识的主体"的地位。通过他的作品来看这一点,乔治·罗曼诺斯(George Romanos 1983)得出结论:"奎因认为语言意义的各种概念完全缺乏系统的理论意义,因此作为解释概念毫无用处。"(p.111)这是奎因的看法,他在《从逻辑观点看》(*From a Logical Point of View*,1961)②一书的"实证论的两种信条"(Two Dogmas of Empiricism)中,抨击了新康德主义有关因为综合**先验**知识具有这样的语言意义,就证实为合理的论断。如果成功的话,他的论点不但会使大部分新康德主义哲学站不住脚,还会使日常语言分析哲学家,也就是"语言康德主义者"的论据失效。弗雷格和罗素认为这会否定大部分的意义,因为哲学知识是通过分析命题或语句的逻辑形式,以及概念间的关系来揭示的。

奎因正是通过拒斥这种综合**先验**知识引发了哲学的"自然转向",进而逐渐统御分析哲学。通常来说,这种自然主义其实是"科学主义",奎因在他的著作《理论和实物》(*Theories and Things*)一书中说:"它存在于科学自身中,而不是在什么先前的哲学中,现实是需要被识别和描述的。"(Quine 1981,p.21)这就意味着奎因及其追随者支持还原主义,接受只有物理和化学过程是真实的,尽管在这一点上他的观点也不总是一贯一致。③奎因把科学扩展为盟友,在发表的《认识论自然化》(*Epistemology Naturalized* 1969,pp.69-90)一文中,他捍卫认识论的"自然化"。在他看来,科学知识本身就是自然的一部分,能够也应该作为科学研究的客体。如他所说:

认识论或类似的，只出现在心理学的某个章节，因而也构成自然
科学的某一篇章。它研究自然现象，即人类实在主体。这个人类主体
被设置了某种实验控制输入——比如，不同频率的特定照射方
式——在时间充足的情况下，这个主体就能输出三维外部世界及其
历史的图景。

（Quine 1969，p.82f）

奎因还支持心理学家唐纳德·坎贝尔（Donald Campbell）的研究，他将
进化认识论建立在盲目变异（blind variation）和有选择保留（selective re-
tention）的概念上，认为这两者能够解释本能和我们的普遍认知能力的演
化发展。

奎因排除了先验知识的作用，更不用说综合推理了。他支持科学自主
权，也就意味着支持主流科学，对任何清晰和逻辑严密问题的批评予以限
制，削弱了哲学家的作用，使他们成为科学的附属劳动者。正如他所说（就
什么是科学的问题，揭示出了一种非常奇怪的观点）："逻辑像任何科学一
样也有其作为，那就是对真理的追求。特定的陈述是正确的；追求真理就
是努力从其他陈述中梳理出正确的陈述，这是错误的。"（Quine 1959，p.
xi）我们可以推测出，一位优秀的科学家就是记住了书本中的正确陈述的
人，1950年巴西人对科学就是持有这种观点。当时，核物理学家理查德·
费曼（Richard Feynman）在里约热内卢已经教授物理一年，他在一次公共
演讲上说："我演讲的主要目的就是向你们展示巴西没有讲授任何科学。"
（Feynman 1986，p.216）学生们没有能力提出问题，也没有能力从事实验， 42
他们只是记住一些对他们毫无意义的语句。

奎因的自然主义被后来者传承并发展，其中有罗纳德·吉尔（Ronald
Giere）、理查德·博伊德（Richard Boyd）、亚瑟·法恩（Arthur Fine）和大卫·

刘易斯(David Lewis)。菲利普·基切尔(Philip Kitcher)(1984)试图用自然主义的方法去解释数学及其发展，他努力根据还原论自然主义来描述大脑，要么为意识辩解，主张意识根本不存在；要么主张意识现象并不是它们显示出的那样，而是自然秩序的一部分，可以通过科学来解释。保罗·利文斯顿(Paul Livingston)在《哲学历史和意识问题》(*Philosophical History and the Problem of Consciousness*, 2004)一书中就此进行了详细的描述。第一选择包含了奎因支持的行为主义和保罗·丘齐兰德(Paul Churchland)的"取消论自然主义"(eliminative naturalism)，而金在权(Jaegwon Kim)支持副现象学(epiphenomenalism)。奎因之前的学生丹尼尔·丹尼特(Daniel Dennett)则尝试为主观状态和感受性辩解，认为它们只不过是天性罢了，可以通过新达尔文的进化理论阐释(Dennett 1991)。丹尼特认同我们可以去参考意图、设计和功效的本质，但认为这些只是物理学概述的纯粹物理过程，而物理学独自掌控着世界实际运行方式。另一个看上去更加激进的观点是英国哲学家盖伦·斯特劳森(Galen Strawson)近期提出的，他是英国著名分析哲学家 P.F.斯特劳森(P.F.Strawson)的儿子，目前在美国工作。斯特劳森很快就宣称自己是一位真正的自然主义者。他说："面对具体的现实时，我是一位自然主义者。我是彻底的自然主义者，哲学或形而上学的自然主义者……我是物理主义或唯物主义的自然主义者。我相信并不存在任何非物理的具体现实。"(Strawson 2013, p.101, p.102)这是主流美国哲学家需要认真对待的一点。他接下来继续说明，既然我们具有体验这一点毋庸置疑，那么真正的物理主义自然学派就必须承认这一点，并接受泛心论(panpsychism)与数学物理学家宣称的自然概念。然而这仍然是科学主义(尽管要多少感谢物理学家的疏忽)，只不过是在泛心论上补充了物理存在的附加属性。斯特劳森并没有研究作为自然一部分的体验是如何形成人类意识形式的，这一点在分析哲学的传统上是真实的。[与之形成鲜明对比的是理论物理学家李·斯莫林(Lee Smolin)在思辨论文《时间自然主义》（Temporal Naturalism, 2015）中提出的观点：为了解释感受性，需要对物理学再思考，把时间看作一系列真实时刻的延续。］

在《理解自然主义》（*Understanding Naturalism*）一书中，鉴于自然主义拥护者的不同观点，杰克·里奇（Jack Ritchie）质疑"自然主义"一词是否是空洞无意的。他总结了这些支持者的共同点得出结论，认为自然主义并不是毫无意义的。"笛卡尔、康德和卡尔纳普共同呼吁一种能为科学研究奠定基础的新哲学。自然主义者则认为我们应该从发展完备的科学出发，基于此，发展我们的哲学。"（Richie 2013, p.196）在自然主义的旗帜下，奎因和他的同伴们卓有成效地捍卫了三种彼此独立的学说：秉持哲学是科学的一个分支的元哲学自然主义，如奎因描述的科学之外无真正知识的认识论自然主义和由主流科学描绘的除了物质世界、能源，时空的物体和事件外无其他领域的本体论自然主义。但并不是所有受奎因影响的人都接受了这三种学说。以布恩·埃利斯（Brian Ellis 2010）和亚历山大·伯德（Alexander Bird 2010）为代表，他们对自然主义的描述就有所不同，他们采纳模态逻辑，拥护存在主义的一种形式，确确实实地承认了自然哲学的一席之地。他们接纳了倾向属性，创造出一种"科学形而上学"，而不是反形而上学的科学主义。尽管他们这样做，但却没有离弃对客观主义语义学的研究，他们认为实际世界与任何可能的世界都包含实际存在物，以及由这些存在物发展出来的集合体，这些存在物具有自己的属性，每时每刻彼此都处于联系中，而意义就在包含这些实际存在物的真实世界或可能世界的抽象符号和元素的关系中产生。所有其他的推理形式也被认为毫无效力。正确的推理只不过是按照集合理论逻辑来操控符号罢了。在此意义概念里没有与理解相关的综合推理。

在奎因启发下的哲学家们藐视概要思维，包括历史作品在内。他们拒绝总结哲学观点的核心学说或审视哲学状态，尽管这对达成概述极为重要，他们认为这些做法都不能完全了解被概括的多样性和综合性。这就使

43

这些分析学家努力推出的多种假设（包括对哲学范畴的缩小）免于监督。奎因和他的同道者掌控了学术职位，进而把握了美国哲学发展的方向（McCumber 2001, p.46）。哲学不仅降级为分析，还沦为了对句法关系（句法关系产生于符号及其与观测间的关系）的分析，几乎没有体验、语言或概念的位置，也没有综合推理的位置。这些哲学家们不在意概述，因此认为哲学历史毫无意义。他们发展了一种否认历史观的哲学形式，因为从历史的角度能够揭示出这样的哲学概念多么的枯竭，暴露出这样的哲学占据统治地位对包含科学在内的更广泛的文化带来了多大的危害。

　　主要指责的矛头都对准了这种形式的自然主义，这些批评不仅来自日常语言分析哲学家，还出自关注数学逻辑的分析哲学家们。他们包括索尔·克里普克（Saul Kripke）、尼古拉斯·雷斯彻（Nicholas Rescher）、希拉里·普特南（Hilary Putnam）、马里奥·德卡罗（Mario De Caro）、杰瑞·福多（Jerry Fodor）和芬兰哲学家贾可·辛提卡（Jaakko Hintikka）。在这些分析哲学家中有人批评奎因从科学的世界观去说明自然主义，呼吁一种更自由的自然主义形式（Caro and McArthur 2004）。人们在做各种努力通过这种自然主义形式来搭建自然主义和规范或标准之间的桥梁（Caro and McArthur 2010）。分析哲学家从奎因紧箍咒中挣脱出来，去关注自由哲学，引发了对过去思维传统兴趣的复燃。理查德·罗蒂在《哲学和自然之镜》（*Philosophy and the Mirror of Nature*, 1980）中，希拉里·普特南在《重建哲学》（*Renewing Philosophy*, 1992）中，分别以不同的方式呼吁杜威的回归。萨米·皮尔斯特罗姆（Sami Pihlström）在《实用主义和哲学人类学：了解人类世界中的人类生活》（*Pragmatism and Philosophical Anthropology: Understanding Our Human Life in a Human World*, 1998）以及近期的著作中支持更广博的实用主义传统，更多的关注威廉·詹姆斯。罗伯特·汉纳和米歇尔·弗里德曼（Michael Friedman）共同呼吁康德和新康德主义的回归，恩斯特·卡西尔（Ernst Cassirer）则提出一种能够超越分析哲学与欧陆哲学分界的哲

44

学。甚至菲利普·基切尔都抱怨，对严谨辩论的过度关注会导致在学术上沉溺于琐碎问题，从而使哲学完全边缘化。基切尔和理查德·罗蒂与希拉里·普特南一样，都呼吁约翰·杜威哲学研究的回归。然而那些呼吁更自由的自然主义并渴求规范性能占有一席之地的分析哲学家们却处于一个尴尬的境地，他们没有方法去发展一种不同的世界观，因为他们已经把所需的综合推理思维排除在外，对那些提供这种思维的作品也毫不重视，甚至为逻辑和分析做出重要贡献的皮尔斯和怀特海也是如此。奎因的著作缜密地阐释了自己的立场，成为致力于用数学逻辑取代常识的分析哲学形式的杰出代表和有效参考（Davidson and Hintikka 1975）。这是分析哲学在弗雷格影响下的发展，是逻辑实证主义的顶点。因此，尽管外界对奎因的分析哲学作品批评声不断，他的自然主义仍旧是定义这种分析哲学传统的参考标准。

第二节 辛提卡对奎因的批判

为什么会成为这样？辛提卡（尽管辛提卡被视为索尔·克里普克的同道者，至少是希拉里·普特南）在他的著作里详尽地阐述了这个问题。辛提卡强烈抨击奎因，认为他不应该摒弃概念，并同时对**先验**知识不予理会，还批评奎因作品的视野太过狭窄（Hintikka 2007）。与奎因不同，辛提卡对逻辑有着独到的贡献，除了逻辑、科学和数学哲学外，他的兴趣非常广泛，曾与欧陆哲学家们一起研究，并撰写了有关哲学历史的很多作品（Hintikka 1974）。辛提卡经常探究康德、胡塞尔和海德格尔的著作，以及柯林伍德和皮尔斯的作品。马丁·库什（Martin Kusch）宣称他的著作《演算的语言和通用介质的语言》（*Language as Calculus VS. Language as Universal Medium*, 1989）研究了胡塞尔、海德格尔和伽达默尔（Gadamer），深受辛提卡的影响。辛提卡以奎因哲学为陪衬，发展了自己的观点和哲学构想，并准确地指出他的作品（与他同道的分析哲学家）与其他主流分析哲学家的区别，其中包括弗雷格、罗素、维特根斯坦、维也纳学派、奎因和阿隆佐·邱奇（Alonzo Church）。弗雷格（尽管布尔查诺已然做出假设）之后，这些哲学家假定语言是一种通用语言（lingua unversalis）——一种通用介质，其符号结构直接反映了我们概念世界的结构。换句话说，弗雷格及其之后的逻辑学家渴望通过对数学逻辑的研究去打造一种完美的通用语言。弗里德里希·特兰德伦堡（Friedrich Trendelenburg）解释说，弗雷格回应莱布尼茨，以应对施罗德（Schröder）在《概念文字》（*Begriffsschrift*）中的批评，弗雷格声称正在发展一种普遍语言（lingua characterica），不仅仅是一种推理演算（calculus ratiocinator）（Heijennoort 1967）。

　　辛提卡（1997）拒绝接受这个观点，坚持称自己关心的是创造一种推理演算，这是一种符号推算方法，能够映射并改良人类推理过程（辛提卡提醒说："这种方法不能被彻底地表述为一种运算。"）（p.115）。这样做，他就不再追随从德·摩根（De Morgan）、布尔（Boole）、杰文斯（Jevons）、施罗德到皮尔斯的传统，而是与受皮尔斯影响的美国分析学家达成了一致，比如普特南。在此基础之上，辛提卡发展了一种"语言的模型—理论观"。在该形式中，正式语言的主要功能是在种种可能性或设想之间进行辨认并做出决定。他表明，这需要"游戏理论语义学"去解释这些模型。在《苏格拉底认识论：问答式知识追寻之探索》（*Socratic Epistemology:Explorations of Knowledge-Seeking by Questioning*,2007）中，他提出了一种"认识逻辑"（epistemic logic），一种知识和信仰的逻辑（尽管辛提卡认为恰当理解的"信息"一词会比知识或信仰更适合），一种提问的逻辑，一种基于提问并搜寻问题答案的发现逻辑，这是对罗宾·柯林伍德提问回答逻辑的发展。据此，命题就不是柏拉图的实际存在物，它们的意义只有与和答案相关的问题建立联系才能够理解，这是一种与罗素和怀特海的符号逻辑相悖的逻辑辩证形式。按照这种观点,推论不应该从命题的含义和指称来理解,只能从命题的意思来理解,这削弱了弗雷格(和奎因)去除逻辑中主体的努力。辛提卡坚信寻求一种通用语言以及语言可以以此理解的假设,证实了柯林伍德关于这个时代被置于提问之上的深层假设统御着的断言。这个特别的假设诱发了一系列"症状",需要治疗。既然那些提出通用语言观点的人们把语言看作现实与我们之间的一扇铁帘,既然我们所说的一切都是用语言来表达,那么就存在对不可言说性的迷恋,对形而上学的弃如敝屣,关注句法而忽略语义的倾向,对奎因来说,就是对模态逻辑的敌意,而且没有看到模型理论技术(以模态逻辑为基础,辛提卡认为,相较于奎因,模型理论技术需要更强大的语义学阐释,一些模态逻辑的拥护者愿意支持该技术)的有用性。④

46　　　辛提卡对反对方的分析也许不完全正确;奎因和他的同事比他所描绘的更阴险,因为他们既想要一种通用语言,还想要一种推理演算,只用一种有效语言来助力运算。这种努力不仅逐渐削弱了人文科学,还阻碍了科学和数学的发展;并且在如此贫瘠的语言框架中,努力研究不可避免会产生大量悖论,而哲学的大部分只得疲于应对这些无休止的悖论。尽管分析哲学家们专注于搜集确凿的论据,但他们似乎并不是在所有方面都达成一致,甚至在理解彼此之间也存在着巨大的问题,他们中的大多数也没有意识到这种情况,也无力解决这些问题,因为他们大部分人对哲学历史或阐释学毫无兴趣,而且对概述方法一直弃之不用。

　　辛提卡的努力只是为了寻求一种推理演算,而他也意识到了把推理描述为一种演算是有局限性的。他的研究揭示了当分析用于概述时的价值,并且如果不基于分析或与还原主义科学不一致,分析就不会用来排除所有知识主张。尽管辛提卡的成就毋庸置疑,但除了在斯堪的纳维亚,他在哲学上的影响不及奎因。原因似乎是奎因计划推行并发展一种完整的哲学,而辛提卡只是提供了不同的洞见和方法,研究如何发展正式语言和推理过程来促进更好的"计算"或决策；也就是说，增强我们的推理能力（尽管在他的历史研究中，尤其是他对亚里士多德的研究，他意识到哲学远不止于此）。在辛提卡哲学选集中，编辑们写出了他们得出的结论：

> 大部分读者认识到奎因哲学是由其研究的无所不包的哲学自然主义的形而上学框架所形成的。相比较而言，如果存在一种无所不包的框架，未来的读者就会把它与辛提卡的作品联系到一起，他们会发现辛提卡的主张是诸多结论中的一个，而不是他研究中的一个前提。辛提卡的哲学主要是由他能证明的东西驱动的。
>
> （Kolak and Symons 2004, p.209）

基本上说，作为一位分析哲学家和卓越的逻辑学家（尽管他对柯林伍德、海德格尔和伽达默尔以及哲学历史有着兴趣），辛提卡并没能推出一种传统意义上的哲学，而奎因却默默地这么做了。奎因一直维护缺乏生气的正统世界观，认为还原主义科学是一门完整的哲学。相比较来说，对那些需要一种世界观和一种宏大研究计划的人来说，辛提卡所提供的却少之又少。然而辛提卡没有理由把哲学囿于分析和概述，实际上，他综合分析了各种观点，以发展更充分的推理形式。尽管辛提卡推崇分析哲学，但他为超越分析哲学铺平了道路，受其影响的斯堪的纳维亚哲学家们拥护皮尔斯的研究成果，并开始沿着这个方向发展哲学。斯特伦费尔特（Stjernfelt）的《制图学：现象学、本体论和符号学的界限研究》（*Diagrammatology: An Investigation on the Borderlines of Phenomenology, Ontology, and Semiotics*, 2007）就是其中一个例证。

因为辛提卡自己并没有提出或维护某种综合哲学，但他发现并指出了奎因哲学的主要缺陷，而奎因的追随者因忙于惯常的事务而忽略了这些。结果，主流分析哲学家的明确目标仍旧是捍卫一种"自然主义"，他们认为科学就是确认哪些语句是真，因此把这种"自然主义"等同于科学主义。他们按计划一步步获得了成功，格罗克总结如下：

> 鉴于奎因的影响，分析哲学家如今要出版有关心灵哲学的书籍，没有一个人不会在序言中或多或少地宣称自己拥护某种形式的自然主义。因此，杰克逊(Jackson)说道："大部分分析哲学家都把自己形容为自然主义者"……金(Kim)把这一观点拓展了到了今天："如果当下的分析哲学家有什么哲学思想，毫无疑问，就是自然主义"……莱特(Leiter)……判定哲学中的"自然主义转向"在重要性上堪比早期的语言转向。
>
> (Glock 2008, p.137)

这就意味着，如汉娜(Hanna)所说："所有重要的哲学形而上学问题、认识论问题和方法论问题，只要直接求助于自然科学，就能够获得答案。"奎因的分析哲学传统的转型可以被称为"科学转向"，这么说恰如其分。奎因之后 "分析哲学成为科学哲学"(Hanna, p.10)。弗雷德里克·奥拉夫森(Frederick Olafson)在《自然主义与人类处境》(*Naturalism and the Human Condition*)中描述了这种"硬"科学自然主义的结果：

> 在美国哲学中……自然主义成为一种万能哲学。一些人认为自然科学可以为所有问题找到答案，从传统上来说一直困扰哲学家的问题，或至少不是那些只要仔细检查就能够轻易解决的问题。这个观点的支持者深信其真理性，他们很难相信还有什么其他选择值得认真考虑，而不仅仅是对过去无耻迷信的回归。
>
> (Olafson 2001, p.7)

奎因式的自然主义仍是发展哲学的基准点。他的哲学统御至何种程度很明显,不仅在于他在英语国家理解哲学方式的成功,还在于他把自然主义等同于科学主义,造成了人文科学的衰落,并把这种分析哲学传播到了欧洲,尽管在分析哲学自身中的异议在不断增多。如格罗克指出:

48

> 分析哲学存在已经大约有一百年了,如今它是西方哲学中的主导力量。……它在英语世界盛行了几十年,在日耳曼国家也占有优势地位,甚至成功进入了曾对它持有敌意的地区,比如法国。
>
> (Glock 2008,p.1)

那些像玛莎·娜斯鲍姆(Martha Nussbaum)那样,不顾科学主义的胜利,通过吸取古典文学的知识和观点,坚持捍卫人文科学的人们是令人尊敬的,但他们的影响甚微。奎因分析哲学最著名的对手也不接受以这样的自然主义来证实人性、人类经验的各个维度,以及人类处境的丰富性和多样性,他们理所应当地认为这些不符合自然主义。一些日常语言分析哲学家也持这样的观点,但在胡塞尔现象学运动的激励下,他们更加坚决,无论是正统的、阐释学的还是存在主义的现象学。秉承了存在主义现象学传统的奥拉夫森就是这种情况。最近以来,德国哲学家正在积极地倡导人文科学,他们把人文科学置于当代盎格鲁—撒克逊思想中的自然主义的对立面来进行探讨(Freundlieb 2003)。除了一些像尼古拉斯·雷斯彻(Nicholas Rescher)和马克·比克哈德(Mark Bickhard)(尽管他们没有践行,但他们并不反对综合思维)这样倡导过程形而上学的哲学家以外,分析哲学家所提倡的自然主义逐渐等同于科学主义和还原主义,以及对人文科学的贬低。

第三节　欧陆哲学取代分析哲学：
新康德主义和唯心主义

　　通常来说，这样的分析哲学内涵毫无新意，本身就带有虚无主义的意味，那些呼应它的哲学家，尤其是"日常语言"分析哲学家们，已经向德国、法国的哲学家和传统特色寻求灵感，有时也借鉴意利或西班牙的哲学发展，这样的哲学经常被轻蔑地称为"欧陆哲学"，他们忘记了德国和奥地利的分析哲学起源。新康德主义、黑格尔主义、解释学、现象学、解释现象学、存在主义、批判理论、结构主义和后结构主义全部被奉为良药妙方。在定义哲学观点上，马克思和胡塞尔曾是哲学家们的基准点，如今热度已减，但当持不同观点的哲学家们相互碰撞之时，这二人又被大家哄抢。这需要研究一系列的思想家：康德、黑格尔、马克思、尼采、狄尔泰（Dilthey）、胡塞尔、海德格尔和哈贝马斯（Habermas），这些人物的思想是这些传统的主要基准点。我们不可能理解这些思想家，除非把他们同康德和他的第二次哥白尼革命（Copernican Revolution）联系起来。这次革命使意识、个人或社会（连同认识论）取代了存在，成为哲学的参考标准，正是这次革命（而不是伯克利的论点）启迪了思维的唯心主义传统。复兴黑格尔、马克思和尼采是很自然的事情，但回归新康德主义（Makkreel and Luft 2010）对分析哲学来说则是比较严肃的挑战。所有这些复兴运动突出了康德对后来哲学的深远影响。

　　鉴于综合推理在经验判断中的作用，大部分欧陆哲学家都似乎接受了康德反对轻易把表象当作现实的怀疑主义观点。李·布雷弗里（Lee Braver）在《这个世界的一件事：欧陆反现实主义的历史》（*A Thing of This World: A History of Continental Anti-Realism*, 2007）中，论述康德的哥白尼

49

革命弥漫着欧洲大陆最伟大的哲学家们的思想,包括黑格尔、尼采、海德格尔、福柯和德里达这些被检验的思想家,以及那些没有被检验的,如克尔凯郭尔(Kierkegaard)、胡塞尔、伽达默尔、福克纳学派、德勒兹和结构主义者。在人们的印象中,是康德引起了人们对经验的本质和复杂性、经验组成中概念(从语源学上看,"独占,拥有并控制")和概念体系作用的持久关注,以及随之而来的对现实主义的厌恶。概念的意义(**绝对概念**)(Begriff)已经被纳入莱布尼茨的哲学中,来取代"观点"(ideas)和"观念"(notions),以避免认识和感觉之间的二元性,或思考和觉察之间的二元性,康德从莱布尼茨那里拿来了这个术语。甚至近期法国哲学的结构主义和后结构主义,其中任一种都可以追溯到恩斯特·卡西尔,这位在纳粹主义崛起之前德国最具影响力的新康德主义者。像阿兰·巴迪欧这样的思辨现实主义者已经开始致力于让哲学走出康德影响, 他们的毕达哥拉斯主义(Pythagoreanism)也确实是唯心主义的另一种形式。绝大多数哲学家还没有投入欧陆哲学传统问题的研究中, 解释具有感觉和自我意识的人类是如何从大自然中演化出来,并在大自然中繁衍至今。考虑到几乎大家公认人类是从其他物种演变而来,并且生命是源于无生命的自然,如今只有学术界把唯心主义当一回事。

　　这似乎过于简单化了,因为康德自己就反对唯心主义。当然,黑格尔是一位唯心主义者,但是弗雷德里克·贝瑟尔(Frederick Beiser 2005, p.9)在一部有关黑格尔的极具影响力的著作中就曾断言, 康德对黑格尔的影响被言过其实了;黑格尔是唯心主义者在某种程度上是因为他秉承着柏拉图有关概念的观点。马克思通常被称为马克思主义者,而尼采坚决反对唯心主义。布伦塔诺(Brentano)之后,现象学的奠基人胡塞尔开始号召哲学家们回归亚里士多德而不是康德,并在此基础上开始支持一种现实主义。海德格尔和那些受他影响的人们推崇现象学,但排斥胡塞尔的唯心主义转向。哈贝马斯在一篇名为"康德之后的形而上学"(Metaphysics After

Kant)的文章中详细说明了在形而上学(在这里他将形而上学等同于唯心主义)遭受质疑之后如何继续进行哲学研究的问题,但拒绝接受哲学家给予意识的核心位置,这篇文章刊登在《后形而上学思考:哲学随笔》(*Post-metaphysical Thinking:Philosophical Essays*,1992b)一书中。

50   然而贝瑟尔的主张是有问题的。马克思确实追随费希特(一位唯心主义者)的脚步,马克思的唯物主义认为实践是居于首位的,而冥想性知识(comtemplative knowledge)次之。尼采的视角主义(perspectivism)表现出了康德对他的影响。研究表明,胡塞尔从一开始就定期与新康德哲学马堡学派(Marburg School)的保尔·纳托尔普(Paul Natorp)通信,并不断地受到新康德主义的影响。在这种情况下,他创建了更倾向于唯心主义方向的现象学(Luft 2010),后来他再次远离了唯心主义,预示着近期"自然化"现象学的努力方向。米歇尔·弗里德曼(2000,pp.39ff.)指出海德格尔转向胡塞尔,后来又转向解释学,这些都是为了克服新康德主义中存在的问题,这也是他离开新康德主义的真正原因。除厄恩斯特·布洛赫(Ernst Bloch)、乔瑟芬·李约瑟(Joseph Needham),后来的梅洛-庞蒂(Merleau-Ponty)和生态马克思主义者外的西方马克思主义者将"自然"纳入社会范畴。哈贝马斯的哲学不接受唯心主义中意识的核心地位,认为交际行为应该取而代之,这确实是对维特根斯坦后期哲学的发展,也是对新康德主义的发展。哈贝马斯哲学关注语言取代范畴,成为理解知识和理性行为体验的先验条件。

    然而受到胡塞尔影响的现象学家们试图把对经验不做预设描述的哲学方法推至首要位置,只为思辨留下一隅,甚至完全不去理会。这些欧陆传统的追随者作为分析哲学家,从来没有这么一致地仇视思辨思维。康德曾反对思辨神学,很多新康德主义者也对思辨思维持否定态度。康德曾说,存在一种先验假设,用来协调在智思界(intelligible world)的各种感官,在没有任何依据对对立双方(论题与相反论题)的辩论做出裁决时,他重拾了辩证法概念来描述,即"纯理性博弈"。他的后来者继承了他的"概念"观点,但同时却认为随着历史的变迁,这些已经发生了变化。他们受此启发,来检验概念的演化,通过思辨来发展更完备的概念体系去理解这个世界。从黑格尔开始,他们把这种思维称为辩证思维,他们追溯到柏拉图,希望能够在如何辩证地思考方面获得指引,并推崇思辨哲学的观念。这就是"思辨唯心主义"的后康德传统,这方面最著名的哲学家(有一些不是,我在后面会陈述)有所罗门·迈蒙(Solomon Maimon)、费希特、谢林、黑格尔、雅克比(F.H.Jacobi)和弗里德里希·施莱尔马赫(Friedrich Schleiermacher)。

这些德国哲学家推动了英国和美国唯心主义的发展,在这里,思辨被推至核心地位,被人们称为思辨唯心主义,其中最著名的拥护者有英国的托马斯·希尔·格林(T.H.Green,1836—1882)和弗兰西斯·赫伯特·布莱德雷(F.H.Bradley,1846—1924),美国的乔赛亚·罗伊斯(Josiah Royce,1855—1916)(Mander 2001)。思辨唯心主义逐步被看作一种真理的连贯理论,以及一种包含自我、心灵或精神(Self, Mind or Spiritual)原则的有机整体的现实观点。这些唯心主义者被他们的对手看作德国思辨唯心主义的追随者。尤其是英国的唯心主义者,他们是早期英国分析哲学家的靶子(著名的是摩尔),他把抵制唯心主义并捍卫现实主义作为自己的哲学立场。这种唯心主义传统的维护者仍然存在着,尽管他们已经被边缘化了。结果是分析哲学家强烈要求将思辨唯心主义(被欧陆传统污染的英语国家哲学)与思辨哲学等同起来,然后将其定义为与首先是现实主义,然后是自然主义(尤其在美国)的极端对立。在德国,迪特·亨里希(Dieter Henrich)对此回应,他认为主体不可避免的现实无法用自然主义来阐释,并再次推崇一种唯心主义形式和思辨唯物主义(Freundlieb 2003)。法国哲学家尽管拥有其独特的传统,也深受这些德国哲学家的影响。如我们在后面一章中会看到的,英语国家的分析哲学逐渐登上统治地位,这些法国哲学家并没有能够提出另一种哲学取代它的位置。

51

明显的，对欧陆哲学的简单描述使判断什么是唯心主义的标准(或显示出了困惑)模糊不清，也使其在细节上易于被攻击。然而就目前的论点，重要的不是不同哲学家提出观点的清楚与否，而是那些根深蒂固的假设，这些假设诱发了种种学术争论，其构成的教育体系限制了不同哲学家的思想长达两个世纪之久。在这里，不仅是那些表达出的各种观点是重要的(我为了上述论点已经把它们极大简化了)，但那些未表达出来的、体系化的假设和倾向也很重要。根据这些假设，哲学家被分在这一边或另一边，对那些不适用于对立双方的观点也是视而不见，要不就是做出错误的解释。一直存在一种划分哲学的倾向，把哲学划分为分析哲学或欧陆哲学，近期又开始把哲学分为分析哲学和自然主义哲学，要不就是唯心主义哲学和思辨哲学，并把这些不同观点糅合到一起。这会蒙蔽人们的双眼，或至少同时加速自然主义、人文主义和思辨主义传统的边缘化，这个传统就是我所说的思辨自然主义。

第四节　重拾思辨自然主义的传统：从谢林到过程形而上学

倡导科学主义的分析哲学家正在逐步走向统治地位，他们独占自然主义以及科学和数学的声望，相较于任何形式的唯心主义，无论是思辨的还是其他的，思辨自然主义是其最有力的对抗。该传统的影响力可以被看作第三次哥白尼革命。这是一种后康德主义传统，其接纳了聚焦人类意识和能动力的康德第二次哥白尼革命，但之后，通过唯心主义自然化来理解自然。该传统认为，包括研究对象和人类在内的拥有认知和创造能力的一切生物都是富有创造力的大自然的一部分，并在其中逐步演化发展。如艾尔弗雷德·诺思·怀特海(1861—1947)在《过程与实在》(*Process and Reali-*

52

ty,1978）一书中阐述了自己的理解："对康德来说，世界源于主体；对机体哲学（the philosophy of organism）来说，主体源于世界。"这个传统接纳与人类意识有关的一切——因为否定这一点是自我矛盾的，如柯林伍德（1939,p.44）指出的。但是通过拒斥人们普遍认同并默认的笛卡尔二元论，该传统捍卫了现实主义和自然主义。坚信先于人类存在的自然正在通过人类意识达成其最高的自我意识（如我们所知），这避免了波尔查诺对康德观点的反驳。

在自然主义者的边缘化中，对这样的思辨自然主义的无视是显而易见的，比如怀特海、约翰·杜威和美国的过程形而上学者，英国的罗姆·哈瑞（Rom Harré）和罗伊·巴斯卡（Roy Bhaskar），以及反对还原自然主义、接受思辨（尽管不是如此所指）的哲学家们。但更重要的是，由于对主要哲学家的错误解读以及没有认清他们的贡献和影响，这种无视愈发明显。有一位重要的哲学家被公然曲解，他本应是现代思辨自然主义的主要创立人（与赫尔德和歌德齐名）及重要人物之一，他就是弗里德里希·威廉·约瑟夫·谢林（F.W.J.Schelling）。正如所提到的，谢林一般被归为唯心主义者（Redding 2009）。在近期一本名为"德国唯心主义"（*German Idealism*）的德国哲学历史书中，谢林被当作唯心主义者来重点讨论，本书作者是杰出的美国历史学家之一的弗雷德里克·贝瑟尔。然而谢林拒绝接受唯心主义，与费希特分道扬镳。谢林的**先验唯心主义**（Transcendental Idealism）体系演绎类别，把握全局。他明确表示自己的先验哲学以主体性为首要，这只是哲学的一部分，另一部分是自然哲学（Naturphilosophie），以客体性为首要（Schelling 1978,p.7）。在自然哲学中，"自然的概念不包括也存在一种能够感知到自身存在的智性。因此这个问题也可以这样表述：智性是如何被添加到自然中，或者自然是如何被呈现出来的？"（1978,p.5）很快，谢林在《动态过程的普遍演绎》（*Universal Deduction of the Dynamical Processes*）（1856–61,I/4,pp.1–78）中，尝试以"事物的动态结构"来论述自然哲学比唯心主义更为根本。1809 年,谢林在《有关人类自由》(*Of Human Free-dom*)中阐述了唯心主义在描绘人类自由方面是不充分的,只能形成一种形式上的构想,"并不是对自由真正而关键的理解……只是……一种好坏的可能性"(1936,p.26)。在大约写于 1815 年的《世界的时代》(*The Ages of the World*)第三版中,谢林把唯心主义描述为割断了他们与赖以生存基础力量的联系的那部分人的哲学,他们"除了头脑中形成的概念,什么也不是,只不过是对阴影的空想罢了"(2000,p.106)。

53　　　谢林接受了康德有关心灵具有创造性的论点,这样富有创造力的心灵应该形成于自然之中,他强烈要求自然应该以这种方式被理解。很多年以后,大约是 1835 年,在他的《关于现代哲学的历史》(*On the History of Modern Philosophy*)系列演讲中,谢林指出,自己的哲学超越了唯物论与唯灵论、现实主义与唯心主义的对抗(1994,p.120)。谢林在其 1842 年的演讲中开始攻击黑格尔的唯心主义,他澄清了自然主义与唯心主义的区别,从此明确了唯心主义与思辨自然主义的差异。黑格尔曾认为存在是最空洞的概念,而谢林却认为哲学家们必须接受存在一种不可预知的**存在**(*unvordenkliche Sein*),先于包括科学思维和哲学思维在内的所有思维。波尔查诺批评康德没有能够区分主观表象(subjective representations)和客观表象(objective representations),以及表象和表象客体(objects of representations)。即使他是对的,汉娜(2001)还是表明这很难说,与谢林不同,而且也没能阻止承认认知上的创造性,也没有妨碍给予思辨思维核心位置。在《自然哲学体系第一概要》(*First Outline of a System of the Philosophy of Nature*)这本书中,谢林表明思辨是一种"思辨物理学"(Speculative Physics)(2004,pp.193ff.)。谢林承认概念在认知中的核心位置,同时继续质疑牛顿科学的概念,他认为必须通过历史和个人超越这些概念,使生命的孕育、人性和意识的发展为人们所理解。

　　至于二元分类法如何导致误传的另一例是人们对柯林伍德观点的描

述。作为分析哲学的重要对手,柯林伍德几乎总是被描绘为唯心主义者。然而他自己曾指出他的观点被误读,因为人们只了解现实主义(分析哲学家支持大部分内容)和唯心主义这两种哲学立场。他在自传中写道:"任何反对'现实主义者'的人都自动归为'唯心主义者'。"(1939,p.56)柯林伍德作为历史哲学家和历史学家是最出名的,但是他也写过一本名为"自然的观念"(*The Idea of Nature*,1945)的书,尤其这本书讲述的是自然哲学的历史,他追随谢林式的传统,提出了自己的自然思辨哲学,尽管谢林并没有承认这一点。圭多·万海斯维耶克(*Guido Vanheeswijck*,1998)认为,柯林伍德和怀特海一样是过程哲学家。柯林伍德还发展了问答逻辑,该逻辑成为探索假设层级的重要方法,揭示了包括有关自然假设在内的一个时代的形而上学预设,并借此揭穿了那些轻视形而上学的哲学家的幻想。

　　谢林的**自然哲学**(Nature Philosophy)对其他那些也被趋于误读的哲学家们有着重大的影响。比如 C.S.皮尔斯,他通常被归为实用主义者之列,实用主义者因为支持真理的实用主义理论而被如此命名。皮尔斯曾在给威廉·詹姆斯(William James)的信中写道:

54　　　　我的观点深受谢林的影响……受谢林的各个阶段思想的影响,但尤其是他的自然哲学思想(Philosophie der Natur)。我认为谢林的思想非常丰富,如果你要称我的哲学为谢林主义(Schellingianism),由现代物理学转化而来,我绝难接受。

(Esposito 1977,p.203)

　　尽管哲学家们一直对皮尔斯有关逻辑和认识论的研究很重视,但他的思辨宇宙学却被极大忽视了,近期生物显微学家再次对他的研究产生兴趣。皮尔斯和谢林一样是思辨自然主义者,通过研究物质的存在使人们了解自身既是自然界的产物也是富有创造力的参与者,除了逻辑和科学外,形而上学、美学和伦理学在他的哲学中也占有一席之地。那些被归为实用主义者的哲学家们也是如此,包括威廉·詹姆斯、约翰·杜威、乔治·贺伯特·米德(George Herbert Mead)和罗伊·伍德·塞拉斯(Roy Wood Sellars)。除了这些人之外,生命哲学(Lebensphilosophie)、哲学生物学和哲学人类学的拥护者、弗里德里希·恩格斯(Friedrich Engels)、亨利·柏格森(Henri Bergson)、阿勒科山德·博格丹诺夫(Aleksandr Bogtdanov)(组织形态学——组织的一般理论的创始人)、艾尔弗雷德·诺思·怀特海(Alfred North Whitehead)、厄恩斯特·布洛赫(Ernst Bloch)、晚期的梅洛-庞蒂(Merleau-Ponty)、晚期的卡斯托里亚蒂斯(Castoriadis)、吉尔·德勒兹(Gilles Deleuze),以及其他过程形而上学的支持者也都直接或间接地受到谢林的影响,而且他们中的每一个人都发展了思辨自然主义的传统。思辨自然主义发展背景的概要性历史,旨在使人们了解一些它所蕴含的内容,为捍卫它做准备。

第五节　从先验演绎到辩证法:从康德到黑格尔

后康德主义哲学家捍卫思辨,用以回应人们普遍认为的康德先验演绎本身的局限性,他们接受康德有关经验由想象、直觉形式和理解范畴组成的观点,认同经验研究通常包括向假定这些形式和范畴,或"概念"的自然提出问题,这与反康德主义者不同。莱布尼茨第一个开始使用"概念"一词,并把它发展为哲学词汇,替代了"想法"(idea)和"观点"(notion),康德对此表示支持。为了克服形而上学不断退化的状态,并将其置于坚实的基础之上来提供绝对知识,就像古希腊人为逻辑和数学的成功所做的,培根和伽利略为科学的成功所做的,康德在他的著作《纯理性批判》(*Critique of Pure Reason*)的序言中呼吁哲学的一种新视界——**"先验哲学"**(tran-scendenal philosophy)(Kant 1996,B Ⅷ-B XXⅣ)。康德声称,先验哲学有其独特的方法——先验演绎,它包括判断分析。通过判断分析,直觉形式和理解范畴——也就是基本概念,它们是任何可能判断的条件——可以被发掘和判定,使必要的预设判断成为可能。这会是一种综合先验知识,像数学知识,但又与数学综合先验知识不同。要理解康德的用意,有必要去理解康德把知识的综合要素(也就是综合推理)放置的核心位置。康德认为我们只能知道在某种意义上我们自己所创造的,倡导一种融合经验知识和数学的建构主义理论(经验知识往往包含想象和概念的运用来安排感官形式,而数学则通过概念建构产生认知),表达一种就个人而言的普遍效力,比如,用想象或者是图形构建一个三角形(1996)。在这两种情况下,这样的建构就包含了综合分析,需要想象力。他把综合分析的特点总结为"把不同的呈现彼此关联,并将它们的多样性统一于一种认知中的行为",这是"想象力产生的纯粹效果,这是精神无意的但却是不可或缺的功能,没有这种功能我们就不会形成认知,尽管我们意识到它却知之甚少"(Kant 1996)。

康德没能通过先验演绎来展示其直觉形式和理解范畴的必要性。尽管他详尽说明了什么不是先验演绎,但却没有说清楚什么是先验演绎(Breazcale 2010,p.42ff.;Bar-On 1987,74ff.)。这是他的反对者和支持者对其研究不满的主要源头。表面上看,先验哲学以直觉形式和理解范畴综合知识为目标,该知识不是后验的而是先验的,这需要"智性直观"(intellectual intuition)和思辨想象,这是康德哲学最臭名昭著的艰涩部分(Markkreel 1994,pp.28f.)。康德确实把"智性直观"的可能性作为一种"我"(I)和**绝对**(the Absolute)的直接经验,而拒绝承认其是一种本体知识形式,这被认为是不可能的。康德认为思辨是一种毫无成效的理论实践,其过程中的认知目标在于一个实体,或实体概念,而人们从中无法得到任何经验(1996,A635f. and B663f.,p.612)。首先是费希特,而后是黑格尔、施莱尔马赫和谢林,他们认为自己的研究是思辨的,因为他们除了认同可感知的实体和认知这些实体所需的概念外——比如,思考自然以及经验发展的经验、思考概念产生的经验和思考过去用于阐释经验的概念充分性的经验——还给予第三种经验一定的位置。如我们所知,这就导致了哲学的后康德传统,该传统支持康德把直觉形式和理解范畴的观念作为概念框架,发展了康德的综合推理概念,但是他们把综合推理作为该思辨知识的核心,比康德走得更远。过去概念中的思辨会引起质疑,而随着新的概念和概念框架的阐释,即布劳德归纳为的"综合推理的"思维,思辨以及相伴而生的综合推理和概要思维成为哲学核心。

做出这种重大突破,促成了后康德传统的思辨哲学的哲学家就是 J.G.费希特(J.G.Fichte 1762—1814)。费希特是第一位支持并捍卫智性直观⑤的哲学家,他将分析推理的延展力融入其中,并声称康德的建构观念可以从数学领域扩展到认知发展领域。康德曾表明哲学上的一些争论是无解的,这些是纯理性悖论。比如有的声称所有复合物质都是由简单部分构成(论点),同时还声称没有任何复合物质是由单一的简单物质构成的(反论点);表象的阐释中必然存在偶然的因果关系(论点),以及发生的所有一切都是由自然规律决定的(反论点)。费希特开始说明通过综合思维是有可能化解这些自相矛盾的观点的,并且可以达成更高级别的综合推理。⑥这种形式的综合思维可以为他提供一种建构概念的方法,这些方法是组织经验所需的,并在此过程中获得自我理解。费希特说,所有这些都有可能达成是因为"我们自身原发想象力的超凡力量"(Fichte 1982,p.112,p.185,p.187)。费希特尝试通过这样的思维方式来建立并证实直觉形式和理解范畴,而不需要假定一个不可知的自在之物。对他来说,智性直观并不是一种主体的能力,而是主体通过客观认识的媒介,以非客观的方式认识自己,从而构成自身。他主张实践为主,理论知识为辅(1982,p.61,p.256)。这个感性世界(费希特将其首先描述为感受,包括来自我们努力受阻的感受)是通过实践构成的实体,并且正是通过思考我们形成了这些实体的概念。然而费希特后来总结道,自我意识和自由行动力更取决于承认其他有限理性存在是自由的,同时被这些存在认为是自由的,承认它们是有效的。"没有你,就没有我;没有我,就没有你",费希特说(1982,pp.172f.)。

　　费希特的思辨哲学分析包含两种方法,尽管二者并不是完全毫无关系的。第一种方法,在某种程度上先于胡塞尔的现象学,丹尼尔·布雷齐尔(Daniel Breazeale 2010)将其归纳为"现象学的综合推理方法",包括一种"经验自身的生成描述",由此"我的必要行为显示了,意识为了假设自身存在,必须也假设一个存在着某种必要结构的'世界'"(p.48)。与此有关的意识行为具有综合推理的功能,在同一时间既彼此联系又相互区别。布雷齐尔认为第二种"辩证的综合方法"是更重要的方法,其核心内容揭示了相悖双方(正反两种论点)在何种方面是相似的,因此挖掘出二者的统一,产生了新的确定。布雷齐尔基于费希特在一系列文本中发表的多种评论,详细阐释了这种方法包含的内容:

　　　　这种方法使之前衍生命题中产生的模糊不清的矛盾变得清晰具体,而且积极"寻求"(aufsuchen)某种新的、"更高原则"来避免令人不悦的矛盾(或者循环),并因此被认为是"必要的"。与概念分析、逻辑推理或三段论推理不同,这种衍生的"辩证"方法完全是综合的。就这种意义来说,新的原则"提起"(hebt)或"废除"(aufhebt)被质疑的矛盾不包含在该矛盾解决的有问题的概念和命题中,这么分析,该矛盾也因此不可能源于它们中。此外,由于这种方法不是通过经验获得的,但它是纯理性思考的产物,这种新的原则是"一种先验的"、象征着我们认知的一种综合的先验延伸。

57

　　　　　　　　　　　　　　　　　　　　　(Breazeale 2010,p.55)

为了进一步说明,布雷齐尔接着说:

> 没有演算法能够解决这样的问题,因此了解这种辩证综合推理思维尤为重要。在这种衍生的每个阶段,都会遇到新的矛盾,无法通过分析解决,层出不穷的新问题亟待解决、新的挑战需要应对。对费希特来说,最恰当地解决这样的问题就是要"寻求"理解和认同所有这样的问题都要依靠它们自身去处理,这就需要一种具有创造性解决问题的全新实践。在这种情况下,过去和现在的经验都无法为我们提供任何指导,因为我们仍逗留于纯理性之中——或者,有人更愿意用纯"理由"——并因此在想象思维的纯领域中寻找我们的解决方法。
>
> (Breazeale 2010,pp.56f.)

这种哲学思维的新构想对黑格尔(并不重视综合推理思维的作用)、施莱尔马赫和谢林(与费希特观点相近)都产生了很大的影响。

格奥尔格·威廉·弗里德里希·黑格尔(G.W.F. Hegel,1770—1831)发展了这种思辨的"方法",并将其表述为一种思辨思维。然而黑格尔修改了费希特的"方法",他引入了超越单纯理解的一种卓越力量——理性(Reason)(Hegel 1997b,pp.110ff,pp.130ff.)。黑格尔吸取了康德关于纯粹理性悖论的辩证论述,同时也进行了大量的修改,他汲取并发展了柏拉图曾具体描述并推崇的辩证法观念(而康德的辩证法肯定是援引于亚里士多德,相应地处于较低的位置)。在柏拉图的《理想国》(The Republic)的第六卷中详细描述了辩证法,但他所有的对话只是辩证法的练习——根据提出的问题寻找答案来进行研究,因此可以把对象作为一个整体来研究分析,从而避免了由于对观点和形势的偏颇理解,以及对良好决策所需的所有相关因素的忽视而导致的彻底失败(Lamprecht 1946)。苏格拉底(Socrates)曾经用提问的方式来探究道德真相,柏拉图则将这种方式发展为一种普

遍方法来获取全面的知识。他认为辩证思维超越了数学思维,其运用假设 58
不是作为基本原理,而是如柯林伍德(2005)所说,"作为探寻普遍原理的
踏脚石"(p.13)。黑格尔所理解的辩证法可以揭示有关理解抽象假设的片
面性,以及这些假设如何不可避免地转化为它们的对立面,成为辩证法的
"消极"面,他与费希特一样,拒绝接受康德关于解决这些悖论的悲观主
义,捍卫思辨哲学,认为其是辩证法"积极的"或思辨的一面,他们坚持思
辨哲学可以克服这些矛盾、片面性和差异,最终取得更加全面的知识(Hegel
1975,§81,pp.115ff.)。⑦柏拉图之后,黑格尔将辩证法描述为提出一系列问
题来揭示并克服这种片面的概念,从而达成无条件范畴,**绝对**(the Abso-
lute)通过该范畴被理解为一种自我觉知的整体,其中包含哲学家和哲学
家对绝对的意识。黑格尔认为这是理性的发展。

黑格尔在他的第一本重要著作《精神现象学》(*Phenomenology of Spirit*)
的序言中使用并详细说明了辩证法的概念,引入了"思辨命题"(specula-
tive proposition)或"思辨判定"(speculative sentence)的概念(Hegel 1977a,
§61,p.38)。他解释说,辩证的思维是通过构建问题形成的,思维从一处到
另一处,这个过程自我产生,向前发展,最终又回到自身(1977a,§65,p.
40)。如唐纳德·维瑞恩(Donald Verene)对这个概念的阐释:"思辨判定把
这一系列的观点引到自身上来,揭示了自我发展的模式。过去对于问题的
追寻,加之思辨判定的有力表达,使哲学拥有了最广泛的思维视域。"
(Verene 2009,p.IX)维瑞恩支持这种哲学的观点。他指出:"思辨既不排除
反思也不排除分析",它是"对哲学至关重要的问答逻辑,远胜于论辩。任
何人都可以争论,但很少有人能问对问题"(p.IX)。反思和论辩都是在对
象外部进行的,"而思辨……是……叙述对象的内在世界"(p.3)。

黑格尔的辩证法包含三步:首先先确定某种观点、信条、概念或范畴,
然后深入思考直到发现其中的不明之处,同时揭示其抽象、片面的部分,
以及存在的一个或多个矛盾之处,最后通过思辨的积极推理达到更高的

层级,期间坚持之前的信条、概念或范畴,并涵盖它们中的矛盾(没有必要消除这些矛盾)使之变得更加具体(由于没那么偏颇的观点)。同时,黑格尔所著的《精神现象学》中所阐述的辩证法也是为了努力获得**绝对**的全面知识,而通过全面知识了解**绝对**则是人类历史的终极目标(telos)。该书还揭示了人类历史的可理解性,不仅作为知识的逐步发展,也是通过对劳动和认识的辩证理解,促进方法的改进和制度的革新(Williams 1992,1997)。 59
以上这些为辩证法的逐渐显露提供了条件,以获取这种全面的知识。最初为了获得知识采用高度抽象方法,后来构想出问题是为了说明**精神**(Spirit)形式的连续性是如何拓展人类对自由的认识,同时创造出客观条件使人们可以控制自然并越来越深刻地认识到自身的命运,以及**理性**在历史中的位置,最终达到对**绝对**的认识——**绝对**的自我觉知。辩证法开始于检验能够以知识确定性为基础的知识主张,结果显示出了该主张的片面性,促使人们不断努力寻找不那么片面的知识基础(观念、理解、研究传统等)。最终发现只有从涵盖人类历史发展描述的自我意识整体性角度,以及全部关于理解世界的有缺陷(由于片面性)的方法,才能像这样获得并认同包含个体以及人类自身知识的真知识。

黑格尔将这种辩证法运用于自己的哲学历史、政治哲学和美学中,比起他在《逻辑科学》(Science of Logic,1990)和《逻辑》(Logic,1975)中使用的几何辩证法要开放得多,因其显示出范畴的内部关系("概念运动"),始于最空洞的范畴,存在(Being),(通常三个为一组移动)终于在"概念"或"观念"中全面理解**绝对**为一种自我创建的**世界精神**(World-Spirit)(包括该意识)。基于上述辩证法,**精神**假定自然为他者,黑格尔认定该自然是必要的,并将辩证法从思维和文化领域扩展到了整个宇宙,他将范畴作为现实的初步构想以及宇宙产生之前的初步结构,取代了他在自己早期研究中对人类历史中认知发展的关注。这种理想的辩证法走了捷径,避免了辩证法的自然主义支持者面对的主要问题,他们要发展一种概念框架来解释在无意识自然(人类不存在)中认知过程的出现。

第六节　辩证法捍卫下的思辨自然主义：
从黑格尔到谢林

　　辩证法的概念有其悠远的历史,从希腊时期至今(McKinnery 1983),其他的后康德主义哲学家认同这种辩证法,并沿着不同的道路把它发展起来。那时,弗里德里希·施莱尔马赫(Friedrich Schleiermacher,1768—1834)做出的不懈努力最为突出,他在哲学系列讲座中详尽地描述了辩证法思维,出版作品名为"辩证法,即哲学研究的艺术"(*Dialectic or, The Art of Doing Philosophy*)。施莱尔马赫借鉴柏拉图对辩证法的研究,将辩证法与思辨联系在一起,表明"数学与经验形式更类似,而辩证法与思辨形式更相似……思辨的自然科学只能根据辩证原则来阐述……"(Schleiermacher 1996,p.73)。书中清晰地对比了辩证思维的复杂性与主流分析哲学家对推理特征的描述,预见了 20 世纪后半叶科学的后实证哲学家对理性构想的发展。⑧然而施莱尔马赫认为自己的观点与谢林一致,正是谢林发展的思辨哲学(谢林只是在后来用到了"辩证法"这个词)对理解思辨自然主义起到了关键作用, 尤其他在较晚期的作品中对黑格尔的哲学做出了回应(Beach 1990;Beach 1994,p.84ff.;Gare 2013a)。

　　谢林在发展其哲学观为思辨思维的过程中,以费希特的研究为起点,关注并发展了综合推理和建构的观念,以打造一种自然哲学、艺术与历史的综合。他继承了费希特的观点,主体是可以通过智性直观理解的行为活动,可感知世界的客体只有通过主体行为才能够被理解,概念知识源于在可感知世界的实际活动, 应该也确实可以理解其他主体为行为活动而不是客体,自我觉知个体的形成是通过世界和其他主体限制其行为的结果。

谢林还继承并发展了费希特对于建构的坚持以及有关建构的生成法和辩证法。康德试图在《纯理性批判》(The Critique of Pure Reason)的"纯理性原则"中将建构局限于数学之中,谢林则捍卫一种更强有力的观点。与康德不同,他认为"哲学家单纯关注建构本身的行为,是一种绝对的内部事件"(Schelling 1978,§4,p.13)。⑨谢林说明,思维天生就是综合性的,源于真实的对抗,不是在两种对立思维之间,就是在思维中的其他因素之间。这促成了一种新的合成力矩(synthetic moment),成为下一阶段发展中的产物或因素。

康德和费希特将这种综合推理的核心位置属意于想象力,谢林基于此,发展了康德的建构概念,拓展了费希特的生成法,从认知的发展到整个自然界的发展,他将"智性直观"描述为通过深思熟虑和富有想象力的实验和建构获得的一种知识形式,而"绝对"(即无条件)的生产因果性(procreative casuality)产生了具有原发想象力的形式序列促成了上述的实验和建构。在解释说明了谢林的哲学建构主义形式时,布鲁斯·马修斯(Bruce Matthews)写到智性直观与丰富想象的关系:

> "智性直观"和"原发想象";……(谢林)使用上述两组词来说明相同生产力的不同方面。智性直观就是**一扇窗,透过这扇窗我们可以领会**原发想象力。相反的,智性直观也是一个**屏幕**,原发想象力可以投射其影像在这个屏幕上。但正是想象(Einbidung)的力量促使我们认识到任何具体事物所具有的普遍性和特殊性的二元性。
>
> (Matthews 2011,p.195)

智性直观在想象中完成再现,自然通过限制其行为,在其间构建了自身,打造出了丰富的过程和多样的成果,在这个自我建构的过程中,哲学家以其特有的方式参与其中。谢林不但以这种方式支持康德较大胆的设想，还促使这种构想朝着更加激进的方向前行：根据他的力本论（dy-namism），物质是由吸引和拒斥的力量所定义的。在《批判力批判》（Critique of Judgment）中，康德把有机体理解为整体，各个部分是它们形式的因果。谢林提出这种辩证法是"生产的角度"，对比康德"思考的角度"，他关注的不仅是说明客观知识的社会条件，还考虑到能够使我们客观地认识世界并可以通过牛顿物理学至少部分上能够阐释这个世界的本质，与此同时产生出能够了解世界并了解他们自身的主体。这在本质上就是思辨自然主义的全部计划。后来，发展这种有关自然和人类的综合知识的过程被谢林描述为辩证法。

与黑格尔不同，尤其是黑格尔《逻辑科学 1990》（Science of Logic 1990）中的几何化辩证法，谢林辩证法的版本充满了意志。真理的产生超越了抽象逻辑，受到自由意志的指引。辩证法的进步补充了一些新的内容；它不是像在黑格尔那里一样仅仅是对辩证法早期阶段的扬弃。如比奇（Beach）（1994）是这样解读谢林的："辩证的方法，就像对话方法，不具说明性但有生产性；正是在其中真理被产生出来。"（p.269n:50）也就是说，它支持康德的建构主义描述，并从数学拓展到普遍知识。辩证的建构呈现了一种自然的生产秩序，就本体论角度来说，这种生产秩序先于真理的这种辩证产出，并被这种辩证产出所复制。这种建构（或再建构）将普遍的与个别的结合起来，将理想的和真实的结合起来。通过这种建构，谢林把整个自然描述为一种自我组织的过程，表明了它是如何接连不断地产生相对抗的力量，明显的是惰性物质（在其中，对抗双方达到一种平衡而获得稳定）、延展、因果、时空、有机体、内部感受与感觉物体，以及人性与我们当下的意识。自然就这个观点来说是吸引和排斥两股力量间的活动，此消彼长连续不断。谢林将康德对因果论的描述颠倒了过来，他说明机械的因果关系是自我组织过程中互为因果的抽象。物质本身就是一种自我组织的过程。对抗双方达到一种静止的平衡，物质就出现了。谢林描述有机体是通过自身

62　的形成和再形成以应对其环境中的变化来维持它们内部的平衡，在这个过程中，它们强化自己的组织，抵制自然其他部分的动态。这样，它们构成了自己的环境，使其成为自己的生存世界并相应地做出调整。

　　然而谢林认为这种自然自身的辩证再建构并不能保证他哲学体系的真理性。哲学家应该发展他们自己的哲学体系，要知道没有哪个哲学体系是最终的体系。辩证法从个体的思维拓展到他人的思维，以及哲学与哲学体系的关系，并且经验和实验研究的发现受到这些体系的指引。随着哲学不断发展进步，哲学中不那么完美的形式被舍弃，它们中的宝贵内容被吸收，化为更完美的形式。哲学体系应该根据其一致性和综合性来评判，根据其包容性来裁定，好的哲学体系应该超越以往，涵盖更多的有局限的哲学立场。在此，谢林充分接纳了柏拉图的辩证法思想，黑格尔在其《精神现象学》中发展了该辩证法，这是一种克服局限和思维偏见的方式，这样，就继续走在通往"绝对"的更加全面知识的大路上。只有通过提供定义其论断为真的哲学历史，对比其他哲学家的作品，一种体系才能够得到恰如其分的拥护，仅只是暂时的。谢林在他的《关于现代哲学的历史》(*On the History of Modern Philosophy*)中分析了这样的历史。谢林通过批判黑格尔的《逻辑科学》，指出了不可预知的存在(Being)，其先于所有的思维，总是无法在思考中捕捉到，还分析了在真理产生中扬弃的作用。谢林削弱了黑格尔的泛逻辑主义，动摇了寻求对整体的全面了解最终会胜利这个假设的基础，他坚信这种努力是必要的规约原则。

注释

　　①分析哲学传统中的政治哲学家约翰·罗尔斯和罗伯特·诺齐克(Robert Nozick)回避了这样一个问题：什么是美好的生活？查尔斯·泰勒和阿拉斯戴尔·麦金太尔在这个问题上有所涉及，他们实际上是在分析哲学家主导的环境中工作的分析哲学的反对者。

②尽管奎因的成熟学说在他的《本体论相对论和其他论文》(1969)中的《本体论相对论》中找到最好的证明,但《语词与对象》(*Word & Object*)(1960)与《从逻辑的观点看》(*From a Logical Point of View*)(1961)包含了他的整个哲学的核心。

③关于这一点,及其有些混乱的性质,见大卫·麦克阿瑟,"奎因自然主义的问题"(2008)。

④辛提卡似乎认为,接受模态逻辑和接受模型理论技术的分析哲学家们,虽然仍在努力寻求一种通用语言,但他们并没有正视这些思想的不相容性。大卫·刘易斯认为所有可能的世界都是真实的(模态实在论),可以解释为克服这种不相容性的努力。有关模态逻辑解释的一些论据,请参阅《可能与实际:解读模态形而上学》(Loux 1979)。

⑤康德、费希特和谢林关于"知性直觉"的含义,以及这三位思想家关于"知性直觉"概念的发展是否具有连续性,一直存在争议。见(Estes 2010,164-177)。埃斯特斯反驳了使用这一概念没有连续性的说法。

⑥维奥蕾塔·威贝尔描述了费希特的这种背离及其对黑格尔的影响(2010,pp.300-326)。

⑦伽达默尔(1976)和利姆纳提斯(2008)对黑格尔的辩证法概念作了透彻而清晰的分析,菲诺奇亚罗(2002,第7章)在"黑格尔与辩证法的理论与实践"(Hegel and the theory and practice of dialectic)中也有类似剖析。黑格尔辩证法的复杂性和不同维度以及解释黑格尔辩证法含义的困难在《黑格尔辩证法的维度》(The Dimensions of Hegel´s Dialectic)(Limnatis 2010)的论文中进行了讨论。

⑧安德鲁·鲍伊(2005,pp.73-90)比较了施莱尔马赫的辩证法和最近的推理思想。

⑨托斯卡诺(2004)和拉杜(2000,pp.8ff.)研究了结构在谢林体系中的核心作用。

辩证法:从马克思主义到后马克思主义

后来的哲学家把自己的研究建立在费希特、黑格尔、施莱尔马赫和谢林的理论之上,不但进一步发展了辩证法的实践应用,而且深化了我们对辩证法的理解,尽管他们自己并不总是这样说。马克思主义者研究绝大部分的辩证法,他们几乎都声称自己是某种形式的唯物主义者。尽管一些马克思主义者对辩证法有过独到的贡献,但他们的很多研究在哲学上是粗糙而混乱的。为了避免陷入对马克思主义争论的泥塘,简单地忽略掉马克思主义者是很具诱惑力的,甚至放弃使用"辩证法"这个术语,因为该词会让人们想到马克思主义。然而正如我们所知,辩证法比马克思主义的历史更加悠远,并且在捍卫思辨和综合推理中起着关键的作用。此外,马克思自己关于辩证法的观点,以及一些非正统的马克思主义者对辩证思维向着更广阔的视域发展是至关重要的,要振兴辩证传统,绝不能忽视它们,否则会造成极大的损失。作为最重要的智性运动之一,马克思主义是质疑还原论科学唯物主义的主流世界观,并宣称发展出另一种世界观来取代它。

此外,马克思主义辩证法仍在被大力宣传。2008 年,一本由伯特尔·奥尔曼(Bertell Ollman)和托尼·史密斯(Tony Smith)编辑的《新世纪的辩证法》(*Dialectics for the New Century*)出版了,这本重要选集集合了世界上马克思主义辩证法的主要拥护者的作品,他们通过一系列不同学科、结合主要实践来论述并支持马克思主义辩证法。尽管这些文章的作者也存在差异,但这并不是重点,出版这本文集旨在把马克思主义辩证思想推出来,取代当下盛行的实证主义和还原主义思想。为此目的,奥尔曼在第二章"为什么是辩证法?为什么是现在?"中简明扼要地把他对马克思主义辩证法的理解总结为六个时刻:

> 本体论时刻涉及世界到底是什么的问题（无数彼此依赖的过程相互结合形成结构化的整体或全部）。认识论时刻涉及如何组织我们的思想来理解这个世界(如所述,其包括挑选一种内部关系的哲学,抽象出变化和互动发生的主要模式)。还有探究时刻(基于一种对所有部分的内部关系的假设,运用范畴表述这些模式以协助探究)。接下来是智性重构或自我说明时刻(我自己汇总所有这项研究的结果)。随后是阐述时刻(考虑他人想法及他人所知,运用策略向特定观众解释对"事实"的辩证理解)。最后是实践时刻(基于所达成的说明透彻度,有意识地作用于这个世界,同时改变它、验证它并深化对它的理解)。这六个时刻并不是从头到尾完成一次就结束了,而是不断地循环往复,伴随着每一次理解和阐述辩证真理的努力,伴随着实践这些真理获得辩证地组织自己思维能力的不断提高,伴随着我们也身处其中的相互依存过程的更深入研究。因此,在写到辩证法时,要特别注意不要抛开其他而单独挑出任何一个时刻(因为很多思想家都是这么做的)。只有这六个时刻相互作用才能构建出一种可行且非常有用的辩证方法。

65

(Ollman 2008, pp.10f.)

　　至此，你们也许会认为要谈到对思辨自然主义的支持了。然而大多数马克思主义者甚至即使在维护辩证法的过程中也对思辨思维表现得毫无兴趣，而且与自然主义的联系也是模糊不清。什么应该是明显的呢？按照奥尔曼的观点，比如奎因式自然主义，假定一种本体论，然后是认识论，随之提出探究的方法，几乎排除这种本体论可能会存在缺陷的可能性。尽管这种本体论可能（这是我的观点）优于奎因的还原主义本体论，但辩证法被描述为独一无二的，其他的任何替代品都不如它，因此也就没有保卫它的必要了。此外，曾被谢林[后来的吕西安·戈德曼（Lucian Goldmann）也强调过，他称自己为马克思主义者]特别强调过的，辩证法最重要的特征之一：需要不断地与不同的哲学体系、研究项目甚至其他文化交流，打造越来越恰当的概念框架来理解这个世界。其最重要的结果之一就是，尽管马克思主义为彻底批判全球资本主义打下了基础，却没有提供可用的概念化社会关系来转化现存的人与人之间的关系，以及人类与自然的关系[如另一位马克思主义者亚历山大·波格丹诺夫提出的"组织构造学"（tektology）]。

　　尽管奥尔曼对辩证法的描述确实看上去代表了绝大多数马克思主义辩证家的观点，但可以说他并没有很好地利用马克思主义辩证法的传统。除了满足于已有的观点外，要适当地评价马克思主义辩证法，需要审视从马克思、恩格斯到其后来的发展历程。同时，对马克思主义辩证法历史的研究可以揭示马克思主义的解放潜力是如何因为没有能理解辩证法中思辨的重要性而被削弱的。从二战开始，马克思主义对法国哲学产生了深远的影响。如果不与马克思主义相联系，就无法理解法国哲学的发展，相应地，有关辩证法最重要的哲学著作是在法国完成的。人们寻找可以替代英语国家，尤其是美国分析哲学时，他们更多的是向法国哲学寻求答案，而不是其他欧洲国家。研究马克思主义辩证法，尤其研究其在法国哲学中的运用与论辩，需要为思辨自然主义的持续边缘化，甚至是被那些支持辩证法的人边缘化的原因做出解释。鉴于辩证法，最好审视并批判地评价马克思主义者以及那些受其影响的法国思想家对辩证法做出的贡献,要展示他们的成绩,指出他们的问题所在,说明还有哪些需要商榷的地方,把这些思想观点汇总融合于思辨自然主义更广阔的传统内。

第一节　马克思的辩证法

马克思(1818—1883)在其辩证法思想的发展中受到了费希特、谢林、黑格尔以及一些青年黑格尔派(Young Hegelians)的影响。他接受费希特、谢林和青年黑格尔派的思想,提出了自己的观点:首先,在这个世界上,我们是主动的、活跃的,我们在活动中产生出概念,而后才对这些概念进行思索。综观历史,人类一直处于通过自然转化进行自我创造的过程中。思考绝不允许人们产生错误的想法:他们通过思考意识到自己所处的世界,但不知为什么认为自己在世界之外,甚至高于世界;他们是这个世界的积极参与者,甚至他们的反思意识也是在这个世界之内产生出来的,是这个世界的发展产物。马克思继承了谢林的思想,他认为由于我们是在这个世界范围内的活动参与者,因此我们能够重新建构世界发展的建设性阶段。在《1844年经济学哲学手稿》(Economic and Philosophic Manuscripts of 1844)中,马克思专注于人类发展的重新建构,甚至对理解自然的可能性也予以否认,除非是与人类发展相关的部分(Marx 1978, p.92)。历史见证了人类生产力的发展,然而却以异化的形式在进行着生产。阶级社会的顶点就是资产阶级通过拥有生产资料而统治工人,人类被剥夺了他们的劳动和劳动产物。因此,随着他们生产力的不断提高,这个异化而客观的世界变得愈加强大,人类生活却变得愈加贫困,内心愈加贫乏。劳动者与人的类本质(species-being)相异化,使人类远离他们的身体、远离自然、远离他们的精神或人类本质,因此使人与人之间彼此疏离,也与自身疏离。用辩证的

67   方法揭示该逻辑，需要通过在共产社会重新调试他们的生产力来修复人类异化的本质。

后来，马克思放弃了他有关人类与历史的主客体观点，把视线转移到人类的发展上，认为人类是在生产活动中被塑造为个体，并建立彼此的关系。马克思几乎完全投入到重新建构和理解"资产阶级生产方式"的发展中，也就是人们所称的资本主义，他的成熟作品反映了这点。这使马克思和那些读到他的作品的人认识到自己是这种社会经济结构的产物，受其限制，他们也认识到他们有可能与其他受压迫的人们共同反抗，使自己摆脱被压迫的倾向并参与到创建一种新的社会经济结构中。马克思继续研究前资本主义的社会经济结构，他的研究成果大部分都体现在《政治经济学批判大纲》（*Grundrisse*）一书中，但没有出版。在晚年，马克思甚至对提出一种历史普遍理论的可能性产生怀疑，似乎要建立**村社**（mir）（农业公社）开辟新的路径。俄罗斯人也许会在通往共产主义的道路上避开资本主义（White 1996）。

马克思的主要贡献在于他抓住了资产阶级生产方式是一种新兴的且不断发展的动态过程，认识到它独特的动态规律，不能简单理解为之前生产方式的进一步发展（Gare 1996，Ch.9）。这涉及在反思意识中把握经济学的范畴，人们在其社会实践中定义和被定义的"存在形式"，以及与其他社会实践相关的一切要理解的存在形式。马克思为了分析这些范畴，认真研究和使用了黑格尔曾在他的《逻辑的科学》（*Science of Logic*）中阐述的研究的辩证形式和范畴呈现。①马克思还受到黑格尔在《精神现象学》（*Phe-nomenology of Spirit*）叙述的辩证法形式的影响，在该书中，无论是实践的还是理论的意识形式，不但被静态地捕捉到而且在其发展和转化动态中被理解。我们可以把经济范畴作为一个连续的概念框架来思考，但要想真正地理解这些范畴，必须把它们理解为对自我复制的社会经济结构的清晰表述。这些范畴的实例就这样被不断地繁衍出来：商品、金钱、劳动力、资本、利率、租金等,以及生产关系,即无产阶级、资产阶级和它们之间的关系。在这种社会经济结构中,无产阶级被剥夺了生产方式,因此不得不出卖他们的创造潜力作为商品(也就是劳动力),资产阶级努力维护自身在社会中的特权地位,不断打造出"资本"积累的假象(仿佛资本是一种物质而不是社会关系的一部分),它们像这样被生产和复制,这个反复的过程具有先天的不稳定性和极度的变化性。这种不稳定性被加强,因为这些范畴使社会关系具体化,把它们当作物件对待,使人们无法认清这些社会关系的真实本质以及他们在过程中所处的位置。为了生存下去,这种社会结构的成员必须不断革新生产力、扩大活动范围、拓展产品形式,既有集约型,又有粗犷型,不但是社会和自然越来越多地被称为商品,还要涵盖全球。它必须成长直到摧毁其生存条件,无论这些条件是什么。无产阶级和资产阶级的成员都被这种不断变化的结构所奴役,尽管是以不同的方式。理解这些动态作用需要了解经济学家描述经济过程的工作,过去他们不加辨别、全盘接受这些经济实践过程中所蕴含的范畴,因此把资本主义理解为一种自然秩序,没有注意到这些范畴的历史所具有的独特内涵以及在这种生产方式中的表述。实际上,他们错误地认为社会现实是一种客体间的定量关系,忽视了使社会现实客体化的过程。对这些经济学家的局限性以及他们预设范畴为自然性的洞见,为他自己描绘出的工业化资本主义的优越性以及他的批判所基于的隐性范畴提供了主要的论据,与此同时,也揭示出了克服并取代资本主义以及阐明资本主义范畴的可能性。

马克思在《关于费尔巴哈的提纲》(*Theses on Feuerbach*)中阐述的自己对辩证法的理解也非常重要,因为马克思认为我们就是自己努力要了解的世界的一部分,用辩证的思维去思考就是参与到自身的形成或转化中,也是参与到社会与自然的形成与转化中。这是马克思的观点,波格丹诺夫(Bogdanov)、卢卡奇(Lukács)、卡尔·柯尔施(Karl Korsch)和安东尼奥·葛兰西(Antonio Gramsci)重新认识到了该主张。尽管深受黑格尔的影响，马克思辩证法的这部分与谢林的观点非常接近，谢林以及被谢林影响的其他哲学家对马克思辩证法的形成起到了直接的作用，著名的是路德维希·费尔巴哈（Ludwig Feuerbach）和奥古斯特·冯·西兹科夫斯基（August von Cieszkowski）。经济学范畴的关系不是一种永恒逻辑结构的平淡关系，而是由克服矛盾的逻辑必然性所展开的。尽管只有与范畴以及它们的逻辑关联性建立联系，人们才能理解社会的发展，但是这些范畴在社会内的演化需要自愿选择。此外，还出现了资本主义的新兴动态，人们无法通过构成这种动态的范畴去理解它，正是这些新兴动态具有的这种不稳定性、动态性和易于被克服的特性，显示出这些抽象范畴的缺陷和片面性。最重要的是，这些范畴蒙蔽了人们的双眼，这些人将他者客体化为剥削和社会关系具体化的工具、这些他者和他们自身内部关系的工具，以及人类与自然关系的工具。他们还对这些被具体化的关系的生产和再生产的过程视而不见。由于这些缺陷，通过这些范畴定义人类、他们的社会和自然的行为，持续不断地产生出与目标相悖的结果。实践行为本是这些过程和构成的一部分，但它们却削弱了这些过程和构成，而这些过程和构成又是这些实践活动成功的条件。即使在该系统中的行为者觉察到了这些矛盾，但因为这些范畴以存在的形式蕴含在实践中，因此无法解决这些矛盾——除非替换掉这些存在形式。本质上，这需要创造一种代表不同范畴的社会经济结构。

马克思借鉴谢林的洞见来审视范畴与意志之间的关系，但比谢林更加深入，那就是他不再执着于决定论，如果他曾相信决定论的话。没有必要用不导致此类矛盾的范畴来替换有缺陷的范畴。历史的动态并不是主客体从一种有缺陷的概念结构向另一种更完善的概念结构辩证移动的动态。社会和文化形式的出现超越了这种辩证逻辑，以另一种天性面对人类，人类必须要适应。马克思指出，实际上社会中存在的矛盾常常并不推动任何发展。他在《资本论》（Capital）卷一中讨论了与商品交换相关的矛盾条件,这些促成了"一种临时协议(a modus vivendi),可以相伴存在的一种形式"。他继续说:"这就是通常真正的矛盾达成和解的方式。"(Marx 1962,p.106)他在《哲学的贫困》(*The Poverty of Philosophy*)中批判蒲鲁东(Proudhon)时,严厉谴责了对经济范畴和经济发展的"辩证"描述(Marx 1973,Ch.2)。他始终坚信战胜资本主义绝不仅是一种可能性。胜利终将来到,这需要那些被压迫的人们认识到他们所处的位置,当不可避免的危机降临时,他们有愿景和意志去推翻他们的压迫。[②]这并不是一种逻辑必然性、辩证的或其他什么。

尽管马克思对政治经济和资本主义动态的研究非常深刻,但由于他放弃了其早期的人类观念,把重点放在改变世界而不是单纯地理解世界上,因而误导了包括恩格斯在内的大多数追随者,使他们低估了理解世界的重要性,而这是改变世界的必须条件。《资本论》的原题目是"资本论:政治经济学批判"(*Das Capital:Kritik der politischen Oekonomie*)。这部作品揭示了经济学家们的错觉,并不是其追随者所推崇的政治经济学著作。如果没有马克思在《1844年经济学哲学手稿》中预设的人类概念,就不会促进对未来的展望,激励人们解放自身,释放全部人性,在他们的工作中表达自我,而不是作为工具被加以利用(Marx 1978,pp.66-125)。尽管马克思努力去纠正他的追随者,如在他的《哥达纲领批判》(*Critique of the Gotha Programme*)中嘲笑劳动价值论(Mark 1978,pp.525-541),他在后来的作品中阐述了资本主义经济的问题在于人们没有按照他们的劳动力全部价值获得报酬,如果采取计划经济,人们并不能很快地发展生产力,随着生产力与生产关系产生矛盾,人们会觉察到这些缺陷,这将不可避免地导致市场体系被取代。真正的问题在于,人们的创造潜力沦为了"劳动力",自然只是被当作工具,成为生产要素。

70　　对于资本主义如何产生出对自然的理解,这种理解只是揭示出了自然如何被掌控,后来资本主义又产生出了对演化的理解,认为演化是通过把维多利亚社会的生存斗争投射到自然之上而产生的生存斗争的产物，借此使这样的残酷社会合法化,确立了其无法变革的地位,对此,马克思提出了一些真知灼见(后来马克思主义科学历史学家发展了这些观点,最重要的是亚历山大·波格丹诺夫、乔瑟芬·李约瑟,以及后来的罗伯特·扬)。他还指出,对自然的浪漫主义观点与这些观点相伴而生,但其并没有对这种世界观提出质疑,反而掩饰这种世界观。然而他无法提供任何理论去替代自然的机械主义观点,抑或是达尔文进化论。马克思在分析资本主义的发展中,并没有完全抛开自然,他批评他的追随者支持劳动价值论,却忽视了自然对生产的作用。在《资本论》的第三卷中,马克思指出城市与乡村的分离会导致土地的毁灭性后果——"代谢断裂"(metabolic rift);但在他批判资本主义时,并没有对这些并非核心要素着重强调,而是捎带一说罢了。大多数支持劳动价值论的马克思主义者一直没有特别关注马克思著作的这一方面,直至近期才有所变化(生态马克思主义者是特别例外)。这样的结果就是,正统马克思主义者坚信自己一直追寻着马克思的脚步,他们拥护资本主义的范畴和价值,在苏联产生了官僚资本主义,随着苏联的瓦解, 他们开始支持新自由主义作为发展生产力的最有效方式(Supiot 2012)。

恩格斯(1820—1895)认为马克思的著作需要一个历史的普遍理论以及对自然的另一种理解,以便恰当地定位并进一步发展他的洞见,为有效活动指明方向。就这一点,恩格斯是正确的。詹姆斯·怀特(James White)曾在《资本论》之前写作了一本《政治经济学批判》(*The Critique of Political Economy*),他在这本从未出版的作品中指出,马克思曾使用的范畴源于谢林。放弃了这些范畴,《资本论》中的分析就失去了更广阔的架构来证明自身。恩格斯作品的问题在于,他捍卫"正统马克思的"历史观点,这种观点基于对生产力发展的追求而产生的"基础与上层建筑"模型(base-super-structure),但已经被马克思抛弃。马克思在《政治经济学批判》(*A Contri-*

bution to the Critique of Political Economy)中写道:"所谓的历史演化一般取决于这样的事实:最新的形式把早先的形式当作自身发展过程中的阶梯,而且总是片面地理解它们……"(Marx 1970, p.211)这是对那些拥护社会基础与上层建筑模型并称自己为马克思主义者的法国社会主义者的回应。众所周知,马克思曾对恩格斯说过:"我所知道的就是我不是一位马克思主义者。"这种基础与上层建筑的二分法类似笛卡尔的二元论,表明包括思想在内的上层建筑不是物质世界的一部分,因此不具备因果效力。

在《反杜林论》(*Anti-Dühring*)和《自然辩证法》(*Dialectics of Nature*)中,恩格斯汲取了谢林与黑格尔的思想,把它们与科学领域的最新发展(细胞的发现、所有的自然过程都是能量的转化,以及达尔文的进化论)融合到一起,提出了另一种对自然的理解,为创造力和新兴事物的出现提供了土壤。他的自然理论被证实在科学的很多分支中硕果累累。理查德·莱文斯(Richard Levins)和理查德·列万廷(Richard Lewontin)(Levins and Lewontin 1985, Lewontin and Levins 2007)在生物学著作中详细论述了这一点。在恩格斯的启发下,苏联的科学也出现了重要进步,尤其是在 20 世纪 20 年代(Graham 1971, Weiner 1988)。但是恩格斯发展自然科学的途径使唯心主义与唯物主义混淆在一起,他将思辨哲学等同于唯心主义,而科学等同于实证主义,因此混淆了辩证法概念。"辩证法三大规律"(three laws of dialectics)即量变质变规律、对立统一规律、否定之否定规律,这绝不是对马克思辩证法观念的公正评价。马克思的辩证法寻求坚持人类改变世界的能力,人类是这个世界上有意识的一部分,这是《关于费尔巴哈的提纲》的核心主题。尽管恩格斯提到了我们产生事物的能力,表明我们能够了解康德的"自在之物"(thing-in-itself),但他通常把思想描述为"实在物和实在过程的多少有些抽象的图片"(虽然思想本身并不是实在的),这些只是反映出据说是在自然和人类历史中被发现的辩证法规律(Engels 1962, p.133)。对自然的思辨阐述是引导人们作为自然和社会的参与者去改变这个世界，而把概念及其转化的辩证分析当作对自然因果过程的比喻，或者还不如说是困惑，这些都无法呈现或捍卫这种思辨，但是可以被客体化为自然和社会中的科学规律。乔治·利希海姆（George Lichtheim）在他对马克思的经典研究中写道：

> 恩格斯保留住的只是这个复杂的辩证法的外壳。他并非正式放弃马克思准则的单一元素，他使全部行动的目的看起来似乎是为了使陈旧的唯物主义赶上时代的发展，从而打破了这种平衡。科学作为对确定过程的正确描述取代了教义的核心——意识行为的构成作用。这件事被赋予了孕育人类的能力，康德被斥责竟然敢表明这个世界在一定程度上是我们创造的。
>
> （Lichtheim 1961，pp.252f.）

这种混淆牢固地贯穿于乔尔吉·普莱卡诺夫（Giorgi Plekhanov）的作品中，他创造了"辩证唯物主义"（dialectical materialism）这个术语，并使其成为真正的有关自然与历史的马克思主义观点。普莱卡诺夫拥护彻底的历史决定论，认为（继承斯宾诺莎的观点）自由只是对必要性的认识，即顺从自然规律和社会历史发展（Lichtheim 1961，p.258）。詹姆斯·怀特在他的《卡尔·马克与辩证唯物主义的思想渊源》（*Karl Mark and the Intellectual Origins of Dialectical Materialism*）一书中，对这种混淆做出了分析：

> 根据恩格斯的观点，自然被认为是永恒不变的，因为人们"形而上地"研究它，而不是"辩证地"研究它。人们习惯于："单独地观察自实体和自然过程，往往忽视它们之间的广阔相关性；因此没有观察它们在运动中的状态，只是停留在静止的状态；没有把它们当作根本的变量，而是当作固定的常量；没有观察它们活生生的状态，而局限于

72

僵死状态。"这个观点很明显是源于谢林为了对抗反思观点提出的思辨理念。谢林在这样的情况下会使用"思辨"一词,而恩格斯采用了术语"辩证的"。在同样的情况下,"反思的"曾被"形而上的"代替。

（White 1996,pp.285f.）

对于恩格斯来说,辩证法"只不过是有关运动的普遍规律,以及自然、人类社会和思想发展的科学"(Engels 1975,p.162)。写到恩格斯的"辩证法"时,怀特指出:"运动的辩证规律实际上由**思辨**方法的诸多原则组成,这与谢林与黑格尔的思想相同,表现为一系列的个体准则。"（White 1996,p.286）

第二节　马克思和恩格斯后的辩证法: 黑格尔式马克思主义、存在主义现象学和 让—保罗·萨特

随着马克思主义者在哲学上的不断探究,他们把马克思思想解读为,继费希特与谢林之后对黑格尔哲学的改写,其维护实践为首要任务的理论,视恩格斯所发现的自然、人类历史和思想的运动普遍规律为模糊而无端的。尽管恩格斯声称自己为唯物主义者,但是验证他对自然辩证规律的推断的唯一方法就是欣然接受思辨**唯心主义**,并将自然的演化描绘为**世界精神**(World-Spirit)的一种发展。普莱卡诺夫采纳了以下的观点并宣称,要是说恩格斯的研究工作就是发现自然规律,那就意味着**绝对唯心主义**(Absolute Idealism)和实证主义的综合,没有留给人类任何自愿选择的机会。基于马克思的研究,指向恩格斯的马克思主义批评家们澄清了辩证法的几个重要方面,并区分了辩证法的推理特点与前康德的理性主义者

和经验主义者,以及实证主义者和实用主义者各自的推理特点(Kolakowski 1971)。这些批评家仔细地分析了理性与实践之间的关系,揭示了定义并促成人际关系的范畴间的联系, 揭示了社会关系具体化和盲目崇拜的趋势,揭示了意识在蒙蔽人们对其关系真实本质认识中的作用(意识形态、文化霸权和文化产业产生的错误意识),以及克服这些错误观念、采取行动改变社会的潜能。拒斥这种科学马克思主义倾向的客体化在格奥尔格·卢卡奇的《历史与阶级意识》(*History and Class Consciousness*)一书中得到了很好的阐释,其精神在他的宣言中概述为:

> 人类要凝神静思,把自己的兴趣投入皆已僵化为陌生存在的过去或未来。主体和客体之间存在着当下难以逾越的"危险裂缝"(pernicious chasm)。人类必须要会把当下理解为一种变化过程。他可以通过观察从辩证对立中创造未来的趋势来理解这种形成。他只有这样做了,当下才对他呈现一种形成的过程。只有他有意愿并坚定自己创造未来的任务,他才能看到当下的具体真理。
>
> (Lukács 1971, p.204)

然而厄恩斯特·布洛赫(Ernst Bloch)、马克思主义历史学家和科学哲学家(始于俄罗斯的阿勒科山德·博格丹诺夫、乔瑟芬·李约瑟和罗伯特·扬的作品中对此有所发展),以及生态马克思主义者除外,这些"西方"马克思主义者几乎完全忽视了自然,或者把自然仅仅当作一种社会范畴。人类可以进行辩证思考,可以创造出一个更好、更人性化的社会,对这一点的理解,他们大体上没有给出任何解释与说明。

有一些受到黑格尔启发的马克思主义者对辩证法做出了清晰的阐释,并对辩证法的发展做出了重要贡献,其中包括布洛赫、卢卡奇、葛兰西、吕西安·戈德曼、亨利·列菲弗尔(Henry Lefebvre)和弗雷德里克·詹姆逊（Fredrick Jameson）。在他们的诸多作品中，让-保罗·萨特（Jean-Paul Sartre）的《寻找一种方法》（*Search for a Method*，1968）以及另外两卷本未完成的《辩证理性批判》（*Critique of Dialectical Reason*，1973），详尽而清晰地叙述了这些"黑格尔式的"马克思主义者的辩证思维的种种贡献及缺点。萨特写这些主要是为了回应莫里斯·梅洛-庞蒂（Maurice Merleau-Ponty）对他的哲学的批评。庞蒂在《辩证法的进程》（*Adventures of the Dialectic*，1973）中拒绝承认自己早期是黑格尔式的马克思主义者。萨特为了捍卫自身也为了捍卫辩证法写出了这本书，以应对梅洛-庞蒂的诸多批评。没有其他马克思主义著作像这本书一样如此专注于揭示辩证法与实践的关系，完完全全地支持人文科学或对"科学主义"诸多微词。萨特受到胡塞尔和海德格尔现象学的影响，也吸收了马克思和恩格斯的思想，成为存在主义哲学发展中的核心人物。自从谢林 1842 年开始对黑格尔进行批判后，存在主义哲学家对黑格尔的批判一直没有停止过，那些参加过谢林讲座的人们不断为该批判充实论据，其中最著名的就是索伦·克尔凯郭尔，还有通过叔本华（Schopenhauer）的作品间接受到谢林影响的尼采。现象学提供了一种严谨的检验经验的方法，这些哲学家通过这种方法得出的观点和结论能够站得住脚，并得到进一步的发展。萨特认同海德格尔对"存在"（Being）的关注，但是并没有赋予"存在"任何意义，反而专注于海德格尔早期作品中对果断行动（resolute action）的呼吁。

　　萨特一方面支持卢卡奇对正统马克思主义关于消解人类在自然历史规律中的批判，另一方面却批判卢卡奇本身，指控他强加在经验上一种先验或已形成的概念，"把事件、人物或深思熟虑后的行为强置于预制模具中"（Sartre 1968，p.37）。卢卡奇把无产阶级描绘为历史的主客体。由于商品化带来的具体化，无产阶级没有能够实现其潜能，卢卡奇在解释这一点时提到了能动力（agency）。但是他却没有认识到个体的独特性，或他们所处的特殊情况。萨特认为，人类，根本上是处于独特位置的特殊个体，是人类世界的源泉，无论事物的呈现状态是多么的压抑和无望，人类都能改变这个世界。要理解历史就有必要理解处于特殊位置的人类，理解他们与更广阔历史发展之间的联系。所有集体运用"前进—追溯法"（progressive-regressive method）促成了历史的发展，借此，根据创造出当下物质条件和现有可能性领域的过去行为，人类的构想就可以被理解了（Sartre 1968, Part II and Part III）。人类定义自身的构想必须被理解为，以要产生出的事物的名义对这些条件的否定。萨特一旦意识到分析思维的存在，就把这种思维连同反辩证法的"实践惰性"（practico-inert）视为"对人类永恒的威胁"（Sartre 1976, p.710）。它可以被塑造成一种智性原则和一种社会意识形态，隔绝人类、客体化人类以便统治并压迫他们。然而如萨特所说："分析**理性**是思想有意识地促成自身主体化的一种综合转化"，以便"在外部控制自身"。也就是说，"这是辩证**理性**的一个特殊时刻"（Sartre 1976, pp. 58f.），预设了综合思维。

萨特指出，辩证理性总是具有联系性的，是实践要求我们理解辩证法本身，懂得它是一种与历史相关的具体实践。"先验的"正统马克思主义辩证法将一种先验逻辑置于人类之上，萨特把自己的辩证法观念与其进行了对比。萨特发展了这种辩证法观念，他仔细审视了法国大革命和俄国革命，努力使人们"从内部"来理解革命，俄国的革命产生了苏联，紧接着斯大林崛起、斯大林主义导致的压迫激增，结果苏联解体未能实现其诺言。萨特这么做是为了努力向人们展示人类历史是可以被理解的，尽管他承认全面彻底的了解几乎是不可能的。萨特研究了大量的事件、形式和关系来详细说明辩证法，他检验了人类互动的所有形式和层级（从随机组成的一组人，到高度融合的社会机构），他还检验了次级小团体与更大的团体之间的关系，与此同时，还研究了大量不同的具体情况。通过这一系列的钻研与分析，他把辩证法的核心内容简化为以下描述：

成分辩证法（constituent dialectic）（如在个体实践中，自我领悟到自身的抽象透明）在自身研究中发现了自己的局限性，进而转化为**反辩证法**（anti-dialectic）。这种反辩证法，或反对辩证法的辩证法（**被动辩证法**）必须向我们揭示一种人类聚集和外来行为的系列（series），作为一种中介关系，与另一方和劳动对象在连续性要素中，作为一种连续的共存模式。在此标准上，我们会发现异化实践与工作惰性是对等的，我们可以把这种对等区域称为**实践惰性**（practico-inert）。我们还会看到该群以另一种辩证集合的形式出现，既反对**实践惰性**，也反对无为。但我要把……构成辩证法（constituted dialectic）与成分辩证法区分开，区分的程度就是该群必须要通过个体实践的行为主体来构成其一般实践活动，而该群就是由这些行为主体构成的。

（Sartre 1972, pp.66f）

萨特运用这种基于个体实践的辩证法复杂概念，来描述这些"被串联"（serialized）起来的人们是如何作为孤立个体彼此敌对，又是如何借此被实践惰性的整体所压制，而这个整体定义着他们需要应对的种种情况，并逐渐理解貌似与他们处于同种境遇的竞争对手。随着人们慢慢理解对方的观点，这会产生一种"融合群"（group in fusion），进而形成联合实践，因为这个群变成了一位有效的集体行动者，反抗他们的串联、孤立与被动。这种群体的联合或集体的实践通过一系列不断的整体化、去整体化和再整体化，构建出一种越来越强大和复杂的运动（包括大量不同的具有复杂的内部关系的子群）和政治力量，最终能够推翻旧的秩序并建立新的体制和新的社会形式。然而萨特研究了俄国和苏联的布尔什维克革命，向人们说明，努力保护新的社会秩序反过来会产生一种新的惰性实践整体以及串联的新形式。

萨特关于辩证法的著作出版之时，正是存在主义现象学普遍流行的时候,尤其是他自己的著作却在走下坡路。由以下原因造成了这种情况。二战后的世界秩序呈现压制倾向,新左派(New Left)在奋力改变这种情况,而萨特的这部作品并没有为新左派有效行动提供任何方向。主要原因是他不但没有对明确出现在黑格尔早期作品中的有关表象、认识和劳动的辩证法加以区分(Habermas 1974,Ch.4),还在自己的作品中假设其成立并深入研究,因此没有检验这些辩证法如何能够结合到一起,抑或是无法协调在一起,也没有理解努力获得认可的重要性,以及这如何与群体及其历史不可分割的。正如阿拉斯戴尔·麦金太尔(Alasdair MacIntyre)在《追寻美德》(After Virtue)中指出的,根据萨特对人类的理解,"自我是与其社会历史角色和地位相脱离的……(这是)一个可以没有历史的自我"(MacIntyre 2007,p.221)。

尽管萨特对历史的可理解性表示担忧,但没有认识到所有方面,即三种辩证模式任一以及它们在群体内的彼此关系,他就不能够说明人们为什么会自愿屈从于拥有权力的人,或者说否定认识与赋予人们适当认识的许诺在激励人们行动中的重要作用,以及他们愿意采取政治行动的条件。③不能理解任一辩证法以及它们彼此之间互相渗透的关系,萨特就不可能理解在有着大量人口的现代社会,人们能够协同行动是多么的高效,也不能理解不同经济、社会和政治的组织,或者什么样的体制能够真正解放人民的可能性。因此,萨特的作品没有能够为跨国公司统治下新出现的世界秩序提供理解的方法,也没能提供一种方法来应对使这种新的世界秩序趋于合理化的新自由主义意识形态(比起 20 世纪 60 年代新左翼成员曾一直反对的社会民主共识,这是一种更具压迫性的政治、社会和经济秩序)。新自由主义的胜利与控制曾培养出学生激进主义的学习机构的努力是直接相关的,新自由主义者把这些机构转化为商务公司,以清除孕育并发展这种激进思想的场所。同时,拉拢新左翼反对者来对抗社会民主,他们声称支持个人自由的最佳途径就是废除福利,解除所有对市场的限

76

制,服务于公益(同时,大量增加对大公司的"内部安全"、监管和补贴的投入)。新自由主义对新旧左翼的胜利,在一定程度上是由于激进知识分子作品存在的缺陷,比如萨特。本质上来说,社会形态本身具有不透明性、惰性和动态的特点,不能简单被归结为"实践惰性"。通过被压迫的人们逐渐意识到其他人也像他们一样在遭受苦难,通过发展整体观点去抓住政治权力使人们联合起来,只靠这些克服压迫的社会关系是远远不够的。

第三节 对现象学的结构主义反应

无论这些理由是否充分到让我们不去关注萨特的作品,但有一点很清楚,就是存在主义现象学,无论是不是马克思主义的,让位于一种新的智性运动:结构主义。结构主义最初的形式只是部分上否定辩证法的,对存在主义几乎是完全否定的。结构主义是在一系列学科之中发展起来的:数学、语言学、人类学、精神病学、文学、文化研究和马克思主义社会理论。结构主义者能够成功,在一定程度上是因为他们标榜自己为科学的,质疑其他不是科学的知识形式。也就是说,他们与科学主义手拉手反对人文科学。尽管如此,他们的成功至少部分上是由于他们指出了以萨特为典型的存在主义的黑格尔马克思主义存在的问题。作为最重要的结构主义者以及结构主义捍卫者之一的克洛德·列维-施特劳斯(Claude Lévi-Strauss),在他的最重要的作品之一《原始思维》(*The Savage Mind*)(献给梅洛-庞蒂的记忆)中,几乎倾尽最后一章的全部内容来批判萨特的《辩证理性批判》(*Critique of Dialectical Reason*)(Lévi-Strauss 1972,Ch.9)。皮埃尔·布迪厄(Pierre Bourdieu)写到了这次辩论:

很难说清克洛德·列维-施特劳斯的作品在法国知识领域产生的

77　　　社会效应，或者说整整一代在其作品具体的影响之下采用一种新的方式来理解智性活动，他们采用彻底的辩证方法，反对以让-保罗·萨特为代表的政治上忠诚的"完全学术"（total intellectual）人物。

（Bourdieu 1990, pp.1f.）

尽管绝大多数的结构主义者（以及"后结构主义者"，在法国尽管这些人被称为英语国家的后结构主义者，但在法国他们仍被看作结构主义者）反对现象学，对声称其知识优于通过科学获得的知识的人文科学也抱有敌意，而对这样的辩证法态度却很温和，但只是对其在黑格尔马克思主义者和萨特作品中采用的形式表示赞同。

人们通常认为列维-施特劳斯的研究是基于索绪尔（Saussure）。在布拉格和维也纳的俄国符号学家研究并深化了索绪尔的理论，认为文化包含共时的符号系统。鲁别茨科依（Troubetskoy）的作品向人们展示了音素是如何通过区分与其他音素的差异获得它们的"价值"或重要性的，建立了基于这种二元对立的体系。列维-施特劳斯受到启发，提出在符号的组成上存在着层级机构：词素、词位等向上一直到神话素（mytheme），每个层级都运行着一种二元对立的形式。然而列维-施特劳斯的主要成就是建立在与布尔巴基（Bourbarki）数学小组的联合，界定亲缘关系、信仰、风俗和象征体系为可用数学方法检验的理论客体。如让·皮亚杰（Jean Piaget）在他的著名作品《结构主义》（Structuralism）中所说的：

（列维-施特劳斯）远离了语言学、音系学或更概括地说，索绪尔的结构启发了他对人类学结构的研究，众所周知，他最关键的发现是亲缘系统（kinship systems）是代数结构的具体实例——网络、组群等等……结果表明不仅是亲缘系统，所有研究的社会认知产物和"惯例"——从一种分类系统到另一种，或者从一个神话到另一个神话——都促成了这种类型的结构分析。

（Piaget 1971c,p.110）

同时,列维–施特劳斯坚定地与自然科学站在了一起,甚至是还原主义的某种形式, 这表明它可以拯救联想心理学,"有勾勒出……基础逻辑轮廓的极大优势,就像是所有思想最普遍的共同特性。它唯一的失败之处是没有认识到这是一种原始逻辑,对思想结构的直接表述(思想的身后,很有可能就是大脑)"(Lévi-Strauss 1969,p.163)。与分析哲学支持的逻辑实证主义不同,这次专注发展一种关于社会的科学性理解,并不完全排斥辩证法和综合思维。列维–施特劳斯反对萨特的主要原因是萨特的自我矛盾:一方面贬低分析推理,另一方面却在自己的作品中预设了分析推理。根本上说,列维–施特劳斯正在扭转分析和辩证推理的地位,他并不赞同分析理性只不过是辩证理性的一个组成部分,认为辩证理性是分析理性的一部分。他是这么说的:"我认为辩证理性不同于分析理性(辩证理性会成为人类秩序绝对独创性的基础),而是包含了分析理性"……"辩证理性这个术语……包含了分析理性要对语言、社会和思想做出解释,自身就必须要不断做出改革的努力"(Lévi-Strauss 1972,p.246)。皮亚杰重新解读了以上这点,"这最后归结为一种互补性,据此,综合理性的创新性和进步性弥补了分析推理中缺少的部分, 而证明的任务还是留给了分析理性"(Piaget 1971c,p.123)。列维–施特劳斯还认识到,萨特认为自己是一位"审美家"(aesthete),他研究人类就像研究蚂蚁一样,并不把他们当作参与社会实践的人,而这些人类正是在社会实践过程中去努力理解所处的社会和历史。

列维–施特劳斯提出了很多问题来区分他和萨特的作品,而二者真正关键的差异在于列维–施特劳斯专注于定义可以被科学研究的理论客体,而萨特则致力于摒弃这种通过讨论不切实际地脱离社会实践来研究这些

"客体"的方法。理论客体的建构仍要为心理留出中心位置，而这一直是逻辑经验主义者的尴尬之处。因为这个原因，结构主义者仍给予辩证法一定的位置，允许社会上这样的矛盾存在。他们与如卢卡奇和萨特这样的黑格尔派马克思主义者的分歧在于，要如何理解辩证法和这些矛盾。在如路易·阿尔都塞（Louis Althusser）和莫里斯·古德利尔（Maurice Godelier）这样的结构主义的马克思主义者的著作中，这个问题被提了出来，开始引起人们的关注。

阿尔都塞认为，马克思有关矛盾的观点是源于康德和费希特，而不是黑格尔，马克思的真正突破是发现了一种理论客体，该理论客体可以被科学研究来揭示自身动态规律。为了证实这一点，马克思吸收借鉴了加斯东·巴什拉（Gaston Bachelard）的科学哲学。科学哲学是反实证主义的，同时也接纳辩证法，包括综合推理思维，还给予概念发展和理论客体核心位置；但是巴什拉的辩证法与黑格尔的不同（Lecourt 1975, pp.74ff.）。阿尔都塞的情况是，支持巴什拉就需要拒斥意识的辩证观点，意识可以通过自身抵达现实，因为根据他的观点，意识只有在发现区别于自身的他者时才会接受现实（Althusser 1977a, p.143）。阿尔都塞在他的《矛盾和多元决定论》（*Contradiction and Overdetermination*）中探讨了这个"他者"，指的是蕴涵矛盾的社会结构，这是由基础（生产力和生产关系）和上层建筑（国家机关）组成（Althusser 1977a, Part III）。这个理论框架促使阿尔都塞吸收了一系列理论家的研究，既有马克思主义的，也有非马克思主义的。他借鉴了葛兰西（Gramsci）的文化霸权概念，吸收了雅克·拉康（Jacques Lacan）的结构主义精神分析（深受列维–施特劳斯研究的影响），发展出一种新的意识形态理论，把"意识形态机关"作为"个体与他们真实生存条件之间的想象关系"（Althusser 1983, p.36）。这需要接受意识形态与科学间彻底的分离。尽管这种意识形态观念是有问题的，但它强调了萨特主体概念的局限性，该概念既与被统治的人们是如何被剥削和压迫的相关，也与假定自由的人类主体能够为自身负责、为他们的群体以及未来负责的问题本质相关。阿尔都塞没有认识到这些,他还吸收了历史学家年鉴学派(Annales school)的研究,其中最重要的是费尔南·布罗代尔(Fernand Braudel)。布罗代尔认为历史并不是按一种时间发展,而是"数不清的时间河流"(Braudel 1980,p.39),需要分析所有这些不同的时间点,检验它们是如何彼此联系在一起的。阿尔都塞接受了这个观点,并说道:

> ……(作为)第一次粗略估计,我们可以从马克思主义整套理论的具体结构看出,在**同一历史阶段**(in the same historical time),不可能再去思考不同层级的整体发展过程……相反,我们必须要给每一层级设定一个**特殊时间**(peculiar time),相对自主,因此甚至在依赖状态,也相对独立于其他层级的"时期"(times)。
>
> (Althusser 1977b,pp.99f.)

这就指出了一个比萨特设想出的更加复杂的历史,也突出了其作品的局限性。

关于人类主体以及他们对存在主义者能动力的假设存在着问题,米歇尔·福柯(Michel Foucault)的作品在突出这些问题上尤为重要。福柯曾一度是阿尔都塞的学生,最初受到黑格尔思想和存在主义精神病学的影响,但他拒绝接受这些思想及其相关的智性运动。他的博士导师是历史生物学家乔治·冈圭朗(Georges Canguihem),其深受巴什拉的影响。福柯将历史科学的研究从物理和生物学拓展到人文科学,注重"话语构型"(discursive formations)和社会控制(social control)的非话语实践,非话语实践受到社会控制的支持并在其中起作用。在反对黑格尔这点上,福柯认为自己与尼采的立场是一致的,他的作品完完全全地否定辩证法,尽管可以说他的思想中也存在辩证法的元素。他提倡历史先验或历史知识型:文艺复兴知识型、古典知识型和现代知识型，它们各自在一段时期内占有主导地位。福柯认为它们彼此相连、相互继承，任何理性参与（除了社会控制实践的不断进步之外）。对主体的关注表现出了梅洛-庞蒂产生的影响，对话语的审视及其与权力的关系则表现出尼采、海德格尔和结构主义符号学的影响（尽管福柯并不承认自己是结构主义者）。像阿尔都塞一样，福柯也受到了布罗代尔的影响，而且认识到了事件的多时期性和社会生活的空间性。他在《真理与权力》（Truth and Power）一文中，阐述了自己的观点：

> 不要把所有事情都置于同一层级上来看，要意识到事件实际上是分为多个层级多种类型的，它们广度不同、时间宽度不同、产生影响的能力也不同。问题在于能立刻在事件中做出区分，划分出它们所属的不同网络和层级，并重新建构他们彼此联系彼此促成的路线。
>
> （Foucault 1980, p.114）

马克思展示了人们如何被资本主义经济所奴役，人们又是如何被迫繁育出奴役他们的体制；福柯则向人们说明构型多重性的真实。声称客观性的人文科学，连同马克思所批判的政治经济，确实在使社会关系神秘化，使人们处于监管之下，成为可预见的、具有严密纪律性的躯壳。福柯认为，这些构型出现于资本主义之前，是资本主义所需要的，要求将人们置于控制之下，以维系资本主义的运行。

然而阿尔都塞、福柯和他们的追随者没有考虑到自由能动力，把人们从压迫下的社会构型中解放出来需要这样的能动力，否则全部思想则变得令人难以信服。更有问题的是，他们对于社会构型的描述并不能完全说明人们实际上是如何生活、如何思考，也不能说明社会运行和转变的途径。另一位结构主义者莫里斯·古德利尔（Maurice Godelier）也对阿尔都塞的观点提出了质疑。古德利尔受到胡塞尔和布罗代尔的影响，随后是列维–施特劳斯,他认为在所有的物质活动中,尽管人类实践和社会关系绝不会沦为思想,但它们都是精神元素,精神元素有不同的功能。在此基础之上,他能够接受辩证法在社会动态机制占有一席之地,但认为"马克思主义的辩证法与黑格尔的毫无关系,因为二者基于的矛盾观点是不同的"(Godelier 1967,p.91)。古德利尔支持体制与结构的概念,他认为"矛盾既存在于社会功能单一层级的内部, 又存在于社会机构的不同层级之间",这里的矛盾可以理解为:

> ……关系属性之间的联系,因此二级关系缺乏目标和目的性。像这样的关系不会因任何人类意志而产生。……更准确来说,它们只是在再生产条件达到限制时,出现的社会关系属性的消极作用。……因此我们就会有矛盾性的发展, 也就是在该社会再生产过程中无意间产生了矛盾。
>
> (Godelier 1986,pp.66f.)

81　　换句话说,社会成员进行有意行为就会产生矛盾,这个以某种特定方式构成的社会所产生的影响可以削弱追求有意为之的条件。而这些无意的矛盾对社会演化具有一定影响,"这些矛盾不是自我运行, 也不能充分解释这种演化"(Godelier 1986,p.67)。

这比阿尔都塞的矛盾概念要清晰得多, 而且与马克思对资本主义的研究相符合。它还揭示了如何应对这样的情况。如古德利尔所表明的:"因此人类对自身命运掌控的程度最终依赖于能够觉察到, 最重要的是能够管理其生存中无意的那部分。"(Godelier 1986,p.67)古德利尔对人类学家和历史学家的作品进行研究时,他"发现无法采用基础设施和上层建筑的原本概念"(Godelier 1986,p.16)。比如,无法区分形成生产关系的体制与亲缘关系,也无法解释仅仅作为生产过程结果的亲缘关系。古德利尔反对阿尔都塞及其追随者，只认同功能具有层级性，其中支持生产过程的社会关系具有更大影响力，到后来，他连这点也放弃了。

第四节　生成结构主义和辩证法

如果说阿尔都塞和结构主义马克思主义者一直在努力挽救在法国的马克思主义，不得不说他们失败了。下一代最杰出的哲学家们，让－弗朗索瓦·利奥塔（Jean-François Lyotard）、雅克·德里达（Jacques Derrida）（后者不太确定），他们不但反对马克思主义和辩证思想，还动摇了哲学本身。该潮流的最后坚定抵抗者阿兰·巴迪欧（Alain Badiou）把他们的哲学称为后现代，将其描述如下：

> 后现代哲学意欲消解我们囿于的 19 世纪伟大架构——历史主体观点、进步观点、革命观点、人性以及科学理想的观点。旨在告诉人们这些伟大建筑已经过时了，我们生活在一个多元化的世界，没有什么历史或思想的宏大叙事：无论在思想上还是行为上都存在着无法简化的多元语域和语言；语域多样且混杂，没有哪种理念可以将它们统一或融合。根本上说，后现代哲学的目标就是解构整体性理念——以致哲学发现自己本身就是不稳定的。结果……它将哲学思想置于艺术外缘，提出一种无法统计的概念性哲学方法与艺术的理性进取心的杂合体。
>
> （Badiou 2005b, pp.32f.）

但是利奥塔、德里达和他们的追随者是否应该获得这样的声誉还是个问题。1961 年，梅洛-庞蒂过早离世，之后他几乎被人们忘记了。只有一小部分人还记得他，他们要不就是近些年重新对梅洛–庞蒂的作品产生了兴趣，要不就像卡斯托里亚蒂斯那样深受梅洛–庞蒂的影响，但对他的观点并不在意，这些人如今都受到了广泛关注。这些后现代主义者并没有将批评的矛头指向梅洛–庞蒂发展的现象学形式，其现象学还在自然哲学方面为哲学的发展勾画出另一个方向。与此同时，卡斯托里亚蒂似乎预言了文明要走的方向。随着市场的全球化、政治的腐败以及泰勒管理主义（Taylorist managerialism）的崛起，人们在不断失去他们的自由，因此卡斯托里亚蒂所持的自治理想变得愈加诱人。此外，人们常说，法语哲学（Francophone philosophy）最重要的发展是由一场新的思想运动引领的，这就是生成结构主义（Genetic Structuralism）。发起这次思想运动的哲学家们摒弃或使自己远离了人文科学哲学：心理学，如让·皮亚杰，文学理论，如吕西安·戈德曼，还有人类学和社会学，如皮埃尔·布迪厄。这些人都是下一代非常重要的辩证思想家。

布迪厄的作品对列维–施特劳斯、阿尔都塞和福柯（同时指出了萨特哲学的局限性）的研究进行了全面而细致的分析，揭示了其种种局限性，还架构了一种较好的框架来解读马克思的成就，同时考虑到了一些最新的研究成果，其中包括列维–施特劳斯、福柯和萨特的真实观点。布迪厄认为，最初哲学家都会反对萨特、受惠于巴什拉的科学哲学（他在《社会学技艺》（*The Craft of Sociology*）一书中的说明翔实而清晰），赞同列维–施特劳斯的结构主义。他在阿尔及利亚研究卡拜尔语（Kabyle）时发现，让人们叙述他们正在做的事情与结构主义预言一致时，比如描绘亲缘关系，说明谁应该和谁结婚，那么他们所做的则与预言完全不同，比如他们实际上结婚的对象。布迪厄为了解释这个现象，开始着手理解实践的逻辑，他维护实践的首要位置，认为实践优于反思性思维，由此把梅洛–庞蒂的见解推向深入（梅洛–庞蒂相应地重申费希特、谢林和马克思的观点）。他逐步认识到，"所有这些人为地划分社会科学的对立中，最根本也是最具破坏性的是横亘于主观主义与客观主义之间的分界线"(Bourdieu 1977,p.25)。通过对实践逻辑的研究,最终布迪厄得出结论是这种对立是可以被克服的。站在与萨特完完全全的对立立场上,布迪厄说:

> 让–保罗·萨特给出了行为哲学极其一致的表述,在这一点上他是值得褒奖的。这种表述通常被那些把实践描绘为明确导向目标策略的人们所接受,这样的目标常被一种自由计划明确定义,甚或是参考其他行为主体的预期反应,与一些互相作用的几方共同给出定义。
>
> (Bourdieu 1990,p.42)

83　　　同时,布迪厄却批评萨特没能认识到这种持久性,他还反对社会现实的客观化方法,该方法需要把他们的研究与学术建立联系。就这一点,他写道:

> 客观性为观察者提供了一个观察社会世界的镜像。观察者把各种原则加之于与之建立联系的客体上,对行为提出"观点",并持续下去,似乎他这么做只是为了获得知识,好像其间所有的互动都只是单纯的符号转换。
>
> (Bourdieu 1990,p.52)

列维–施特劳斯和阿尔都塞及他的追随者对此进行了阐释。布迪厄对列维–施特劳斯的结构主义做出概述:"在激进唯物主义的印象下,这种自然哲学是一种心灵哲学,类似于唯心主义的一种形式。"(Bourdieu 1990,p.41)其结果就是"马克思的结构主义读者"(即阿尔都塞及其追随者)"落入了对社会法则的盲目崇拜"(Bourdieu 1990,p.41)。布迪厄批评社会组成部分的整个观点是"装置",认为不可能把人们看作可预测的齿轮。为了克服主客对立，超越萨特及结构主义者之间的对抗，布迪厄发展了一种生成结构主义，并称自己为生成结构主义者（Bourdieu 1993，p.179）。

生成结构主义是结构主义的一种形式，甚至具有更伟大的智性抱负。相较于黑格尔的辩证法，生成结构主义赞同并支持的更接近费希特和谢林的辩证法，尽管没有什么证据证明其具有影响力。如奈克塔里斯·利姆那提斯（Nectarios Limnatis）指出的，生成结构主义认为实践先于反思性思维的出现，并促成其发展，与费希特努力重建认知发展层级的努力非常相似（Limnatis 2008，pp.229ff.）。汉斯·福斯（Hans Furth）在研究《皮亚杰的知识论：表象的本质与内化》（*Fiaget's Theory of Knowledge: The Nature of Representation and Interiorization*）时指出，它与逻辑实证主义和因果机械概念完全不同，尽管没有使用这个术语，但自然而然地认为认知在所有层面上都是综合的。让·皮亚杰是生成结构主义最重要的发言人。马克思主义文化理论家吕西安·戈德曼（Lucien Goldmann）深受卢卡奇的影响，卢卡奇则称自己为生成结构主义者，他认为皮亚杰是"真正的辩证法大师，至少在西方是这样的"（Piaget 1976，p.126）。尽管布迪厄没有谈及皮亚杰，但奥马尔·利兹多（Omar Lizardo）还是论证出布迪厄深受皮亚杰的影响。布迪厄在作品中竭力克服列维-施特劳斯结构主义形式的局限性，从这一点可以清楚地看出，他在重新建构皮亚杰的认知结构概念，以打造其核心**"习性"**（habitus）概念，尽管这么做他也受到了梅洛-庞蒂体现现象学（phenomenology of embodiment）的影响。布迪厄试图通过这个"习性"概念来克服注重主体的社会现实方法与客体化社会现实的方法间的种种对立，从而发展一种比迄今为止现存的有关社会结构和能动力的辩证概念更精妙的概念。要想正确理解布迪厄的成就与局限，有必要先审视一下皮亚杰的观点。

皮亚杰在开始从事认知发展研究之前，曾研究过哲学、数学和科学。一些哲学家反对他在心理学方面的研究，皮亚杰对此持批判态度，而且情况愈演愈烈，他认为直觉或先验知识就意味着那样的心理学实验研究毫无价值。然而皮亚杰对实证主义的批判更激烈，他不但支持数学的建构主义理论，还拥护一般的认知发展建构理论。他在《哲学家的洞察与错觉》（*Insights and Illusions of Philosophers*）一书中提到了一些他很赞同的思想家，这些思想家"已经认识到从历史角度看，科学理论的认识论意义只在于展示了自身。因为它回答了早先的教义提出的问题，通过提供延续自身或违背自身的关系网，为它的继承者铺平了道路"（Piaget 1971a, p.74）。他支持结构主义，一方面通过索绪尔和符号学的影响，另一方面通过数学的布尔巴基（Bourbaki）学派的影响。他说"结构""有三个主要概念:整体性、转换性和自调机制"（Piaget 1971c, p.5）。结构是具有整体性转换的自我调节机制，该整体性是由已有结构和正在形成的结构构成的（Piaget 1971c, p.10）。数学结构说明了这些特性，其中著名的是"群"（group）结构。皮亚杰关注的是这些结构的序列是怎样产生的，从有机组织与其环境间的相互作用开始。他的全部研究的两个核心观点是:其一，"既然每一种有机组织都具有恒定的结构，环境变化，结构也会变化，但整个结构不会被毁坏，所有的知识一直都是主体结构外部的数据融合"；其二，"思维中的标准因素与自我调节机制是一致的，为了达到生物机理平衡的需要:因此，逻辑在主体中与达到均衡的过程是一致的"（Piaget 1971a, p.8）。有机体从环境中收集并融合数据，在逐步适应环境的过程中不断发展，达成新级别的平衡，慢慢地从认知与行动不可分割的智力的感觉运动（sensori-motor）形式，发展到具有一定能力去认知独立于行动的不同情况的具体运行，最后发展到正式运行，人们可以思考并发展自己的认知结构。而皮亚杰主要关注人类的认知发展，从儿童时期追溯起，儿童的认知发展最终能使个体长大后掌握数学和科学。在《生物和知识》（*Biology and Knowledge*, 1971）一书中，皮亚杰追溯认知发展到生命的最初形式，将其描述为有机组织形式沿着发展路径或"渠道"（chreods）不断产生和分化，理论生物学家 C.H.瓦丁顿(C.H.Waddington)就是这样描述的。

皮亚杰审视结构主义和哲学之间的关系,首先提出的问题是结构主义和辩证法之间的关系。他参照列维-施特劳斯和萨特的论争,指出:

85

      ……反对者似乎忘记了这么一个基本事实:在自然科学本身领域,结构主义总是与建构主义连接在一起的,提到建构主义就不可能不涉及词语"辩证的"——重点关注历史发展和双方的对立,"扬弃"(Aufhebung)('dépassements')既是建构主义的特点也是辩证法的特点,整体性在结构主义者中占有核心位置,很明显在辩证思维模式中也是如此。

                             (Piaget 1971c, p.121)

皮亚杰推崇萨特,反对列维-施特劳斯及其静止、脱离历史的结构主义形式,但是他又批判萨特的实证主义观点,因其并不承认科学本身也是辩证地发展的。皮亚杰还批判列维-施特劳斯给予依靠辩证法的建构如此有限的空间,同时称赞巴什拉的著作《非的哲学》(*La Philosophie du non*)指出数学家、逻辑学家和科学家是如何通过否定给定的或已完成的结构特性之一来发展进步的,这些特性似乎是根本的或是必要的(比如否定代数中的交换性,否定逻辑中的两种价值,或接受物理中微粒子理论和光波理论的来回摇摆)。所以他说:"辩证法一遍又一遍地取代线性'螺旋'(spirals)或我们最初开始的'树形'(tree)模式,这些著名的螺旋或非恶性环路(non-vicious cirlces)非常像成长中的基因环路或相互作用。"(Piaget 191c, p.125)同时皮亚杰还对阿尔都塞表示了些许赞同,对古德利尔表示了赞扬之意,他严厉批判福柯,认为福柯在其概念中概括的知识型(episteme)太过主观,没能认识到分析的不同层级,因此导致知识型的序列无法被人们理解。

皮亚杰的主要兴趣在于发展最抽象的思维形式,在于向人们展示最终发现:孩童最早期在与周围环境的具体接触中发展出的认知最基本模式,是如何一步步形成抽象逻辑和数学最先进的成果的。引起皮亚杰注意的是,既然数学是在发现数学运算最基本形式中变得愈加抽象的(这些数学运算的最基本形式是我们最初学习的较具体的数学形式所预设的),那我们所发现的孩童感觉运动协调发展出是最基础的运算。如他所说:"从心理遗传学的角度来说,地志学结构先于公制度量和投射结构,心理遗传学颠倒了几何的历史发展,却符合了布尔巴基的'系谱学',这真是不同寻常。"(Piaget 1971c,p.27)他认为这些更抽象的数学形式有助于人们理解更复杂的结构层面。

皮亚杰还断言道,随着分析工具的演化,人们逐渐可以以数学方法描绘从一种结构向另一种结构的转化(Piaget 1971c,pp.127f)。这就意味着皮亚杰相信随着数学的发展,辩证法将被取代,或者数学自己会将辩证法纳入自身体系。这就是说,用数学的方法为数学发展建模会成为可能,这种想法不仅非常令人难以置信(形式化的活动并不是可形式化的),还背离了皮亚杰关于把数学描绘为生物功能发展的整个构想。然而皮亚杰还指出了哥德尔(Gödel)发现的隐含意义,推翻了人们对理论的普遍理解。人们视理论为"多层金字塔,一层在一层之上,处在最下面一层的理论是最稳固的,因为它是由最简单的方式构成的,全部整体都建立在这个自给自足的基础之上"(Piaget 1971c,p.34)。作为转换机制的结构必须与作为持续形成的建构相联系,知识就是一个螺旋,每次旋转一圈其半径都会增加,不像金字塔或建筑物。皮亚杰还说布尔巴基的结构概念在范畴论(Category Theory)的影响下不断变化,范畴论包含思考的更高层级,与辩证思维契合度更高(下面会详述)。④

除了形式主义的志向之外,皮亚杰还推崇吕西安·戈德曼的研究。戈德曼的主要兴趣在文学与社会之间的关系,确认跨个体主体并解释他们的心理结构。他努力把卢卡奇发展的马克思主义文化理论同皮亚杰的认知发展理论相融合。戈德曼认为，文学中产生的心理结构可以解释成了解这些跨个体主体成员的情况而生成的结果，而他们要应对的情况可以通过他们在文学创作中表现的心理结构来阐释。然而皮亚杰表明，甚至连这些意识结构最终都会通过数学方法得到理解，无论这些结构已经形成还是仍处在形成和转化之中，戈德曼并不接受这个观点（Goldmann 1972, p. 111）。很明显，尽管皮亚杰关注认知发展的社会领域，意识到情感关系的重要性及儿童克服早期的自我中心化，审视了伦理的发展，还认识到不同社会认知发展的层级不同（Piaget 1995），他还是抱有个人主义偏见，认为认知与数学推理有关——尽管他支持戈德曼的研究。

第五节　生成结构主义者和辩证家皮埃尔·布迪厄

布迪厄推崇生成结构主义，批评了戈德曼，但没有探讨皮亚杰的研究。虽然说生成结构主义是布迪厄自己不断努力发展出的一种理解社会动态机制的方法，但它还是基于以上两位的研究。如前面所说，布迪厄认为有必要对支持列维-施特劳斯结构主义的模式加以解释，比如，房屋内部的二元对立模式，建筑物以及田地的布局，就好比归纳出从一种情况到另一种情况共同行动的习惯方式而产生的影响。然而为了解释这些现象，布迪厄发展了皮亚杰认知结构的理论，提出该理论的一种社会版本，追溯梅洛-庞蒂，强调经验和认知的具体化，比戈德曼文化理论的认知结构更具动态性。他一方面努力避免客观主义引起结构实在论，另一方面承认需要客观主义来预防落入主观主义。重新把实践当作"产生**'完工的作品'**（opus operatum）和**'操作的方法'**（modus operandi）的辩证关系的场所；发生客体化的产物与历史实践的融合产物的辩证关系的地点……"（Bourdieu 1990,p.52），主观主义无法通过上述方法来解释社会的必要性。

布迪厄的社会理论采用了三个基本概念：**"惯习"**（habitus）、**"资本"**（capital）以及后来的**"场域"**（field）。他首先在《实践理论大纲》（*Outline of a Theory of Practice*）中介绍了"惯习"这个概念，把它描绘为"融合过去经验的一种持续的、可换位的机制，这个机制每时每刻都在起作用，就像包含了的感知（perceptions）、统觉（apperceptions）和行为（actions）的母体，使完成无限的多种任务成为可能。多亏了类似问题的转化，使成因近似的问题得到解决，也多亏了对结果的不断修正……"（Bourdieu 1977,pp.82f.）。尽管这个定义抓住了康德的源头理念，但皮亚杰的认知结构对其影响程度，以及此概念是如何通过不断修订来思索、解释人际关系的不断复制和持续发展，在其后来定义中会体现得更加明显。布迪厄在《实践逻辑》（*The Logic of Practice*）中还指出了他的理论与马克思的《关于费尔巴哈的提纲》（*Theses o Feuerbach*）是相符合的，从"客观唯心主义具有至高无上统御世界的权力……不必舍弃，到'从积极方面'（active aspect）去理解世界"（Bourdieu 1990,p.52），他提出了"惯习"的经典定义：

> ……持续的、可换位的机制，构建好的结构，倾向作用于正在形成的结构，即产生并组织实践和表象的原则，它们可以客观地适应它们产生的结果，不需要预设一个有意指向结果的目的或为了获取结果而快速掌握操作方法。不再是顺应规则的产物，它们被客观地"管理"（regulated）而"稳定"（regular）下来，它们一起获得精心安排，不再是组织者安排行为的产物。
>
> （Bourdieu 1990,p.53）

第二个概念"资本"，在这种语境下可理解为任何形式的力量，这种力量能促使行为人参与社会活动，获取更多资本，从而强化他们在社会上的位置,比如社会交往(社会资本),解读文化关系或文化人工制品的能力(文化资本),最终要的是,源于声望与权威的力量来界定现实(符号资本),包括人类及其行为与产品的重要性。

布迪厄回到法国,用自己发展的概念去解读拜尔语社会、解读法国社会。首先,他在教育研究中推崇并发展了他的第三个核心概念"场域"。这个概念是巴什拉理解中的理论客体,可以替代"基础"和"上层建筑","体系"和福柯的"话语构型"概念,这样做避免了多种形式的还原主义,与此同时还跨越了主客观、能动力与结构之间据说难以逾越的对立。尽管这个概念首先是库尔特·勒温(Kurt Lewin)在社会心理学中使用的一个概念,但布迪厄的"场域"概念确实是马克思对资产阶级社会或资本主义分析的概括,作为经济范畴建构的新兴现象,这个概念一旦确立,就开始不断复制并扩展自身。马克思认为,那些看上去根据自己喜好的自发个体行为实际上是历史发展产生出的新兴社会关系使然,这样的社会关系迫使这些个体辨认出彼此,并争夺社会认同的权力形式或"资本",他们所寻求的资本如今更多的置于"场域"中思考而不是模糊的"社会"。布迪厄认同马克思的以上论点。布迪厄欣赏黑格尔早期作品中提出的三种辩证斗争,他在世界历史研究中采用了这三种辩证法:劳动辩证法、认识辩证法和表象辩证法。布迪厄一边欣赏着劳动辩证法,一边对表象辩证法投入了极大的兴趣。他认识到了根本的驱动力,除了语言的"资本"外,对认识,也就是"符号资本"的追寻是首要的,这也涉及了界定现实的权力。⑤他指出生产活动发生在客观的、历史形成的客观位置之间,行为人彼此争斗以获取不同形式的"资本",由此不断产生这种场域,但却没有认识到自身与场域的关系,以及他们的行为如何产生该场域。进入并成为场域内成功的行为人,就需要发展出正确的惯习,一种可换位的特性,能够理解、评价并以特定方式起作用,一种对不同形式资本价值的欣赏和一种"游戏的感受"。"惯习"由场域构成并同时起作用,使人们在场域中被其他行为人接受(或不

88

接受），使他们能够应对不可预见且不断变化的情况,还能以某种方式起作用来不断产生该场域。布迪厄认为:"一个机构,甚至是一个经济体,如果是完整且可行的,它就必须持久地客体化为事物,也就是在逻辑中超越在特定场域内的个体行为人,而且它还必须客体化为具有持久特性的组织,来辨认并符合该场域固有的要求。"（Bourdieu 1990,p.58）

这个概念框架被证实特别有效,因为它能够把场域间非常复杂的关系纳入框架之内,分析它们的自主形式,以及彼此间的依存关系。如果与皮亚杰的研究联系起来,布迪厄检验的人类认知形式可以置于知觉生命更广阔的发展语境下。随着人类的不断发展,确认新生形式逐渐变得可能,除了文化场域还包括哲学和科学的发展。文化场域可以视为包含多样的子场域,包括文学场域,文学同时也包含诗歌、小说写作、戏剧等,并且它们中任何一个的不断发展都需要所有这些条件（Bourdieu 1993）。作为一个整体,文化场域及其所有子场域可以通过与政治、经济、国家等场域的关系来理解。在每种情况下,场域的自治可以通过是否有与其相联系的具体资本形式来确定, 人们追求的方式就像为了维持并加强该场域的自治。"场域"的概念是可以升级的,因此它有可能可以确认全球场域以及这些之下的子场域,也能具体到非常地方的场域,比如家庭或者大量朋友。有可能重新解读福柯的"话语构型"为场域,这样就能避免福柯概念中隐含的还原主义倾向。还可能解读有关布罗代尔历史形式（包括不同的程度、时间性和空间性）的场域间的发展与互动。既然布迪厄在研究拜尔语时发展出他的概念,这些概念就可以被用于所有的社会形式,认为相较于恩格斯的历史唯物主义,马克思成就的一般理论框架更加合理。

而且这些概念能够应用而且已经应用在了学术界、科学界,包括社会科学和哲学界,使反观性成为可能并呼吁反观性,亟须研究者来研究,这些研究者要理解他们自己的动机,避免偏见产生（Bourdieu and Wacquant 1992）。布迪厄研究了客体化和具体化的辩证关系（Bourdieu 1977,pp.57ff.）、

"客观结构与合并结构"的辩证关系(Bourdieu 1977,p.41),并支持以一种认识论来引导社会学(Bourdieu,Chamboredon,and Passeron 1991),但他并不认为这是探求辩证法的科学知识。鉴于这个概念的混淆状态,这一点也不令人吃惊。然而受到巴什拉的影响,布迪厄的方法是辩证的,他努力克服主观与客观、能动力与结构之间的对立,将大量理论家的部分洞见综合到一致的概念框架下,产生一种新的、逐步深化的概念综合,尽管吸收并容纳了大范围的社会现象。此外,他还提供了一种理论框架来应对并促进对复杂关系的理解,传统上,辩证家们认为必须要公正对待这些关系,包括知者和已知的关系,知识和社会现实的关系。布迪厄在他的《学术人》(*Homo Academicus*,1988)中,用自己的理论概念对这些关系,尤其是大学进行了巧妙的分析。

　　布迪厄很荣幸自己是他所努力研究的世界的一部分, 他所产生的知识会有实践意义,改变人们对自身的看法,并使人们根据变化的想法去相应地改变他们的行为和生活。布迪厄的研究为综合思维做出了主要贡献,提供了一种概念框架,将之应用于早期社会理论、人类学和社会学中存在的对立。最重要的是,他提出了一种方法来分析萨特曾认为重要的社会中介,萨特的唯意志论和反科学偏见使他没能做出恰当解释。尤其是布迪厄认为揭示获得客观知识的条件很重要, 要获得客观知识需要科学领域具有自主权,这样那些从事研究工作的人渴求符号资本或该领域其他成员的认可,他们的研究连同研究条件的反观性都被该领域的竞争者评判。布迪厄最后的研究论文《科学之科学与反观性》(*Science of Science and Reflexivity*,2004)就专注在这些问题上。皮亚杰与布迪厄的研究组成了生成结构主义研究项目的一部分,布迪厄的研究提出了方法,把人类置于知觉生活演化中更广阔的背景之下, 这与谢林启发下的思辨自然主义的传统相符合。

　　皮亚杰和布迪厄在世界范围内都成了领军人物,无论在其领域内,还

90

是在领域之外,但在他们死后却遭到了严厉的批判。而对皮亚杰的批评更甚于布迪厄。对皮亚杰的具体批评集中在对认知发展的不均衡上,认知并没有按照他所明确界定的层级发展,也没有按照他宣称的时间顺序发展。皮亚杰还曾宣称认知是首先通过行动发展起来的,这也是有问题的,因为人们发现有些患有严重脑瘫的人智力也能有所发展。对皮亚杰最重要的批判在于他的研究存在智力偏见,因此尽管他对道德的发展有兴趣,还研究了人们在不同社会的道德差异,很多人还是认为他没能恰当地认识到情感生活和人际关系间的复杂性。皮亚杰的追随者不断地对这些质疑之声进行详细的解释,使新皮亚杰心理学流派蓬勃发展。尽管这些新皮亚杰主义者没有研究布迪厄的作品,但布迪厄的研究运用并修改了皮亚杰关于建构结构的核心概念,可以用来克服皮亚杰研究中的个人主义偏见。

对布迪厄的反应并没有那么消极,但甚至那些赞同布迪厄观点的人都认定他没能够揭示出道德行为的潜力。相较于哲学家、地理学家或人类生态学家,布迪厄更认为自己是位社会学家。他可以通过与其他学科的融合来进一步证明自己对人类的理解,或者将人类置于其产生并繁衍的生态背景之下,但是他却随心所欲,对这些融合的途径采取视而不见的态度。他并不在意去维护自己对人类和社会的理解以反对自然主义的还原主义形式,这些还原主义形式与不受物理过程影响的能动力概念并不一致。也就是说,他认为没有必要去挑战仍基于 17 世纪科学革命假设的主流世界观。尽管如此,布迪厄的概念向我们展示了一个具有创造力的世界,其中有真正的新兴事物产生,这与还原主义宇宙学不一致。这些概念挑战了还原主义宇宙学。此外,他对文化领域的研究及其如何获得或失去自主权,对于揭示在什么条件下,存在于我们文化中的缺陷假设可以被揭示和提出问题,是极其重要的。毫无疑问,布迪厄坚持正直伦理道德,揭示其对文化、社会和人性的重要性,这些人不断增强各领域的自主性,而自己的工作却不被他人理解,至少在当时是这样(很大程度上与科恩兄弟电影推崇的价值观一致)。这些人坚持真理观、公正和技艺。相反的，布迪厄批评那些存在于文化领域的所谓神圣之人，他们所做的只是为了使社会上存在的不平等合法化，他严厉批评像德里达这样的人物，认为他们通过削弱其符号权力依存的领域来推动自己的事业发展。人们的惯习概念等同于皮亚杰的容纳概念，而后发生了重大转化，尽管布迪厄似乎对此并不感兴趣，但他实际上促进了这种包容，使人们认识到要建立较少压迫的社会，自主领域间的彼此依存关系和重要意义。理解领域间的依存关系，并努力增强他们追求符号资本的领域，不仅应该成为人们习惯的一部分，他们的习惯还应该把社会是由领域内不同领域构成的概念吸收进来，这样就揭示出保持他们所参与的领域内资本具体形式具有更广泛的条件。如果所有都看起来很复杂，学术界就不再是学术界的样子，因为布迪厄的概念框架所揭示的是极度缺乏正直及其他美德的学术界。在过去三十年中，学术界容许并长期支持逐步削弱学术领域以及包括科学在内的其他文化领域的自主。这对很多学者来说是灾难性的后果，通常来说对那些深受新自由主义和管理主义不利影响的人们，以及社会和人性也是如此。最终，他们缺乏捍卫其领域所需的品德，这就注定了全球生态系统内当下体制的失败命运。

人们公开指责布迪厄，批评他虽然致力于提供客观知识(同时也承担着批判的功能)，只留给那些认识到统治形式的人们有限的资源来反抗当下的统治。他们只能学会在他们的领域中成为更好的演员。如布迪厄曾经的同事吕克·布尔当斯基(Luc Boltanski)和夏娃·夏佩罗(Eve Chiapello)抱怨说：

全球统治通过铁律般的机制实施，皮埃尔·布迪厄……旨在揭开该"机制"的面纱，同时寻求推动个人解放，可理解为从外部权力和干预中解脱出来。但是在最后的分析中，如果所有的关系简化为利益冲突和力量关系，是"社会"秩序中固有的"规律"，那么反对表现出像昆虫学家研究蚂蚁社会的冷静，而以愤慨的声调批判揭示它们有什么意义？

（Boltanski and Chiapello 2007, p. X）

这种批评与另一种批评是相关的。不是基于反思性思维却处于全部社会生活核心位置，并构建了所有社会结构基础的习惯性战术行动，对该问题的视而不见是社会理论中存在的主要缺漏，布迪厄的研究并没有认识到或提供任何方法来理解更具反思性的战略行动。还需要其他什么呢？

第六节　叙事学和辩证法

皮亚杰和布迪厄的研究都是从哲学开始，后来又与哲学分道扬镳，因为他们接触的哲学家都没能充分认识到实证研究的重要性。结果，皮亚杰成了一位心理学家，布迪厄成了一位社会学家。尽管二者的广泛兴趣跨越了大多数学科界限，然而作为具有强烈自我意识的科学家，他们把自己与人文学科的学者区分开，结果二者都没能领会本可以增益他们研究的人文学科的重要发展。最重要的是，他们既没能了解叙事学的发展，也没能理解叙事对辩证法的重要性，没能借此领会其对科学本身的重要性。这就有必要回看皮亚杰，对他研究的早期反馈进行审视。

利维·维谷斯基（Lev Vygotsky）深受皮亚杰的影响，众所周知，他们的区别在于他们给予语言在认知发展中的不同意义。尽管证据并不统一，但皮亚杰早期的合作者之一杰罗姆·布鲁纳（Jerome Bruner）在这方面与皮亚杰一致，并坚持认为叙述作为认知的重要形式，与数学和科学一样重要（Bruner 1986, Ch.2）。人们理解了对数学的偏爱，还把焦点投射到皮亚杰认为的认知发展顶点:形式运算(formal operations)这个奇特地方。从汉斯·福斯对皮亚杰著作的精湛研究可以清楚地看出,皮亚杰借由对他人作品的研究建构出了一种复杂、连贯的概念结构来描述认知发展,皮亚杰自己就是一位杰出的辩证思想家,如果他只是追随柏拉图的脚步,那么他就会在形式运算之上再补充一个层级:辩证思想阶段。这正是克劳斯·里格尔(Klaus Riegel)在《辩证运算:认知发展的最后阶段》(Dialectical Operations:The Final Stage of Cognitive Development)(Riegel 1973)及其他作品中(Riegel 1979)的观点。他认为具有追溯早期认知形式能力的对话和叙事非常重要(比如理解感觉运动智性的即时性),并借此在认知发展的最后阶段叙述感受、想象和抽象思维。他没有提到这一点,但这种能力是发展并使用隐喻所需的。里格尔的作品启发了其他心理学家,并影响着关于组织的研究(Basseches 1984,Lakse 2008)。

　　一旦承认认知发展的最后阶段为辩证法,由于对人文学科的偏见,那么就有可能重新研究被辩证法拥护者遗忘的辩证思维的各个方面。首先,辩证法就意味着对话,涉及与他人的询问。其次,与对话有关的辩证法需要故事(stories)或叙事(narratives)。尽管柏拉图在《理想国》(The Republic)中把辩证法正式界定为数学之上的一级,其中假设被当作假说,整本书是一本关于辩证法的作品,以故事的形式写作出来。尼采在《悲剧的诞生》(The Birth of Tragedy)一书中称柏拉图的作品为哲学小说(Nietzsche 1956,XIV,p.88)。亚里士多德也认为呈现哲学的历史在提出并捍卫自己的观点时是非常重要的,尤其是在《形而上学》(Metaphysics)中。历史在黑格尔的《精神现象学》(Phenomenology of Mind)中也居于核心地位,谢林也在《论现代哲学史》(On the History of Modern Philosophy)中使用历史叙事的方法来论述自己的研究。阿拉斯戴尔·麦金太尔(Alasdair MacIntyre)指出了这些历史认识论的重要性,这样就揭示了概要叙述是如何占据了辩证法的绝对核心位置。同时,他展示了叙述在概要和综合思维中的作用。

93

迈克尔·波兰尼（Michael Polanyi）、托马斯·库恩（Thomas Kuhn）和保罗·费耶阿本德（Paul Feyerabend）这些科学哲学家揭示了逻辑实证主义者所描述的科学中的全部缺陷，阿拉斯戴尔·麦金太尔在设法解决从科学哲学家著作中提取出的相对论结论，并在《认识论危机、戏剧性叙事和科学哲学》（Epistemological Crises, Dramatic Narrative and the Philosophy of Science, 1977）中指出，接受科学的全新理论取决于其捍卫者从新理论提出的角度来构建叙事的能力。既然知识的主要发展超越了过去的假设，创造出新的讨论方式，改变了相关性和证明的标准，那么这些发展就不能根据现存的标准来评定。新理论的优势要通过理解这些理论超越的成就和局限，以及这些新的理论是如何克服这些局限，才能够显露出来，而这些叙事有利于以上的理解。为了详尽说明，麦金太尔不断指出，无论是逻辑研究、数学研究还是科学研究，一切研究都需要叙事来定义过去取得的成绩、其他的竞争研究项目、当下提出的突出问题，以及调查的目标。毁掉了历史记忆，你就毁掉了所有的调查研究，尽管特殊学科的专家们也许不能立刻明白这一点。

要解决这个问题，什么是叙事呢？保罗·利科（Paul Ricoeur）与大卫·卡尔（David Carr）一起，一方面发展阐释现象学传统，另一方面不但揭示了清晰的叙事与生活的辩证关系，还揭示了叙事中具有创造性想象力的综合思维。利科认为叙事包括三种拟态：第一是生活，预示了叙事；第二是叙事中的结构或情节编织，在此，不同的人物和事件统一于一个故事整体；第三是根据对故事的接受进行重塑。新的叙事是包括"构形行为"（configural acts）在内的情节安排，构形行为把具体的行动"结合到一起"（grasp together），组成了故事的事件。利科就这些行为写道：

> 我不能不特别强调适用于构形行为的"结合到一起"与康德所说的判断行动之间的亲缘关系。人们会想到，对康德来说，判断的先验

意义在于将直觉的多支管置于某一概念的规则之下，而不只是连接一个主语和一个谓语……以康德的方式，我们在比较构形行为的产生与丰富想象的产物时就不该犹豫……原发想象力（productive imagination）一方面受规则支配的，另一方面却构成了规则的生成母体。在康德的第一《批判》中，理解的范畴首次被原发想象力图示化。该图示具有这种力量是因为原发想象力本质上具有综合的功能。它通过同时综合智性和直觉，把理解与直觉连接起来。情节安排也促成了可理解性，混杂着被称为故事的观点、主题或思想，还有直觉呈现的情景、人物、情节和命运变化构成的结局。通过这种方式，我们可以谈论叙事功能的图示。

（Ricoeur 1984, p.68）

接受新的故事，无论这些故事是历史的还是杜撰的，都挑战了人们的期待视野，使人们能够重新塑造他们体验的方式、他们的信仰和他们生活的故事，也由此改变了他们的生活方式，也因此将这种情节安排融入社会实践中。这些预示了后来的叙事产出和接受，只要早期叙事能够提供背景假设、创造性的情节安排能够再次提出挑战的期待视野。尽管利科并没有像费希特、施莱尔马赫和谢林理解的那样，试图把对隐喻和叙事的研究作为辩证思维的核心成分，这无疑是对辩证思维这一方面理解的重大贡献。如此，它补充了皮亚杰的研究，为思考更广泛的活动方案，而不是为现存领域的简单成功提供了一种途径。

起初，利科并没有完全公正对待早期叙事，也没有充分认识到人们如何生活的普遍叙事的影响。他因此受到了大卫·卡尔的批评，卡尔曾经有力地论述了复杂行动和人们的生活如故事般进行着（Carr 1994, pp.160ff.; Carr 1991）。利科在很大程度上接受了卡尔的论点，活动，尤其是一些人参与其中的活动，这是经历过的故事，需要不断讲述、再讲述他们的行为构成的故事。这就像建一座房子、进行一场战争或是创造一种文明。利科在有关政治的作品《意识形态和乌托邦》(*Ideology and Utopia*,1986)中,用他的叙事理论很好地阐释了意识形态作为传统沉积成分的功能,保留了个体或小组的同一性,并促进了它们的融合。这些就是人们进行社会活动的早期叙事。另一方面,乌托邦是对一种挑战当下传统的、不同的、激动人心的未来的想象。如这本书的编辑乔治·泰勒在这部作品的介绍中解释说:

95 　　乌托邦对现存的当下提出问题……我们被迫去经历社会秩序的任何突发事件。乌托邦不仅仅是一个梦,尽管是一个希望能够实现的梦……一个没有乌托邦的社会将会死亡,因为这样的社会不再有任何计划,和未来的目标。

　　　　　　　　　　　　　　　　　　　　　　　　　　　　(p. XXI)

　　如弗莱德·波拉克(Fred Polak)所描述的,这是"一种未来的影像"(Polak 1973)。这样的梦需要被践行的叙事有新的情节安排,这样的梦挑战这些叙事,使未来的可能性显露出来。

　　这个框架可以通过区分独白叙事、复调叙事和对话叙事做进一步补充,米哈依尔·巴赫金(Mikhail Bakhtin)在《陀思妥耶夫斯基诗学问题》(*Problems of Dostoyevsky's Poetics*)中曾指出这一点(Bakhtin 1984,pp. 62f.)。"复调的"或"多种声音的"语言,是融入了不同声音的语言,为不同观点相互依存的"对话"关系提供了条件。复调叙事和对话叙事的特点是多意识,每一种意识都自成一体。二者认同可以彼此质疑、各自叙述的多种声音和观点,并努力重新构造它们所践行的叙事。对话叙事形成了最高程度的概要思维,为综合思维提供了条件,对辩证思维至关重要。

第七节　综合生成结构主义和叙事学以克服萨特的局限

以这种方式来理解，就有可能清楚地说明利科的叙事理论和布迪厄的社会理论,这样就能够推进两位理论家的研究。利科的研究中没有等同于布迪厄的场域概念。然而利科也曾从事历史学家**年鉴学派**(Annales)的研究工作,主要研究布罗代尔的作品,他批评布罗代尔似乎并不关注叙事,而是把目光放到了与地理、经济和文化机构相关的长时段上(Ricoeur 1984, pp.101ff.)。利科认为长时段也包括事件,需要叙事来描述并定义过去常用来分析长时段特征的任何数学模型的限制。尽管利科并没有就此发展他的观点,但他明确地关注了不同时间段的事件或过程的叙事,了解了这些事件或过程同时涉及的能够被数学模型模拟的社会现实方面和行为活动的地理条件。但是他从未讨论过布迪厄的场域观念,他倡导叙事的这种复杂性能够很容易地包含并考虑场域的自主化及它们的相互关系。此外,场域可以被看作包含早期叙事的场域,布迪厄关于惯习和历史的关系评述支持以该方式解释场域。布迪厄在《实践的逻辑》(*The Logic of Practice*)一书中这样说道:

96

　　惯习是历史的产物，根据历史形成的体系产生个体实践和集体实践——更多的历史。惯习保证了过去经历的积极呈现,以感知体系、思想体系和活动体系的形式沉淀在各有机体中。过去的经历能保证实践的"正确性"和时间的持续性,比所有正式的规则和具体标准更加可靠……惯习体现了历史,被内化为第二属性,作为历史被遗忘。惯习是全部过去的积极呈现,它是其中的产物。正是如此,鉴于即时当下的外部意志，惯习给予实践相对的自主……习惯是一种自然发生，无须意识或意愿的参与，既反对没有机械理论历史的事物的机械必然性，又反对理性主义理论中"无惰性"主体的反思自由。

（Bourdieu 1990, p.54/56）

场域被看作其历史早期叙事的体现，故事产生和接受的重要性竟立即变得明朗起来。布迪厄向人们展示了辩证关系存在于习惯和场域之间，并且更广阔地存在于使人们远离即时投入的思考客体化形式与主体实践活动的逻辑之间。在客体化思想和实践之间，叙事处于一种中间状态，人们通过叙事逐渐有了意识，并以一种不那么冷漠的方式反思自己在这个世界上的实践活动，通常来说提到客观反应，想到的是冷漠。

叙事学与布迪厄的社会理论相结合使我们能够再次审视萨特对辩证法的研究，并超越其局限性。如果萨特的辩证法概念能够认识到总体化、去总体化和再总体化中叙事的中心性，那么在理解过去、引导人们进行当下活动、使人们清楚应该为了实现什么样的未来而努力的难题中，他本可以解决更复杂的问题。萨特仍旧预设了马克思的阶级范畴，在第一次世界大战中，这些范畴失去了它们的关联性。反对当下的压迫不仅需要境遇相同的人，还需要更多的人认识到他们的共同目标。人们需要认识到过着不同生活的人所面临的压迫、要面对的不同问题；人们需要发现压迫的真正原因；需要寻找可行的未来，并从中做出选择；尽管存在大量差异，但要找出共同的利益，来组织有效的社会政治行动，创造出一个优于当下的未来。他们懂得历史，就一定相信自己能够开创出一种优于当下的社会秩序。此外，这样的行动若要成功，就不能把他们的目标简单地定义为从压迫者手中夺取政权。这需要社会体制的变革，解放人们，使他们充分认识到拥有坚持自己主张的权力，不再害怕因此被惩罚，使他们充分了解，如果比当下社会更复杂的问题出现，未来的社会是可以被不断创造的。体制

97

曾公开反对或至少曾改进市场逻辑并支持场域,经济行为人商品化、工具化一切的偏爱通过场域被抵制,而萨特没有能够理解体制的价值。

萨特并没有充分应对与此相关的空间性问题。一些单一民族国家通过政治手段控制住了由追求利益最大化引起的毁灭和压迫倾向, 至少是在他们自己的领土范围内;而跨国公司却通过市场全球化正在逐步摧毁这样的成果。同时,通过地理、生态和人类活动来理解空间产生和组成,理解一些地区能够繁荣的过程,去开发其他地区,抑或是不让或限制人们参与进他们的共同体中,就此萨特也没有提供任何方法。努力保存现存体制(比如像大学这样的公共机构)使它们免于毁灭或腐败,而不是创造出全新的事物,这似乎激起了人们共同对抗压迫的行动。为了获得对这种共同行动相对一致的理解, 同时还要防止新权力精英把他们自我服务的意志强加于他人之上而违背大家共同利益的倾向, 就需要复调叙事或对话叙事,为参与形成、质疑和改革他们行动和体制的叙事提供不同的声音。

鉴于当下世界的复杂性,需要认识到取得的成绩,利用社会理论学家在对话性叙事方面的研究, 了解那些献身于对社会现实理解的人们能够和必须做出的贡献。也就是说,需要了解辩证法形式中存在的缺陷,萨特认为是这种形式导致了他对其观点的不满。人们曾对辩证法进行论辩,一方是那些根本上拥护人文科学的人们,代表是萨特的存在主义、黑格尔马克思主义,另一方是那些根本上支持结构主义和科学的人们。要重述对论辩的内容,我们看到的是结构主义者对萨特辩证法的反应引发了生成结构主义形式上的回应。在客观化和能动力关系,以及认知结构或惯习,场域和个体与团体必须要解决的形势关系之中, 生成结构主义给予辩证法一席之地。尽管后来发现需要叙事学来弥补其中存在的局限,充分的叙事必须要结合生成结构主义者的观点。

如我所提出的,萨特的研究还存在更深一层的问题。他没有区分在黑格尔早期作品中的表象、认识和劳动辩证法,因此没能检验这些辩证法如何协同在一起，或无法协同在一起，也不能理解努力获取认识的重要性和否定认识在激发行动中的意义。布迪厄的符号资本概念弥补了这个不足。从他的作品中也能很清楚地看出"实践惰性领域"(practico-inert fields)并不是静止的，反而出现了新兴活力，萨特没有考虑到这一点，更不用说解释了。正是这些活力抗衡了思维的传统，从科学而不是人文科学中发展认识，发出了更加夺目的光彩。萨特也没有提供方法来恰当理解这种半自主领域。综合布迪厄社会学与叙事学，发展出一种更成熟的概念体系来分析社会世界错综复杂的问题，无论这些问题存在于传统的社会、单一民族国家还是全球化的资本主义。布迪厄的研究赞同梅洛-庞蒂对萨特哲学方向的疑虑，在《抵抗法案：反对市场暴政》(*Acts of Resistance：Against the Tyranny of the Market*, 1998)和《反击：反对市场暴政 2》(*Firing Back，Against the Tyranny of the Market 2*, 2003)中，布迪厄强有力地捍卫了多元主义和文化领域百花齐放所需的自治。

然而如布迪厄在这些晚期作品中指出的，对这种多元化的威胁连同他所能聚集起来的所有修辞效果，如今并不是来自萨特的极端布尔什维克主义(ultra-Bolshevism)，而是来自新自由主义。现在的问题是动员人们保持这种多元化，抵制对全球公司王国及其新自由主义联盟的探索，它们消解所有体制于全球市场中，其中包括政治体制和公共体制，如大学和研究机构。⑥在这里，辩证法要克服序列化，要形成一种自觉的小组或行动，而后通过一系列的总体化、去总体化和再总体化形成一种有效的集体意志来改变社会，这样的辩证法似乎就是我们所需要的。这在现代社会更有可能，更不用说实现这样的辩证法而不至于引起领域的部分自主消亡，保持自由需要这样的自主，发展开放的、对话型叙事也需要这样的自主，从个体的、小组的和文化领域的故事到文明的宏大叙事，以及二者之间的所有一切，这些叙事能够说明世界的复杂性并仍引导人们行动起来。更复杂的历史叙事的发展不应该站在人类科学的对立面，比如，理解地理、社会、经济和文化的形成及它们的相互作用也需要人类科学。这些都需要给予历史叙事一定的重视，如历史学家年鉴学派一直努力在做的那样。布迪厄要求历史学家要认识到，有必要构建一种复杂叙事来描述千条时间河流、万重空间。

　　萨特哲学所有问题中最大的问题在于，他没有把他的辩证法与他对自然及人类在自然界中的位置的理解整合在一起，其中包括非人类和人类有机体历史的以及个体的认知发展，其他的黑格尔马克思主义者也是这样。他摒弃"无产阶级科学的不幸理论"，也不认可达尔文的进化论，这样实际上割断了辩证法与科学界的联系，忽视了有益于非还原主义思想的学术环境使苏联的科学得到了长足的进步。辩证法首先描述了探索实践和认知发展，需要面对的最重要的问题之一是，理解任何形式的理性是如何在自然界中出现的，以及辩证理性是如何侥幸在人类历史出现的，然后理解与自然的演化和相互作用相关的人类演化。⑦尽管萨特认识到了人类获得对社会及其历史全面理解的重要性，但他从来没有意识到思辨哲学在这样的总体化，以及新的社会秩序行程中的作用。然而总体化必须是综合的，萨特的概念没有理由不能进一步发展来描绘引起新纪元甚至是文明的社会动态的更长期阶段，然后把这些与自然动态联系起来。这么做，就有必要认识到思辨哲学总体化中的作用，该总体化促进广泛领域间的共同实践，能够构建这样纪元和文明的文化，重新界定人类在自然中的位置。⑧

第八节　马克思主义辩证法的局限

　　在此背景下，我们可以辨认出马克思主义对辩证法贡献中的大部分成就和局限，认识到超越这些局限性的必要。对马克思主义者来说，辩证的探索既不是从绝对基础之中构建一种演绎体系，也不是为了便利把收集到一起、有序组织成条理清楚的逻辑结构拼凑而成的经验研究，而是在将获得对全部世界完整而清晰的理解视为最终目标指导下的开放探索，要把所有研究细化到独特个体，这必须包括通过努力理解世界而发展自身的我们，以及作为历史参与者的我们。如吕西安·戈德曼在《隐蔽的上帝》(*The Hidden God*)中写的：

> 理性主义和经验主义都……反对辩证思维，因为辩证思维证明了不存在任何绝对有效的开始，没有问题被最终被明确解决，结果是思想的发展不是直线向前的，因为每一个单独的事实或想法只有在整体中才具有意义，同样的，整体由部分组成，只有通过我们对这些部分的和不完整事实的不断了解才能够被理解。知识的进步因此理解为永恒不变的往复运动，从整体到部分，再从部分到整体，在运动的过程中，整体和部分分别得到了解释。
>
> （Goodmann 1964, pp.4f）

如戈德曼在《今天的辩证法》(The Dialectic Today)(1971, pp.108-122)一文中坚定地指出，这必须要包括我们的生存条件——自然的、社会的、文化的以及我们特殊的环境——生存条件使其成为可能，也阻碍我们的努力。这告诉我们，在朝向这样的理解的前行中，存在感知。人们参与到自身的形成和转化中，他们的文化、社会和自然的形成和转化中，这种感知先于人类存在而存在。人们众所周知，在辩证家中，尽管我们都知道黑格尔马克思主义者有时会忽视自然，把自然作为一种社会范畴，或者认为自然是随着人类的目的而转化的。

马克思主义辩证家们也揭示了在获得这样全面理解的道路上，要克服片面的知识和思想会遇到的一些困难。除了在扩展深化理解的道路上存在的一些固有问题外，马克思主义者展示了人们的思想是如何注定被限制在由社会实践、体制、传统、工具和其他制造出的产品所体现和复制的概念中，更广泛的社会结构伴随自身的惰性，以及新兴的发展逻辑共同构建了所有探索和交流发生的语境，包括它们自身在内。因此，出现了对发展并维持系统上对现实扭曲、误导的理解的倾向，繁育出必要的谎言或必要的假象作为现存的运转体制和社会结构的条件，与其他概念和目标相抵触。对发展的智性探索需要意识形态批判或"怀疑阐释学"，马克思主义的或尼采式的。然而止于此会弄巧成拙，如后现代主义者常这么做的。这样的怀疑曾被用来证明彻底的相对主义，通常解释追求权力表现的所有知识，否定克服代表压迫的普遍信仰和思考方式的可能性，至少是在一定程度上。

没有马克思主义辩证家犯相对主义的过失，当然在本章一开始引用的伯特尔·奥尔曼也不会犯这样的错误。马克思主义者已经成功地论述了克服这种神秘化的方法是通过辩证法来克服片面的思想。然而马克思主义者的代表奥尔曼自己在预设其本体论有效性中犯了某种形式的片面性错误。他认为："世界实际上是由无限相互依存的过程聚到一起形成的具有结构的整体或总体。"他还补充说，辩证法是"研究这个由不断演化的彼此依存过程组成的世界唯一可行的办法"（Ollman 2008, p.11）。反对任何使人们理解世界，却没有认识到这个世界是由这样不断演化的彼此依存的过程组成的方法，对此这是一个很好的论点。但是对捍卫这种认识论或发展超越它没有给予重视。这种片面性产生了认识盲点，其中之一就是对新过程出现、它们从环境中获得而后维持某种自主，以及持续存在条件的重要性缺乏了解。

奥尔曼和史密斯的选集《新世纪的辩证法》（*Dialectics for the New Century*, 2008）撰稿人之一大卫·哈维（David Harvey）抱怨的就是这种片面性。在《时空的辩证法》（The Dialectics of Spacetime）（pp.98–117）中，哈维就指出了马克思主义辩证家们忽视空间重要性的倾向，这表现出了对由自然过程造成并维持的空间隔离所表明的部分自主缺乏理解。人类对这种空间隔离也起到了一定的作用,人类为了自由维护国家领土的斗争,或建立起彼此分离的环境。此外,人们以更复杂的方式被解放或被控制,如福柯展示的那样,还有世界体系的理论家,以及经济全球化的理论家,比如,伊曼纽尔·沃勒斯坦(Immanuel Wallerstein)、萨米尔·阿明(Samir Amin)、乔万尼·阿里吉(Giovanni Arrighi)以及哈维(Harvey 2000, Arrighi 2008)。认识到这些过程的部分自主以及与其相关的不同空间,对理解人类是如何被排除在外、限制在内并被剥削是重要的,还有自由的条件,包括人们可以自由地参与到批判的和创造性的探索中,自由地挑战已被普遍接受的信仰和合法化的社会秩序,还可以自由地质疑持这些信仰的人。

布迪厄的作品清晰地阐述了这一点。他的生成结构主义与奥尔曼的认识论有很多共同之处,但在其中一个关键领域提出质疑。布迪厄明确地批评吕西安·戈德曼基于吕西安辩证法之上的文学研究方法,这与奥尔曼对辩证法的理解非常相似,因为没有能够认识到文化领域的特有逻辑,没能理解其自主化。正是由部分自主的政治领域支持的部分自主的文化领域,二者同时又是基于部分自主的经济领域(一个地区、一个国家、一个大陆等),形成了自由探索的条件,而且理解文化生产必须要通过上述关系。也就是说,部分自主领域创造了社会空间,通常由支撑这些空间的物质世界的转化所支持,其提供了追求真理和公正的条件。当文化领域沦为政治(如苏联那样)或经济(目前,在新自由主义的影响下正在全球范围内发生)的工具,那么它们的意义则完全要通过外界标准来界定(控制自然和人类的方法,或赚钱的方法,或伴随新自由主义二者兼而有之的方法),那么这种探索的客观条件就不再存在了,公共领域则变得枯竭或完全瘫痪了,如布迪厄(2004)曾指出的那样。

对空间性的漠视有一个明显的例外,那就是西方马克思主义辩证学家亨利·列斐伏尔(Henri Lefebvre),其深受哈维的影响。列斐伏尔关注产生出来的不同空间以及这些空间是如何削弱或增强自由的,他汲取黑格尔、马克思和尼采的思想,运用了一种复杂的原始的辩证法概念理念(Lefebvre 1991,Schmid 2008)。然而在讨论社会产出的空间时,甚至列斐伏尔也忽视了制造出空间的地理和生态过程,在这些过程中人类持续繁衍,他也没有看到这些“自然产出”的空间与人类在环境建立、经济活动和文化生活中构建的空间之间的关系。要认识出现的社会产出空间和社会中的特殊领域,需要一种更普遍的发生理论,由此,就可以理解,在充满活力和创造力的大自然语境下,人类独特的时空特色和形成自主领域的能力的出现。

102

空间的社会生产(与时代有关)和领域的自主化,无法以牛顿的自然概念来理解。如果要捍卫前者的观点,就需要质疑牛顿关于什么可称为科学知识的概念框架和深层假设。这么做,就要响应谢林关于以自然的思辨哲学来取代牛顿物理学及其为理解人类生存全部复杂性的还原主义假设。在谢林看来,空间和时间可以理解为由因果关系产生的独立和相互关系的潜在秩序,这种相互关系存在于富创造力的世界中不同的、彼此独立的过程及其产品之间。在地理和生态产生的空间语境下,特有的人类空间的产生就能逐渐被理解了,就像文化领域的出现。这种观点也澄清了空间分离的重要性和价值,以及没能认识到其价值的后果。拥护牛顿学说的人们非常认同交通和通信中的“空间占领”,但其对大量的生态系统、物种和人类的影响却是灾难性的。“空间占领”始于美国人,并随着国际商业机器公司(IBM)的积累发展起来,当下正威胁着每一个人,全球公司王国能够通过他们的通信系统在世界范围内操纵大型加工渔船并实施数字监管。

如我们所看到的,恩格斯确实为我们提供了这样一种对世界的全新理解,他的自然辩证法可能曾被用来解决空间问题,但这却是谢林自然哲学的删减版本。尽管西方马克思主义者发现它存在局限性,但在苏联正统马克思主义者和一些西方马克思主义者的眼中,这种自然辩证法的发展总是充满创造力（Graham 1971, Weiner 1988, Foster 2008）。然而这种对自然的理解是通过实证主义方法构想的，同时斯大林在尽力控制科学，使其只是作为经济的工具，二者结合限制了自然辩证法在苏联的未来。这对像卢卡奇和萨特这样的西方马克思主义者来说是很容易达到的目标。大部分西方马克思主义者在理解空间重要性和领域自主时拒绝使用恩格斯的自然辩证法，他们的失败属于一个更广阔的问题，为了应对种种挑战，如有关人类出现的原因，并由此理解人类也许不再存在的可能性，或者需要设想并创造一种不基于当下经济范畴的全新社会秩序。如我们所知道的，谢林认为需要理解自然中意识的形成，通过人类历史去理解并充分证实当下知识的主张，这与康德的论点是相悖的。这种对费希特主张的激进化理解是个体认知发展的综合知识是可能获得的，这是辩证法发展的核心。尽管皮亚杰、维谷斯基、里格尔和叙事学家的作品表达了对马克思主义的同情，但大部分西方马克思主义者没有能够认识到认知发展的重要性、辩证思维的特殊内涵，以及发展该思维的条件并保持下去。不具反思性的辩证法在所有文化中都占有重要位置，但历史上鲜有文化发展反思性的辩证思维，对这点还不确定。即使是发展了，也只是相对很少的一部分人[尽管如此，但在盖尔的作品中（1996, pp.375f.）曾记载，在坦桑尼亚的菲帕语（Fipa）人口中，反思性辩证思维的发展似乎具有普遍意义]，而且这种思维会再次消失。几乎没有马克思主义者（连同那些受到安东尼奥·葛兰西影响的人是部分例外）了解到辩证地思考问题的潜力还没有发挥出来，需要植根于每一位个体，为深化人们对这个世界的理解和欣赏、连同他们所处的形势提供条件，克服压迫的形构及其所基于的范畴，不但要捍卫自由从压迫形构中所取得的成就，还要创造新的形构来培养并维持自由的新形式。

  这就带我们来到了问题的关键。从辩证法的角度来看，它是由黑格尔、谢林和施莱尔马赫再次提出的，发展更佳的认知体系或是概念框架需

103

要思辨。黑格尔在他的《逻辑科学》(*Science of Logic*)一书中,并未对此做出过多评述,而马克思主义者深受这部作品的影响。恩格斯把辩证法作为发展的普遍真理,不仅认识到认识论与本体论的不可分割性,还将二者合为一体,这样就消除了思辨想象的任何空间。思辨思维可以创造出、提出、阐释并捍卫包括物质存在理论和人类、社会概念理论在内的更充分的观点和概念框架,来应对观点的碎片化以及概念(普遍的或相反)的矛盾和失效(概念相互矛盾或存在缺陷)。然而辩证法没能给予思辨思维足够的重视,把本应该是辩证思维最重要视域之一的思辨思维排除在外。辩证法反对纯粹的分析性思维,可以也应该基于建构思辨(包括创造性思维、综合思维和分析)以核心位置,为人类提供新的概念来界定自身,以及与他人、社会、文明和其他自然界之间的关系,以开创未来。

不是所有的法国马克思主义者都对思辨视而不见。如我们所知道的,萨特和生成结构主义曾指出了早期马克思主义者存在的一些不足。萨特懂得超越、连接特殊观点并联合被压迫的人们开创未来,达成总体化的重要性,也了解其中的困难,但他对能动力的关注导致他没能充分认识到使参与这些总体化的成员(无论是个人、社团、组织还是文化领域)保持一定程度的自主的重要性。如果不是与此有关,萨特不会提供,甚至不会允许能够有效地联合并引导人类克服资本主义的毁灭性走向的总体化的形式出现。部分上是由于萨特没能很好地理解叙事的作用,更重要的是,他对科学成就的轻蔑态度。他没能充分理解思辨形而上学的重要性,更重要的是,他几乎对自然以及如何理解自然毫无兴趣。如果经济范畴是资本主义社会的存在形式,那么什么样的范畴才能将其取代,把人们从当下解放出来,使人们生活在一种可以持续繁荣的社会经济秩序之内,而不会毁坏其生存的生态条件。萨特并没有解决像这样困难的问题。

生成结构主义者和叙事学家们的作品提供了指出这些缺漏的方法,但他们的研究需要与萨特的研究汇总并综合起来,需要进一步发展自然哲学，如果这种方法可以把人们引向有效的政治行动，而要达到目标，还有很多很多的事情要做。一些为辩证法思维的发展做出贡献的法国哲学家确实曾关注自然的思辨哲学和科学界的发展。皮亚杰应该包含在其中（尽管他是瑞士人，人们也不太认为他是一位哲学家），还有加斯东·巴什拉以及受其影响的哲学家们。梅洛-庞蒂直至生命的结束，通过从事自然哲学的研究来重新审视自己的全部哲学。而到此阶段，他已经完全放弃了马克思主义（Merleau-Ponty, 2003），他关于自然哲学的研究也没有被受其影响的其他法国哲学家发扬。总体来说，法国马克思主义者（这包括"思辨唯物主义者"）没有看到开创未来需要思辨思维的参与，尤其是有关自然的思辨思维。我将会在下一章进一步检验巴什拉的研究。

注释

①罗伯特·阿尔比特隆在《政治经济学中的辩证法与解构》（*Dialectics and Deconstruction in Political Economy* 2001）一书中，强调了马克思辩证法的这一面。阿尔比特隆在库佐乌诺和汤姆塞金的研究基础上继续钻研。另见《新辩证法与政治经济学》（*New Dialectics and Political Economy*）（Albitton and Simoulidis 2003）和阿尔比特隆的《经济学转型：发现马克思的光辉》（*Economics Transformed: Discovering the Brilliance of Marx* 2007）中的文章。

②詹姆斯·奥康纳在《危机的意义》（*The Meaning of Crisis* 1987）一书中，从马克思主义的角度分析了危机开启了什么样的潜力。奥康纳揭示了当前危机的复杂性，危机可以同时是经济、社会、政治和个人的，并且在空间上是有区别的。

③阿克塞尔·霍耐特（Axel Honneth）研究过辩证法的这一面，《为认识而斗争：社会冲突的道德语法》（*The Struggle for Recognition: The Moral Grammar of Social Conflict*）（1996）和《不尊重：批判理论的规范基础》（*Disrespect:*

The Normative Foundations of Critical Theory 2007）。

④事实上，除了查尔斯·埃赫雷斯曼（Charles Ehresmann）和安德烈·埃赫雷斯曼（Andree Ehresman）之外，布尔巴基集团并不支持范畴理论，尽管他们对母体结构的信仰无法得到证实，正如利奥·科里（Leo Corry）在《现代代数与数学结构的兴起》（*Modem Algebra and the Rise of Mathematical structures* 2004）第 334 页中指出的那样。

⑤阿克塞尔·霍耐特在《符号形式的碎片世界：对皮埃尔·布迪厄文化社会学的反思》（The Fragmented World of Symbolic Forms：Reflections on Pierre Bourdieu's Sociology of Culture 1995）中，对布迪厄的批判中没有认识到这一点。

105　　⑥S.M.阿玛达在《资本主义民主合理化》（*Rationalizing Capitalist Democracy*）（2003）、迪特尔·普尔韦（Dieter Plehwe）、伯纳德·沃尔彭（Bernard Walpen）和吉塞拉·纽霍夫（Gisela Neunhoffer）主编《新自由主义霸权：全球批判》（*Neoliberal Hegemony：A Global Critique* 2006），以及菲利普·米罗斯基（Philip Mirowski）（2009、2011、2013）对新自由主义议程进行了详细描述。

⑦无论是继续将辩证法视为本体论的弗里德里希·恩格斯，还是反对"自然辩证法"却忽视自然的乔治·卢卡奇和让·保罗·萨特，都没有正视这一点。正如巴斯卡·罗伊在《辩证法：自由的脉搏》（*Dialectic：the Pulse of Freedom*）中阐明的问题，在真正的出现中，过程通常是非目的因果的，只是社会领域的概念性的；而更高的层次（在黑格尔，绝对精神，或者借用查尔斯·泰勒的恰当表达，"宇宙精神"）并不是假定，而是从较低的宇宙层次形成的（1993，p.50）。从巴斯卡的自然主义观点来看，社会动力涉及非辩证和辩证的自然、社会和文化过程之间的复杂相互作用，马克思在《资本论》（*Capital*）中证明了这一点。马克思主义者仍在努力解决这些问题（见 Ollman 和 Smith 2008）。

⑧对时代和文明兴衰的研究揭示了比萨特所认为的更为残酷和复杂的历史，彼得·图尔钦（Peter Turchin）的研究《战争与和平与战争：帝国的兴衰》（2007）就证明了这一点。对文明和时代的形成和崛起的研究也揭示了文化的更大作用，包括思辨思维，约翰·阿纳森（Johann Arnason，2015，pp.146-176）在埃利亚斯（Elias）和艾森施塔特（Eisenstadt）工作的基础上所做的研究就证明了这一点。

思辨自然主义的辩证法

解释性体系的不足,包括科学界和其他特权话语(包括乔装为马克思主义者的观点)宣布的那些方案,以及那些体现在实践中、体制中、构成的环境和技术中的构想。辩证思维重视思辨思维的所有组成部分:分析、概括和综合,能够再次构想人类及其在自然中所处的位置,因此要解决并克服当下的这些不足,需要辩证思维。那些由更自觉的清晰阐释的解释性体系所假定的方案是需要确认并解决的最重要的解释性体系。正是这些才是最难挑战并替代的,因为它们在被社会化的过程中无意识地融入了该种文化及其实践。它们体现在习惯中,融入套语(doxa)中,任何人要充分意识到这些假设都是非常困难的。我们需要概要,因为在此,概要强化了生命、经验和思维不同领域间的矛盾,并且突出了不同时期提出的假设。无论是对物质世界的体验,活着的、意识的或自我觉知的体验,从事或参与社会的经验研究或理论研究的体验,抑或是艺术和宗教的沉思的体验,包括他人的体验以及他们的话语或写作,如果当下的解释性体系与这些经验中任何一个相冲突,那么所有形式的经验都可以成为质疑并挑战它的基础。在这次探索中,不存在绝对的开端或知识的基础,无论是在理性中，还是在经验中，或者从过去(科学的或相反)人们普遍接受的对知识的认识中，而且也没有超出进一步质疑的结论。认识到不可想象的"存在"总是能够超出我们所能理解的范畴，同时认识到思辨和综合思维的作用，暴露出知识主张的不可靠性（无论是综合性知识还是有限领域的知识)，以及排除进一步质疑和思辨的荒谬。

　　辩证法将当下置于更广阔的语境下(真实的和臆想的)，获得了自反性，它揭示了目前的假设和偏见，引起了人们的质疑。知识的描述与知识对抗主张的简史相伴出现，其中，有关什么是知识的主要假设被其他选择所质疑，直到今日。这还涉及了对当下论点的理解，包括在思想和探究的传统语境下讨论什么是知识。这些由质疑、调查、实验、扩展经验、商量和讨论中一步步地形成，在权威的文本、体制中明确下来和在传输思想和探究的构成环境中变得清晰。参与进传统中需要了解这些传统曾经的成功和失败，当下哪一种或哪些传统占主导地位，以及它们占主导地位的原因。正是由于这样的原因，哲学、传统、体制、形构和文明的简史才对辩证思想家的研究非常重要。这些历史的研究不仅是综合理解自然和人类探究的一部分；只有通过对这些历史的概括性研究，哲学家才能揭示并质疑构成对立思维方式基础的假设，界定并将他们的研究置于与演化的关系中(通常是相互矛盾的)，与研究的传统建立联系，发展并倡导自己的思辨观点。只有通过这样的历史，才能详尽解释对世界全新的理解，才能证实这样的理解优于以往，不是作为绝对的知识主张，而是作为深入研究的项目和开创未来的行动导向。

　　阿勒科山德·博格丹诺夫(1873—1928)、厄恩斯特·布洛赫(1885—1977)、乔瑟芬·李约瑟(1900—1995)和受他们影响的人没有法国马克思主义者的局限，他们的研究突破了这些局限性。博格丹诺夫推崇热力学和生物学的发展，并着手建构一种高度原创的有关组织的普遍理论，或"组织构造学"(tektology)，这是过程哲学的一种形式，能够取代自然的机械主义观点，

107

说明人类的出现和发展,解释社会组织、文化的发展和演化,同时提供使人们能够组织起来的概念。这需要克服工人与经理的从属关系,在博格丹诺夫看来,这是现代世界压迫的真正根源,而不是资产阶级。组织构造学还提供了概念来理解文化中认知的发展,包括科学和艺术中的认知发展。如果是这样,组织构造学是路德维希·冯·贝塔朗菲(Ludwig von Berta-lanffy)的系统理论(Gare 2000b)的先驱,很可能对系统理论产生了影响并超越了系统理论。布尔什维克革命之后的无产者文化运动(Proletkult movement)发展了博格丹诺夫的观点。这次运动旨在创造一种新的文化,保留过去所有文化中的精髓,以防苏联转化为被技术官僚精英掌控的资本主义体系(该体系在新经济政策下发展起来),或是转化为一种"战时共产主义"(war communism)形式,社会的走向由某官僚体制所控制,托洛茨基(Trotsky)提倡这种路径,斯大林采用了这种路径,博格丹诺夫颇有预见力地指出,战时共产主义会导致一种新的封建主义和停滞不前。如我在其他地方曾指出的那样,战时共产主义没有被采纳,但应该被采纳(Gare 1993c)。博格丹诺夫是最初的生态马克思主义者之一,他的研究明显与探寻生态文明有关(Gare 1994)。

108 博格丹诺夫哲学的一些方面似乎影响了葛兰西,但葛兰西并没有把它们发展到相同程度。然而葛兰西目睹了苏联走过的轨迹,在他生命的尽头,葛兰西讲到,要避免只是成为对立面的镜子,共产主义社会需要构建一种全新的对世界的理解(Ahearne 2012)。厄恩斯特·布洛赫没有受到博格丹诺夫的影响,他发展了约翰·伊莱(John Ely)所描述的"左翼亚里士多德主义"(left-Aristotelianism):

……出现在历史边缘,孕育于僵化的西方马克思主义产生的两种关键空白空间。首先,它出现在"自然""客观"或"实质理性"(sub-stantive rationality)的缺席理论留下的空间,该理论可以提供另一种切实可行的选择，来替代描述批判理论核心悖论的"主观"或"工具"理性的消极辩证法。其次，它在第二个空白空间提供了一种基本理论，即批判理论（通常来说是马克思主义）中的政治理论缺席。

（Ely 1996, p.137）

布洛赫要求对宇宙的阐释在理论上和经验上都要站得住脚，他汲取了阿维森纳（Avicenna）和阿维罗伊（Averroes）对亚里士多德终极目标的再解读，因为其对乔尔丹诺·布鲁诺（Giordano Bruno）的研究产生了影响，也间接地影响了谢林。这次解读强调了内在动力（nisus）或事物的发展势头。认识到这种内在动力存在，为布洛赫发展政治和法律的自然规律理论的激进版本提供了参考，该理论融入了一种未来的乌托邦理念，可以激发人们的希望（Hudson 1982）。乔瑟芬·李约瑟通过与苏联科学历史学家的接触，间接地受到了博格丹诺夫的影响。李约瑟提倡一种马克思主义形式，同时也深受怀特海的思辨哲学影响，他全身心地投入到理论生物学的研究中。随后，他撰写了西方科学历史的主要著作，然后是对中国科学和文化的大量研究，他汲取了怀特海式马克思主义的观点，又进一步发展了他的怀特海式马克思主义。李约瑟的研究工作对全球文明的发展起到了重要的作用。

拥护不同的过程哲学形式的博格丹诺夫、布洛赫和李约瑟，他们对马克思主义辩证家可能要走的方向，给出了自己的看法，如果他们曾给予辩证法全面的认识。除了从事历史和科学哲学研究的马克思主义者和生态马克思主义者，这些思想家几乎被大部分声称为马克思主义辩证家的人们遗忘了。除了创立《资本主义、自然、社会主义》（*Capitalism, Nature, Socialism*）杂志的詹姆斯·奥康纳的研究外，西方马克思主义者直至今日才开始关注生态马克思主义者的研究。[1]要想恰当地理解并发展各个方面以及辩证思维传统的潜力，也需要审视并提供辩证法的非马克思主义拥护者的简史,最重要的是那些从事科学和自然哲学研究的拥护者。

第一节　拓展辩证法于思辨中:
柯林伍德、皮尔斯和怀特海

　　因为"辩证法"与马克思主义相关,因此非马克思主义者一直避免使用这个术语。然而其他哲学家们也在推动辩证思维的发展,尤其是思辨和综合思维的作用。他们是思辨自然主义者,直接或间接地受到谢林的影响。这些人一直都在关注自然是如何产生人类意识,并由此质疑主流科学的种种假设。尽管罗宾·柯林伍德(Robin Collingwood, 1889—1943)、查理斯·桑德斯·皮尔斯(C.S. Peirce, 1839—1914)以及艾尔弗雷德·诺思·怀特海(Alfred North Whitehead, 1861—1947)通常不被认为是辩证学家,但当把他们的作品置于辩证法发展的语境下去审视,很明显,他们确实做出了巨大的贡献。柯林伍德在他的早期作品《哲学方法论》(*An Essay on Philosophical Method*, 2005)中详细地阐述了关于黑格尔哲学中辩证法本质的论争,并提出自己关于哲学方法的理解——苏格拉底和柏拉图传统延续的一种辩证法形式。他的问答逻辑很明显是对从柏拉图开始的辩证思维中涉及的核心内容的澄清。在《形而上学论》(*An Essay on Metaphysics*)中,柯林伍德表明,要恰当地理解和评价任何行为、产品、陈述或命题,需要弄明白该行为、产品或陈述回答了什么样的问题(Collingwood 2002, pp. 21ff.)。随后,他又指出在不同层次的预设上,问题是怎样形成的,每一层级都能产生问题。系统哲学主张一定会发现最终真理,科林伍德拥护系统哲学,反对所有与其对立的观点。他指出系统哲学不需要这个,系统哲学家也不会做出这样的声明(Collingwood 2005, pp.176-198, pp.327-355)。

　　然而科林伍德认为存在终极假设,它们被当作形而上学的预设,不能被质疑，比如"凡事皆有因"。这些预设定义了一个纪元，它们是那个纪元所有提问的条件，限定了系统哲学能够取得的成果。因此，尽管问答逻辑能够澄清有关具体主题的行动、生产和探究或研究所涉及的内容，但它只能揭示出该纪元的预设，不能质疑、发展或替代这些形而上学预设，尽管能够说明这些预设与其他纪元的预设不同。那些受到科林伍德影响的人们，把目光投向文化的结构（文化的结构没有受到与当下假设不一致的观点的影响）。这些假设是如何按照层级结构彼此支持，使人们认识到这些假设并质疑这些假设困难重重。辛提卡的研究不但揭示了逻辑和数学是世界通用语言假设的限制性，还揭示了该假设对哲学造成的影响，具体说明了问答逻辑在揭露这些假设方面硕果累累。

110   皮尔斯比柯林伍德要大胆得多。他的哲学可以看作根据谢林的讲解对康德哲学的再加工，同时吸收了最新的科学和数学成果，以及大量过去哲学家的思想。亚里士多德和敦司苏格徒（Duns Scotus）就是这些人物中最重要的两个。皮尔斯将康德的十二个范畴简化为三个：第一性、第二性和第三性。这些是最简单的范畴，适用于任何学科，无论是否仅仅可能存在还是真实存在。第一，必须存在某物。第二，必须存在他物。第三，必须存在调和。第三性预设了第二性，而二者一起预设了第一性。在此基础之上，皮尔斯提出哲学包括三个方面：现象学是第一性，包含美学、伦理和逻辑；关注什么是好、什么是坏的规范科学构成了第二性；第三性是形而上学，检验了实物的最普遍的特征。尽管皮尔斯独立得出这样的结论，但这些范畴明显与黑格尔的辩证法相似，如在《实用主义作为正确思维的原则和方法》（*Pragmatism as a Principle and Method of Right Thinking*, 1997）中就有相关的记述。他写道："我认为，粗略来看，黑格尔的三个层级是普遍范畴（Universal Categories）的正确类别表。"（Peirce 1958）然而皮尔斯推崇的认知发展概念与谢林相近。他在《罗伊斯哲学评论》（Comments on Royce's Philosophy）这篇文章中曾说："黑格尔主义者忽视了在思维发展过程中意识作用与反作用的事实。我发现自己置身于充满外力的世界中，正是这些作用于我的外力决定了我最终应该相信什么，而不是我的思维逻辑转化。"(Peirce 1958)这本质上是一种谢林式的辩证法。

皮尔斯在某种程度上支持康德的观点，拒斥巴门尼德假设(Parmenidean assumptions)——逻辑上说，真实事物与实物属性是一致的。可以通过数学表述的规律来理解世界，但不是单纯的接受，而是要解释为演化的结果。随后，他开始推测世界是什么样子的，来说明这些知识的成就。皮尔斯认为，自然最初是"完全没有被界定和限制的可能——无限的可能"(Peirce 1958)，是"一片非个人化感受的混沌"(Peirce 1992, p.297)。全部的思想，无论是实际的还是理论的，具有反思性的还是不具有反思性的，提出了预设，这与谢林的不可预知的存在相吻合，这是第一性。秩序从潜能的混沌中出现了，机会产生了确定的惯习(在其自由中愈发受限)(Peirce 1992, pp.348f.)，这是第二性。自然产生了惯习，类似实物的实体开始出现，似乎多少可以预知，尽管不可能完全预知。它们开始彼此作用，产生冲突。这是符号出现的前提条件，通过符号，这些事物可以彼此连接，它们的行为可以被预测。如此，符号是第三性。皮尔斯把符号描绘为"被他物决定的任一事物，被称为指代对象(Object)，因此该符号确定施加于某人之上一种效应，我称该效应为解释项(Interpretant)，后者因此由前者从中调解决定"。然而他很快又修改了这个概念，他写信给韦尔比夫人(Lady Welby)："我插入的'施加于某人之上'只是个小把戏，因为我的概念范围很广，我害怕人们不能理解。"(Peirce 1998, p.478)对皮尔斯来说，自然中充满了符号和解释。他写道，宇宙"充满了符号，如果它不是完全由符号构成的"(Peirce 1958)。相应地，他提出了一种更普遍的定义："符号与具有某种性质的第二性事物相关，也就是指代对象，以同样方式使第三性事物，也就是解释项，与同样的指代对象建立联系"(Peirce 1958, p.92)。

像这样，符号的产出和解释，或"符号过程"(semiosis)，是三元性的。

111

正是因为它是三元性的，他使自己参与形成符号活动的序列和网络，解释项相应地变成了符号，变得越来越复杂。符号过程的研究包括"理论语法"（speculative grammar），研究一般的指示类型，要与他的演化形而上学联系在一起理解；"批判逻辑"（speculative critic），"获得真理的必要条件"的科学，或者"符号与独立于自身的对象连接的方式"的科学，以及"理论修辞"，在何种基本条件下，符号可以决定自身的解释项，或带来客观结果（Peirce 1998，pp.297ff.）。皮尔斯采用他的三元范畴分析和划分了不同的符号，展示了这些符号是如何相互连接，说明了涉及艺术、科学和哲学的、独以人类为特点的符号过程是如何成为可能，以及是如何在更简单的符号过程之上建立起来的（Thellefsen 2001）。逻辑被认为是符号学的一部分，也是批判逻辑的一部分，皮尔斯再次运用了他的三元范畴说明了归纳和演绎不会使推理枯竭；存在于在所有领域中的推理也需要不明推论式（或前提形成），真正的推断，即如卡尔-奥托·阿佩尔（Karl-Otto Apel）所描绘的："在经验判断中，对多形式的感官数据综合统一的解释。"（Apel 1995，p.40）在《必要性原则检验》（The Doctrine of Necessity Examined）一文中，皮尔斯将其称为"扩展推理"（ampliative inference）（以强调其创造性内质）（Peirce 1992.p.300）。也就是说，皮尔斯给予研究中的创造性想象力至关重要的作用，需要有能力提出假设。他在《数学家的本质》（The Nature of Mathematicians）中提出，假设就是"能够严格推想出事物的理想状态的一种命题"（Peirce 1995，p.137）。比如，数学家们通过使用图表得出必要的结论，作用就像类比之于假设。皮尔斯在《逻辑代数研究》（On the Algebra of Logic）中解释说：

数学演绎在于构建一个像似符或者图表，其部分与推理对象的部分是绝对的类比关系，或者在想象中对此意象进行实验性类比，再者观察结果以发现部分之中未发现和隐藏的关系。

（Peirce 1992,p.227）

如果一个假设被证实确实是事件真实状态的反映，那就有必要从中得出结论，但永远不能确定地（或毋庸置疑地）知道这个假设是否是事件的真实反映。

112　　这种把符号过程描述为三元性与二元思维形成对比，影响并限制了包括奎因和他的同伴（也包括索绪尔）在内的逻辑实证主义者的思维。这不但给予与假设形成相关的综合判断一定位置，还对综合思维中的主体给予了重视，认识到解释项中所包含的所有知识受到之前所称知识的影响，认识到存在一种主体间性的关系，需要解释他者并通过劝导以达成彼此谅解（这样，给解释学和修辞学留出了位置），还认识到指代对象本身通常在形成解释项、使解释项成立或失效中具有因果效力。不需要把科学逻辑的研究简化为对符号和真理条件之间句法关系的研究，也不需要把语言当作涵盖宇宙一切的中间体，好似我们与现实之间的一道铁幕。②我们可以在宇宙演化的语境下去理解所有的符号过程，而了解宇宙演化的途径需要使符号过程的可能性变得清晰易懂，这样机会和连续性开始发挥作用。数学和符号逻辑并没有耗尽思辨推理，尽管二者很重要，但思辨推理需要使用"真正的模糊态"（real vagues）（Peirce 1998,pp.350f.）。这些术语没有也无法被精确地定义，所有意识推理是基于实际参与世界活动的探求者们，也只能通过他们来充分了解。最后，皮尔斯提出"连续论"（synechism），认为这是逻辑或调查的调节性原则，指出存在的世界是可以被理解的，没有跨不过去的沟壑。这个世界是一个由部分组成的整体，也就是说，世界上的万物只要与他物建立联系、与这个世界整体建立联系，就可以被理解。

很明显，怀特海没有受到柯林伍德或皮尔斯的影响，他的作品可以理解为二者贡献的结合而被倡导。鉴于此，怀特海极大明确了思辨哲学的目的，以及"综合"思维的本质。他还被很多人认作谢林传统的后康德哲学家，尽管如今他并不这样标榜自己。怀特海还发展了一种进化宇宙学，他在《过程和现实》(*Process and Reality*)一书中写到自己的机体哲学(Philosophy of Organism)。机体哲学"旨在构建一种纯感受批判"，类似康德的"超验感性论"(Transcendental Aesthetic)，但如今"超验感性论"中本应有的主题已变得歪曲变形、支离破碎(Whitehead 1978, p.113)。"感受"对怀特海来说是存在和所有思维的一部分，感受在说明存在和思想中的综合推理是必不可少的。怀特海和柯林伍德一样，敏锐地意识到所有的思想都是基于特定的历史阶段，发生在无意识预设的语境下，他还认为有必要说明最重要的哲学问题就是源于这些预设。实际上，有时他的观点只是对这些预设简单地揭示，然后展示出这些预设是如何限制了思维，并把它们标记为谬误(比如，"简单位置谬误"和"具体性错置谬误")。然而较之于柯林伍德，怀特海更关注是什么导致这些预设出现问题，并替换它们，包括形而上学的预设。这么做，就需要开发全新的观点和新的语言来表达这些，他将此描述为思辨(Gare 1999, pp.127–145; Siebers 2002)。

113

然而并不是所有的预设都有问题。预设是探究的条件，需要获得了解来引导探寻的方向，哲学的目的之一就是要把预设弄明白、讲清楚。比如，怀特海认为所有探寻中最重要的是假设，比逻辑连贯性更重要的是我们的世界是连贯的，因此我们对世界的理解也是连贯的。这与皮尔斯的连续论相符合。怀特海说，对连贯性的要求是"保持理性主义头脑清晰的最佳防腐剂"(Whitehead 1978, p.6)。对怀特海来说，"连贯性"：

> ……意味着有关计划发展的根本观点是彼此的前提，如果把二者割裂开来，它们则毫无意义……换句话来说，因为做了预设，所以没有任何实体可以完全脱离宇宙体系来理解，思辨哲学的任务就是

表明真理。这种特征就是连贯性。

（Whitehead 1978, p.3）

怀特海在《过程与现实》一书中，更加简要地对思辨哲学进行了描述：

思辨哲学是在努力为普遍观点构建一个具有连贯性、逻辑性的必要体系，这样我们经验的每个元素都可以通过普遍观点来解释。我所说的"理解"是指我们认识到的全部（如我们所喜爱的、觉知的、愿意的或思考的），应该具有总体方案中特殊案例的特征。因此，该哲学图景应该是具有连贯性、逻辑性的，在理解方面，应该是具有可实用性和充分性。这里的"实用性"是指经验中的一部分因此可以得到说明，"充分性"是指没有一件不能被这样解释。

（Whitehead 1978, p.3）

怀特海清楚地表明，思辨不能被简单地理解为分析思维，对不重视思辨的哲学予以强烈的批判。在他《思维模式》（*Modes of Thought*）一书中写道：

完美词典谬误（the fallacy of the perfect dictionary）在哲学中形成了两个学派，即"批判学派"和"思辨学派"。前者驳斥后者，后者包含前者。批判学派自身局限于词典范围内的言语分析；思辨学派激发直接领悟，通过进一步求助于促进这种具体领悟的情景来努力表明意义，随之扩充了词典。

（Whitehead 1938, p.173）

114　　随后，他明确表明："哲学就是寻找前提，并不是演绎。这样出现的演绎是通过结论的证据来验证开端为目的的。"(Whitehead 1938,p.105)尽管通过归纳也无法找到前提。首先必须要有设想方案,与这样的观察结果能够一致,之后了解这些观察结果之间关系的重要性。这些计划要先于系统观察,即使没能与观察建立联系,它们也是至关重要的。因此,最基本形式的理性既不是演绎也不是归纳,而是寻找原则或设想方案。这就要涉及开发新的概念框架或范畴——一种后康德主义、后黑格尔主义计划,如齐维·巴-昂(Zvie Bar-On)指出的那样。

这样的寻找如何进行? 首先,怀特海认为没有寻找的方法,因为只有通过这样的设想方案才能建立起方法。如他所说:"思辨理性(Reason)本质上不受方法羁绊。其功能是超越有限的原因来洞察普遍原因,理解要获得与事物本质协调的方法只有通过超越一切的方法。"(Whitehead 1929,p.51)然而他又缓和口吻补充说明,存在一种分类方法超越已有范围,包含了所有现存方法。希腊人发现了这种"方法",也就是我们现在谈论思辨理性而不是灵感的原因。我们不能把这个看作实施一种严苛的方案。思辨理性不像演绎逻辑一样有明确、固定的程序。

那么什么是思辨理性呢? 特别是,思辨在哲学中是如何操作的呢? 本质上来说,尽管如布劳德(Broad)所说,思辨哲学需要分析、概述和综合,尽管也可以在没有综合推理的条件下进行分析和概述,但思辨推理一定会涉及综合思维。在皮尔斯的术语学中,这就是不明推论式,初步假设(working hypotheses)在进行中不仅仅要做出预测,还要阐明经验,怀特海曾强调过这一点。达成这样的初步假设需要对在特殊领域中体验、认识、研究,而后以归纳的模式进行概括,首先解释其他领域,而后解释经验的全部领域,菲利克斯·洪(Felix Hong)进一步发展了这种方法(2013)。只有发展良好的探究领域才能为这样的思辨概括(speculative generalization)提供必要的资源。除了物理学、生理学、心理学和社会学以外,怀特海把美学、伦理学和语言这些被认为是人类经验的知识宝库纳入思辨概括的资源。他把该程序称为"描述性概括"（descriptive generalization）方法，意思是"使用有限事实组成的具体概念，来预言适用于所有事实的一般概念"（Whitehead 1978，p.5，p.10）。尽管怀特海很少使用这些术语，但其主要部分正在用来详细说明类比或比喻。如怀特海所说，剖析这些比喻需要"想象力的自由发挥，同时受连贯和逻辑要求的管控"（Whitehead 1978，p.5）。这样的想象思维需要提供直接观察所缺乏的差异。要确保这样的想象构建至少有些用处，"该构建必须源于发现人类该兴趣的特殊主题中特殊元素的概括"（Whitehead 1978，p.5）。

115

要达到的目标不是一套正确的句子，而是理解。怀特海在《观念的历险》（Adventures of Ideas）中写道："真理是一种具有多种程度和模式的通用特征。"（1933，p.241）他认为："逻辑学家严苛的备选方案，'或真或假'，很大程度上与追求知识毫无关系。"（1978，p.11）此外，所有关于理解的断言，包括形而上学的声明在内，都是会出现错误的，因此都是暂时的。形而上学的范畴是"终极概述的尝试性构想"（1978，p.8）。这些构想通常是暂时性的：

> 哲学家们绝不会希望最终构想这些形而上学的第一准则。洞见薄弱、语言匮乏形成了不可跨越的障碍。必须把单词和短语延展至陌生的一般性用途，不能只限于日常使用；然而语言的这些元素被技术细节固化了，它们仍是隐喻，默默地呼吁一次富有想象力的飞跃。
>
> （Whitehead 1978，p.5）

怀特海呼吁出现各种各样的形而上学构想。尽管"我们不能对明确的概括性做最终判定，这些概括性构成完整的形而上学……但我们能产生有限一般性的多种部分体系"（Whitehead 1933，p.145）。结果产生的其他构想彼此矛盾，但是它们各有其优缺点，可以警示我们自身直觉的有限性。

第二节　后实证主义科学哲学中的辩证思维

怀特海对思辨哲学做出了最全面的描述,时至今日,还表达了自己对思辨哲学的坚定支持,此外,怀特海还对综合思维及其相关的辩证推理进行了描述。然而那些更看重历史的科学哲学家通常把研究工作建立在重拾柯林伍德、皮尔斯和怀特海的观点之上,更远的,要追溯到谢林和黑格尔。他们关注并更深入地阐明辩证思维的具体方面。他们认同怀特海对思辨思维的描述,能够吸收有关思维历史和社会的更具体的研究;他们还采纳了心理学的发展,尤其是格式塔心理学家和皮亚杰的生成现象学。甚至卡尔·波普尔(Karl Popper)也是如此,他的原著与逻辑实证主义相差甚微[尽管他也受到格式塔心理学家, 也是他的论文导师卡尔·布勒(Karl Bühler)的影响],他自己也不赞同黑格尔的辩证哲学,但随着波普尔哲学的发展演化, 他逐渐重视猜想而不是驳斥, 并得出了与怀特海相似的结论,开始欣赏自己作品与辩证法的相似之处。在《猜想与反驳》(Conjectures and Refutations,1969)一书的"重回前苏格拉底派"(Back to the Presocratics)和"什么是辩证法"(What is Dialectic)中,波普尔描述了前苏格拉底派哲学家们如何依靠正确回应出现在前辈推测中的缺陷而获得了伟大的声名,之后他检验了辩证家的观点,具体说明后来的思想家是如何超越并融合了前辈的观点。这些发展本应该被看作对柯林伍德、皮尔斯和怀特海的证实,也应该能说明源于谢林和黑格尔的辩证思维传统,反对所有形式的逻辑实证主义和单纯的现实主义。然而这些科学哲学家与他们相脱离的更广阔传统之间的关系被忽视了, 他们对推理的不同理解也同样被忽视了(Suppe 1997)。结果,逻辑实证主义者或非辩证的科学现实主义理论复苏了。科学哲学的这种现状在博伊德(Boyd)、加斯珀(Gasper)、特劳特(Trout)编纂的选集《科学哲学》(*The Philosophy of Science*)中得到了明显的反映。

　　科学哲学中辩证思维的复兴、倡导和发展实际上是始于法国,在加斯东·巴什拉(Gaston Bachelard,1884—1962)的作品中开始的,他拒斥笛卡尔和经验主义形式的基础主义,明确捍卫理性的辩证形式。巴什拉在《不的哲学》(*The Philosophy of No*,1969)中说,科学通过不断提问自身的基础获得了客观性,最重要的,被研究的假定对象通过纠正过去的观点来否定它们,产生新的概念和思考方式,这些只有站在被否定观点的对立面才有意义。因此,科学理性被认为本质上是历史的,是通过历史发展的,尽管通过批判早期的信仰朝着更强的客观性移动,但这也只能被理解为主体行为和发展的结果。玛丽·泰勒斯(Mary Tiles)描述巴什拉在科学研究的倾向时说:

　　　　巴什拉关注的科学思维并不是推理相互关联的全套陈述的静止形式,这些陈述构建了科学理论,而是关注理论的纠正、修订、否定和创造的动态过程,关注科学实验性实践和理论性实践的动态。再次,他关注的并不是理论中表述的科学知识,而是使科学家做出科学进步的知识和见解。认识主体从未缺席巴什拉的认识论,而且,也许最重要的是,这个主体在历史上有自己的位置。

　　　　　　　　　　　　　　　　　　　　　　　　　　　(Tiles 1984,p.9)

　　巴什拉认为科学理论不言而喻总是有形而上学的基础,但科学是通过质疑这些基础,在认识论上产生与之前思想的断绝与隔离发展起来的。这些裂痕的产生源于对常识和常识对象的质疑,发展新的概念、新的理论对象和新的实验技术来进行研究。在这样的发展中,科学逐步远离了常识对象和实物的本体论,转向关系和过程的本体论。对这样的发展,无规则

117

可循。但是如泰勒斯所说："批判反思会导致辩证概括，是一种范例变形的理性过程，这是发现的过程，既产生'正当理由'，也产生'创新'。"（p.24）这样的理性发展不仅是发展更适当的概念框架问题，而且是思维和思维方式的演化问题。

巴什拉对哲学的主要贡献之一是他关于"理论对象"的概念。在描述这样的对象过程中，他认识到了"客观表征"（objective representations）的核心性，以及表征与它们对象之间的差异。波尔查诺在批判康德时曾强调过表征的对象，但他仍然给予想象力建构重要的位置，尽管洛采（Lotze）、弗雷格（Frege）和分析哲学的主流传统对该建构持否定态度。

20世纪50年代，斯蒂芬·图尔敏（Stephen Toulmin）、诺伍德·罗素·汉森（Norwood Russell Hansen）和其他科学哲学家开始驳斥英国和美国的逻辑实证主义。他们不但受到维特根斯坦晚期作品的影响，还在汉森的《发现的模式》（*Patterns of Discovery*, 1958）中受到格式塔心理学和皮尔斯不明推论式的观点影响，但是他们的历史倾向使他们支持辩证思维的传统。迈克尔·波兰尼（Michael Polanyi）在《个人知识》（*Personal Knowledge*, 1958）及其他作品中阐述了一种完全不同的科学层面。波兰尼明显受到梅洛-庞蒂的影响，可能还有海德格尔的影响，他吸收了格式塔心理学，极大地推进了我们对综合思维的理解。同时，波兰尼还详细说明了理论、默许假设（tacit assumptions）和隐形知识（tacit knowledge）在清楚解释知识主张中的作用，他还描述了通过理论观点说明经验的困难过程。尽管他将之称为"个人知识"，但也确实向人们展示了真科学的目标是"理解"，及其所涉及的内涵，如怀特海在《思维模式》（*Modes of Thought*, 1938）中所说一致。这涉及了"寓居"（indwelling）在理论内，这样这些理论就能够解释经验，那么我们就要"寓居"在我们要理解之物中。无论我们关注什么，想要弄明白，就要通过理论，在"寓居于内"的背景下理解，这些理论也是寓居于内的。这包括宇宙学理论在内。没有隐性知识，我们就无法判定科学理论，因此它只能作为一种传统慢慢发展起来，在科学传统内由其他参与者来判定进步。官僚主义的操控必会毁坏全部。波兰尼仔细研究着这些默许假设，他指出科学家一般都会想当然地认为实验一般需要设立边界条件，而这些却被忽略了。也就是说，他们运用海德格尔术语学把世界框在里面，把它当作一种力的可测算的连贯性来揭示，忽视了其框架和条件。然而这些界定了理论有效性的领域，它们本质上很重要，边界条件被机构的更高层级所控制，服务于活动的新形式，由此形成了机构的层级结构。以此方式，波兰尼很大程度地刺激了层级理论，后来在理论生物学中得到了发展，尤其是理论生态学。

托马斯·库恩(Thomas Kuhn)明显受到汉森的影响，可能还有巴什拉和波兰尼的影响，同时他也受到了詹姆斯·科南特(James Conant)的影响，而科南特自己受到了怀特海的影响。此外，格式塔心理学和皮亚杰的作品，以及皮亚杰的数据同化(assimilation of data)和有机体适应(accommo-dation of the organism)的辩证法也对库恩产生了影响。无论库恩是否受到了柯林伍德的影响，他有关范式的著作的重要贡献之一就是，再一次揭示了几个世纪以来，潜意识预设如何能够传送、便利并严格限制思维的，以及克服这些预设是如何的困难。他在最重要的几部作品中详细描述了 16 和 17 世纪的科学革命，早先的深层假设被质疑和取代，这次更迭中还涉及了概念、经验和思维方式的彻底变革，一部作品是《哥白尼革命》(*The Copernican Revolution*, 1957)，另一部是《科学革命的结构》(*The Structure of Scientific Revolutions*, 1962)。库恩还在书中说明新的科学家们是如何毫不犹豫地接受了这些概念以及体验、思考和判断的方式，并把它们作为一种生活方式，引导自己的研究。他的作品证实了怀特海的观点，作为系统研究的科学只有在形而上学第一原则建立的基础上才能成为可能，科学中的进步不能通过归纳和演绎逻辑进行算法上的描述。这些科学哲学家激发了更多的该领域的研究，阐明了质疑普遍形而上学假设的问题和可能性。

伊姆雷·拉卡托斯(Imré Lakatos)在《证明与反驳》(*Proofs and Refutations*, 1986)中提出了一种有关数学概念发展的辩证理论,将黑格尔谬误论的认识论拓展到数学领域(p.139n1),然后基于"研究计划"(research programs)概念详细论述了一种科学理论,来完善库恩对科学的描述(Lakatos 1978)。拉卡托斯这么做指出了这些研究方案"硬核"(hard cores)的核心位置,这些"硬核"本质上是由所有研究提出并指导所有研究的形而上学的假设（尽管拉卡托斯从一开始就没有说明这些假设是如何发展出来的)。由正面启发法组成的方案,表明计划要如何发展;由反面启发法组成的方案,意味着要如何解释质疑该硬核的明显证据。拉卡托斯的目的在于,通过描述进步的研究方案和恶化的研究方案之间的不同,提出一种研究计划所追求的绝对的、通用的标准。

保罗·费耶阿本德(Paul Feyerabend)对科学研究的理解在很大程度上与拉卡托斯相吻合,他指出无法找到这样的绝对标准,理由很有说服力。在《反对方法》(*Against Method*, 2010)一书中,费耶阿本德认为不可能确定一种通用的、脱离历史的方法来保证进步,科学历史揭示了这一点。尽管他声称拥护相对主义,认为在科学中"任何事情都可能发生"(anything goes),实际上,他真正拥护的是一种更连贯的辩证科学观点,指出需要扩充理论和研究方案来揭示彼此的失败之处(怀特海曾就这个问题讨论过),对那些致力于研究方案准备工作的人们需要应对对他们的观点提出的质疑,并努力克服这些反对意见。只有满足了这些条件,科学研究才能避免停滞不前。费耶阿本德就真科学和伪科学的区别给出了自己的看法,他认为真科学就要真诚地对待对科学发展的基本观点的反对和质疑。他对科学的指导作用与怀特海在 1914 年伦敦数学协会上(London Mathematical Association)的主席发言(Presidential Address)中表述的观点一致:

　　推理艺术在于抓住正确方面的主题，包括找到鲜有的能够阐释整体的普遍观点，并不断地组织所有周边附属的事实。没有人能成为优秀的推理者，除非通过不断地实践，他意识到了找到主要观点并百折不挠地紧紧抓住它们不放手的重要性。

（Whitehead 1955）

　　再一次，这与阿兰·巴迪欧"忠实于真理事件"（fidelity to an event of truth）的概念相一致。只有通过这样的研究，洞察力才能发展，这些普遍观点的缺陷才能暴露出来。

　　罗姆·哈瑞（Rom Harré）、戴维·伯姆（David Bohm）和戴维·匹特（David Peat）解释了思辨思维中隐喻的作用（2000,pp.30ff.）。根据桑德斯·麦克兰恩（Saunders Mac Lane）的观察，一切数学中新的发展都可以追溯到不同的实践（计算、测量、建模、构型、证明、分组等）。乔治·莱考夫（George Lakoff）（1987,Ch.20）说明数学可以理解为身体图示的隐喻详述。莱考夫和拉斐尔·努涅斯（Rafael E.Núñez）把这个观察发展成为一种数学普遍理论（Lakoff and Núñez 2000）。认识到隐喻的使用和发展，使通过归纳和演绎逻辑可以理解更多。莱考夫的同事马克·约翰逊（Mark Johnson）指出，包括模态逻辑在内的形式逻辑本身就是建立在隐喻之上的（Johnson 1987, pp.37ff.）。如上一章所述，认识到思维上这样的主要革命影响着我们的经验、方法，甚至我们对于科学的认识以及对其目标的理解，对抗这样的指控意味着相对主义。阿拉斯戴尔·麦金太尔（Alasdair MacIntyre）在《认识论危机、戏剧性叙事与科学哲学》（Epistemological Crises,Dramatic Narrative and the Philosophy of Science）一文中，指出了统观叙事在使全新理论合法化中的核心作用。他阐述了新的理论是如何为过去观点建构历史提供新的视角，这些观点澄清了早期理论的成功、失败和悖论，由此他还说明了

为什么这些克服失败和悖论的新理论是高级的。他说:

> 与他的先辈相比,伽利略的优势在哪儿呢? 答案是,他首次用一
> 套通用标准来衡量其先辈的所有研究。柏拉图、亚里士多德的贡献,
> 墨顿学院(Merton College)、牛津大学和帕多瓦大学的学者们的成果,
> 还有哥白尼(Copernicus)自己的研究都最后变得清晰起来。或者换另
> 一种类似的方式说:中世纪晚期科学的历史可以最终被表述为一种
> 连贯的叙事……像伽利略这样的科学巨匠,在他的转变中获得了什
> 么。总之,不仅是一种理解自然的新方式,而且密不可分的是,还有一
> 种理解过去科学理解方式的新方法……正是从新科学的角度,叙事
> 历史的持续性被再次建立起来。

120

(MacIntyre 1977, p.467)

这些后实证主义科学哲学家都证实了谢林和怀特海对思辨哲学的洞
见,还进一步阐明了统观思维的本质及在追求知识中的重要性。由于他们
驳斥了实证主义者对理性的理解,而被控诉为相对主义,导致了在科学哲
学中对现实主义的关注, 忽视了谢林曾经就捍卫综合思维和现实主义提
出的解决方案,克服了理想主义和现实主义之间的对抗。这些后实证主义
科学哲学家经常被误解为相对主义者, 这表明了对思辨自然主义传统的
漠视。科学历史和科学哲学的最新发展聚焦在米歇尔·弗里德曼(Michael
Friedman)的研究(对康德的再审视及受其影响的人们)上,这些新的发展
又重拾这种科学哲学传统的洞察。弗里德曼在一本有关这方面的重要选
集中, 写了一篇长长的总结性论文, 其中讨论了谢林对科学哲学的贡献
(Friedman 2010, pp.624–630)。

第三节　思辨的自然主义与
分析哲学家的自然主义

一旦认识到思辨自然主义的传统，也就认识到了辩证思维的本质和重要性，那么根据奎因分析哲学传统的自然主义做出判断就成为可能。如大家所知道的，大部分美国分析哲学家并不关注思辨自然主义者，要不就是不知道他们的存在，或者像皮埃尔一样，对他们的工作存在误解，认为他们只是一些在尝试不可能的哲学家，因此没有重视他们，除了他们对分析哲学做出的贡献外。尽管他们认为仔细的分析会得出确定无疑的结论可以归入科学知识之列，但除了罗素和怀特海两人的亲密关系之外，两种传统之间几乎没有交集。然而有两个主要例外：一个是莫瑞·科德(Murray Code)的研究，他在一方面比较皮尔斯和怀特海，另一方面比较罗素和奎因；另一个是尼古拉斯·雷斯彻(Nicholas Rescher)的研究，雷斯彻深受皮埃尔的影响，拥护过程形而上学。回顾皮尔斯、怀特海、罗素和奎因的研究，科德认为前者要优于后者，在最新的研究中，他揭示了菲利普·基切尔(Philip Kitcher)自然主义数学哲学的缺陷。为了回应基切尔的研究，原本是数学家的科德提出自己的观点，他认为充分的自然主义需要皮尔斯和怀特海的洞见，以及他们对经验和理性更全面的解释，注重隐晦、感受、想象和直觉，最重要的是，需要他们的自然思辨理论重视隐晦、感受、想象和直觉以及可以通过数学领会的一切(Code 2005,pp.35-53)。③人们一般认为雷斯彻是一位分析哲学家，他在《过程形而上学》(Process Metaphysics)一书中倡导过程形而上学，认为这是最有希望的哲学，它能够"清晰阐释整套概念和概念视角，为理解我们的世界以及我们所处的位置提供思想框架"(Rescher 1996,p.1)。

121

　　问题在于要弄明白为什么科德和雷斯彻的研究没有受到分析哲学家的重视。如我们所知,分析哲学家已经接受了弗雷格提出的把哲学的基本问题排除在外的建议。如亚里士多德曾在《形而上学》(*Metaphysics*)中讨论的哲学基本问题:存在的本质是什么?这个问题必须包括首要原则和第一性存在(primary being)的主要因素,这一直是哲学的基本问题,早于哲学的每一个分支,而且每一分支都要预设这个问题(Aristotle 1975,pp.10-19)。也就是说,他们不再询问什么是自我解释的存在,根据该存在,其他的都可以被理解和解释。一旦哲学家们也接受了弗雷格的另一个观点:逻辑提供了一种通用语言,并通过该语言重新定义哲学,那么哲学就被囿于固化观点而忽视所有标榜不能被固化的观点。从更本质上来说,他们摒弃了辩证思维,由此思维传统的基本假设可以被质疑和取代。结果,像科德这样努力去揭示并捍卫皮尔斯和怀特海的深层关怀,因此他们捍卫推理不可形式化的层面的原因(与隐晦和想象归纳相关)不再被认为是可理解的观点。这条路被堵上了,以至于甚至连质疑这个堵塞的合法权利都没有了。奎因和他的信徒们能够声称自己和主流科学家是"自然主义",免于因此受到其他分析哲学家认为的有效哲学思维的非难。

　　辛提卡的研究尽管质疑这样的狭隘并很好地利用了统观,但没有质疑奎因自然主义的教条形式,因为他没有接受奎因研究工作的含义,捍卫思辨哲学。除去综合思维之外,哲学不仅排除了质疑当下主流还原主义科学的形而上学假设,还排除了取代这种排除在外的指摘。这对哲学部门是一个很大的打击,因为分析哲学家运用他们对教育系统的控制,诋毁那些不赞同他们的假设的哲学家们。举个例子,麦克库伯报告说,他们曾建议纽约社会研究新学院(New School of Social Research)的世界知名哲学项目是不可信的,"因为与美国哲学主流相去甚远,被过度重视和宗派化",而且汉娜·阿伦特(Hannah Arendt)注定是"一只不会产子的雄蜂,因为她的作品并没有被《哲学期刊》(*Journal of Philosophy*)和《哲学评论》(*Philosph-*

ical Review)这样的重要期刊引用"(McCumber 2001,p.51)。这种偏狭和井蛙之见也对数学和科学产生了影响和后果,因为它影响了一些人的立场,这些人企图挑战重要研究项目的假设,来推进全新的理念。它削弱了这些人获得学术任命和研究基金的能力。以此方式,无论这些假设对那些质疑它们的人看上去多么的薄弱,整个现代性文化的假设被锁定住动弹不得了。④

奎因和那些受他影响、与思辨自然主义者的自然主义相关的哲学家们认识到了自然主义的薄弱之处,这种薄弱之处在他们的假设中显现出来,他们没有可捍卫的主张,主流科学发现了一种获取并积累知识的方法,思辨哲学与此无关,也与其他所有事情无关。他们不但贬损经验广阔领域的认知主张,或尝试使其站不住脚,这些经验无法用当下的科学来解释。他们还否定哲学在质疑现存科学深层假设中的作用,或否定哲学在开发备用研究方案中的作用。杰出的理论物理学家卡洛·罗威利(Carlo Rovelli)为此唏嘘不已,他指出"三十年了,却失败了。最近几十年,理论物理学没有任何重大进展":

> 哲学家和自然科学之间的严肃对话分崩离析是最近的事情,在 20 世纪前半叶……如果我可以这么说的话,我的很多同事存在狭隘的思想,他们不愿意去了解科学哲学到底说了什么。在哲学和人文学科的很多领域同样也存在着这种短视,他们的拥护者不愿意去理解科学的内涵,这更是一种井蛙之见。
>
> (Rovelli 2014,p.215,p.227,p.228)

这些哲学家本质上把自然主义等同于现实的观点和主流科学的志向,他们只是采纳了自然的基本假设,至于还原主义科学家提出的如何理解自然主义,既与人文学科相抵触,也违反自然科学最具创造力的领域,并由此大力削弱包括哲学在内的人文学科。也就是说,他们忽视了怀特海

的观点:

> 没有科学能比它预设的无意识形而上学更稳妥。个体事物必然是其环境的改进，不能脱离环境来理解。除了一些形而上学的指涉外,所有的推理都是有缺点的。因此,科学的确定性(Certainties of Science)只是错觉。它们周围环绕着未被发现的局限性。我们对科学教义的驾驭程度受到我们这个时代弥漫的形而上学概念的操控。尽管如此,我们还是不断被带入错误的期待中,而且一旦获得某些观察经验的新方式,老的教义便崩裂为一片不甚准确的迷雾。

123

> （Whitehead 1933,p.154）

结果,他们不但接受了,还捍卫我们文化的当下状态。怀特海曾就此抱怨道:"哲学已经不再声称自己具有的普世一般性,自然科学也满足于自身具有的有限方法。"(Whitehead,1929,p.50)

尽管这些分析哲学家试图通过科学主义把他们的哲学与高位置的科学联系起来,有时是数学,而实际上,这成为一种慢性学术自杀。也正是反启蒙主义者削弱哲学挑战反启蒙主义的能力,从而加强了主流科学的反启蒙主义。如怀特海所说:

> 反启蒙主义拒斥对传统方法局限性的自由推想。远不止于此:它是对这种猜想重要性的否定,是对偶发危险的坚持。几代之前,或更准确来说,神职人员,大部分神职人员是反启蒙主义的实例。如今,他们的地位被科学家取代——因功绩而声名狼藉。
>
> 任何时代的反启蒙主义者主要是由主导方法论的践行者构成的。如今,科学方法是主导的,科学家是反启蒙主义的。

> （Whitehead 1929,pp.34f.）

他们对这种反启蒙主义的辩护使这些分析哲学家容易受到思辨哲学家的攻击，以及与他们观点一致的科学家们的诘问，这些科学家对主流科学的假设提出了质疑，而这些质疑推动了科学的进步。

要理解思辨自然主义者的影响和奎因自然主义的错误之处，只需要读一读科学历史学家的著作。这些历史学家揭示了思辨自然主义者对科学和数学产生的巨大影响（Gare 2013b）。首先，需要看一看自然主义的起源及其与科学的关系。"自然主义"源于拉丁文"natura"，罗马人创造了这个术语来翻译希腊术语"physis"。它源于"natus"，"出生"是"nasci""要出生"或"逐渐形成"的过去分词，这就是罗马哲学家如何理解希腊的术语。"physis"指那些拥有自身属性的存在，或者总体来说指所有这样的存在。该术语源于希腊术语"Φv"，意为"引起、生产、提出；引发，形成；成长、渐渐变大、迅速成长或涌出"（Leclerc 1972, p.102）。亚里士多德把它等同于一个成长事物的固有部分，由此他的成长第一次开始了。爱奥尼亚人是自然主义者，因为他们认为宇宙是自我创造的、自我成长的，他们把理解这种自我创造看作很重要的事情。伊沃尔·勒克勒克（Ivor Leclerc）是这样描述他们的努力的：

124

> 前苏格拉底学派一直在努力寻找"本原（archē）"，所有事物的原理、源头，也就是说，一切中的内在，由此事物呈现本来的样子，还可以理解为，存在某种固有之物，最终解释"全部"所有的属性。
>
> （Leclerc 1972, p.102）

本来，这种追寻与哲学类似。

反自然主义的哲学家们为宇宙的形成做出了种种解释，认为行为人或行为人们超越宇宙局限，化为一股外部力量或多股力量来创造秩序。

按照早期希腊哲学家的理解，奎因哲学既不是自然主义的也不是反自然主义的。如我们所知，想要描述存在的本原，使一切事物能够被理解，要提出一个其他人不曾考虑的问题，比如奎因，他也和弗雷格一样，对能够清晰明白地提出什么样的问题表示怀疑。反之，奎因被动地接受了物理学家和行为心理学家对自然的理解，他们认为自然只不过就在那里等待着不同语句来描述的。奎因甚至没有提出在最基本含义上什么是自我阐释的问题（更不用说回答这个世界是如何产生的，以及世界中的自己和自己的意识是如何产生的），他提倡自然主义只是依附于曾经提出这个问题的其他人身上，正是这些哲学家使科学成为可能。奎因只是简单接受了主流物理学家的理论实体，没有在意它们是源于自然主义哲学家的研究，没有考虑在发展新的、更完善的理论实体过程中所需的综合思维。那些继承了奎因传统的分析哲学家，一方面否认了奎因对可接受的逻辑形式的指摘，由此给予意向一定的重视，在一些情况下，甚至把行为活动放在优于实体的位置，因此他们仍依附于思辨哲学家，这些思辨哲学家把意向或行为活动纳入努力描述物质存在的过程中。由于这些哲学家，哲学沦为了按照科学家曾经的理解来描述这个世界的地步，而这些科学家的观点是源于早期哲学家的。

　　如科学历史学家指出的，无论是在古代世界还是在现代性中，如果不结合思辨哲学家的研究，就无法理解科学的发展。抛开古希腊、罗马、中世纪和文艺复兴时期的思想家不说，伯特（Burtt）的《现代科学的形而上学基础》（TheMetaphysical Foundations of Modern Science，1954，1924年首版）和怀特海的《科学和现代世界》（Science and the Modern World，1932，1925年首版），研究了17世纪的科学革命，以及导致这次革命的周期，揭示了现代科学的产生与自然哲学家思辨研究结果的相关度。这些自然哲学家挑战了亚里士多德的概念框架，发展了全新的概念，努力去理解他们一直在研究的物理现象。⑤比如，空间（space）的概念，是文艺复兴晚期的发明〔倍尔那狄诺·特勒肖（Bernardino Telesio）和乔尔丹诺·布鲁诺（Giordano

Bruno)],牛顿重拾这个概念并赋予它新的定义,作为其新的天体力学的基础概念,取代了原子学的真空(void)概念和亚里士多德的位置(place)概念。空间的概念提供了一种隐喻来发展新的时间概念,很像对待空间维度一样。这使惰性(inertia)这个新概念的发展成为可能,替代了推动力(impetus)概念。惰性概念又与新概念事件(matter)的发展息息相关,由此关系惰性实体的发展,而这些发展促成了这些实体运动规律的观点,这是一切有效解释的基础。这一切为精确地发展一种描述加速的新方式搭建了框架,仍然与微积分发展到顶峰时产生的一系列数学思维的彻底创新有关。所有这些需要解释对火星的观察结果,预测其随后的轨迹(Gare 1996,Ch.5)。这次概念革命是科学历史专业本科生的标准课程,但是课程中却摒弃奎因的概念和概念框架,以及戴维森发展新概念框架中的创造性工作,了解到这一点不免显得不可思议。

对时间自然哲学的特别关注不但显示出了科学革命参与者之间的区别,还揭示了对实验科学发展的基础——物质存在的哲学假设的广泛讨论。这说明了,除非联系基于自然哲学家的思辨思维得出的结论,联系对有助于更好理解自然的最佳概念的不同推想而产生的讨论,否则甚至不可能很好地理解现代科学,并且这些论争会持续影响着科学的当下发展。此外,很明显,现代科学并没有它看上去那么前后连贯。尽管牛顿物理学战胜了笛卡尔和莱布尼茨的追随者,并且受后者影响的科学家们只占据了传统的一小部分,但他们却影响了科学的后续发展。更早一点的自然哲学家,比如布鲁诺和伽利略并没有完全湮没无闻,亚里士多德的思想也在持续地影响着现代科学。牛顿自己对自然的概念很模糊,不如他的后来追随者,他不相信从远处能产生作用,只把空间看作神的感觉中枢,神灵通过空间不断发生作用(McMullin 1978)。詹姆斯·克拉克·麦克斯韦(James Clerk Maxwell)列举了牛顿的哲学思考,反对支持牛顿学说的人,从而证明自己的场论(field theories)(Harman 1998,p.172)。要理解爱因斯坦的研究,需要了解牛顿科学对他的不断影响,以及伽利略有关相对性的论述。他首次构想的相对论的特殊理论是源于莱布尼茨对时空关系的理解。在赫尔曼·闵可夫斯基(Hermann Minkowski)发展了一种理论几何表示法后,他曾经为了追求对物质存在更为笛卡尔式的理解放弃了这个理论。在这种方法的辅助下,爱因斯坦发展了他的普遍理论,他声称时间形成(temporal becoming)的经验只是假象,基于此,他用黎曼几何(Riemannian geometry)取代了欧几里得几何(Euclidean geometry)。G.J.威特罗(G.J. Whitrow)认为,爱因斯坦的观点既不连贯,也未必是对这些理论的最终判定,然而有很多人拥护早期莱布尼茨对其研究的解读,或者是谢林式的理解,二者都坚定时间形成的事实,因为这似乎符合宇宙时间再引入的需要。

　　其他理论学家纷纷再次审视亚里士多德的自然哲学,以揭示其是如何被中世纪亚里士多德学派的人(实际上是新柏拉图主义者)歪曲的,并强调后牛顿科学存在的缺陷。此后,他们开始着手找回一些亚里士多德的洞见,最重要的是亚里士多德的因果观念和他对目的因(final causes)的关注。⑥这些论争不仅仅是理解的问题,它们是理论纷争的核心,影响着经验主义研究的走向。李·斯莫林(Lee Smolin)对主流物理学提出了挑战,他在2013年出版的著作《时间重生:从物理学危机到宇宙未来》(*Time Reborn:From the Crisis of Physics to the Future of the Universe*)就是一个例子。数学家勒内·托姆(René Thom)和生物数学家罗伯特·罗森(Robert Rosen)的著作受到亚里士多德反对毕达哥拉斯思想(Pythagorean thought)的影响,旨在创造一种能给予目的因足够重视的数学教育。托姆把这些理解为"吸引者"(attactors)。这些数学家正在通过用数学维护亚里士多德概念来超越亚里士多德思想与毕达哥斯拉思想之间的对立。从历史角度来看,因为这些数学家和科学家中的思辨思维,我们正处于一个特殊的位置。约瑟夫·埃斯波西托(Joseph Esposito)是这样描绘的:"因为(皮尔斯的)时间,现代科学愈发具有创造性、哲学性和思辨性，而另一方面，哲学却在科学活动中失去了探寻和参与的意义。"（Esposito 1980,p.5）

第四节　思辨自然主义与后牛顿科学：谢林传统

谢林研究的重要性变得完全明朗化了，这与有关科学革命的历史研究大背景相背离。谢林质疑牛顿物理学，因为其无法对生命做出解释，更不用说意识了。他将康德在《自然科学的形而上学基础》(*Metaphysical Foundations of Natural Science*)中阐述的动力论(dynamism)激进化，发展了康德在《判断力批评》(*Critique of Judgement*)中对生命的理解。康德是这样定义有机体的：有机体中的部分"结合成一个整体，因为这些部分与它们的形式是因果关系"，并且"整体概念相反地（相互的）决定形式以及所有部分的组合"（Kant 1987,p.252）。那么一个有机体"既是有组织的存在，又是自我组织的存在"，其中部分既产生彼此的形式，又产生彼此的组合（Kant 1987,p.253）。谢林将其归纳，把整个宇宙理解为自我组织的过程（Heuser-Kessler 1992）。在《自然哲学体系第一概要》(*First Outline of a System of the Philosophy of Nature*)中，谢林推崇把物质存在理解为一种活动或生产的思辨物理学，反对外力和"限制"，把光、电、磁的研究结合在一起（Schelling 2004）。这样，自然就包括了"生产—产品"或动力过程。鉴于此，谢林努力把包括力、因果、时空在内的所有物理学概念解释清楚，使人们明白。通过新的物理学，化学制品和有生命的有机体就会被理解为自然的产物，这个自然由活动（生产）限制构成，通过消极（如化学）或生命，积极达成力量的均衡。谢林认为要积极保持力量的平衡，有机体必须把环境界定为他们可以相应做出回应的世界（Schelling 2004,pp.106ff.）。这些观点常用来判定进化宇宙学。

很多人受到了谢林的影响,其中包括汉斯·克里斯蒂安·奥斯特(Hans Christian Oersted)和波恩哈德·黎曼(Bernhardt Riemann),在英国一群科学家和数学家围绕在塞缪尔·泰勒·柯勒律治(Samuel Taylor Coleridge)周围,包括数学家威廉·哈密顿(William Hamilton)和科学家迈克尔·法拉第(Michael Faraday),这些人在这项计划中都获得了成功。牛顿假设使真正的创造性无法得到理解,但这些物理学家却很难不受其影响,可是正是基于场论(麦克斯韦、爱因斯坦和其他科学家对其进行了深化)和化学中化合价概念的物理学巩固了大部分后牛顿科学, 同时积极维持的稳态概念如今成为生物学的核心内容(Esposito 1971,Ch.2)。谢林的普遍生产力概念还刺激了热力学第一定律的假说形成,他还预见了系统理论、控制论、复杂性理论和层次理论(Heuser-Kessler 1992,Gare 2011a)。谢林拥护并拓展了康德的数学建构主义理念,发展了数学观点,影响了海尔曼·格拉斯曼(Hermann Grassmann)(Otte 2011)。格拉斯曼赞同谢林的观点,认为哲学和数学是不同的,但是互补的。他写道:

> 普遍性和特殊性的对比……将形式科学划分为辩证法和数学。前者寻求所有思想中的统一,是一种哲学科学;后者推崇个体思想的特殊性,具有与前者相反的倾向。

(Grassmann 1995,p.24)

格拉斯曼的传记作者汉斯-约阿希姆·佩奇 (Hans-Joachim Petsche)写道:"海尔曼·格拉斯曼认为思考是一种活动,结合、对抗、等同,或结合和分离:一种辩证过程。"(Petsche 2009,p.235)他不仅是多维空间、矢量和张量代数之父, 这些都是现代物理学的核心内容, 还预测了范畴论的发展,这是当前数学最活跃的领域。范畴论(Category Theory)发展中的重要人物威廉·劳佛尔(William Lawvere)写道:

格拉斯曼在几何代数基础里几个关键联系中，充分利用了一百五十年前的辩证哲学……格拉斯曼在他的哲学介绍中描述了形式科学的二重性，也就是把思维科学分为辩证法和数学。他把辩证法简单描述为寻求所有事物的统一性，把数学描述为寻求个体思维特殊性的艺术和实践。需要指导工具来引领学生走一条二者结合的路径，从一般到特殊，从特殊到一般……我认为数学的范畴理论……可以成为这样的工具……仔细审视格拉斯曼，斯蒂芬·沙努尔（Stephen Schanuel）和我发现从很多方面都能证实格拉斯曼是范畴论的先驱。

（Lawvere 1996，p.255）

谢林的思辨自然主义激发了过程形而上学的传统，过程形而上学在最新的科学发展中起到了重要作用（Gare 2011）。皮尔斯、柏格森（Bergson）、波格丹诺夫（Bogdanov）和怀特海的研究被看作复兴该传统的表达。过程形而上学曾在分析哲学的影响下走向边缘，但是科学的影响是持续的，如今在当下的新复兴中再次崛起。而且如之前所述，波格丹诺夫的组织构造学几乎确定无疑地影响了冯·贝塔朗菲，贝塔朗菲由此又发展出了系统理论。逐步证实，分析哲学家所钟爱的逻辑和集合理论与理解当代数学发展进步的相关性越来越少。数学家努力提出一种数学的综合理论来适合这个任务，他们调转方向求助于皮尔斯的哲学，并与范畴理论达成默契（Zalamea 2012，Ch.3，Ch.5；Moore 2010）。然而还是柏格森、怀特海和皮尔斯的著作一直都是捍卫过程形而上学传统的人们的主要参考。自然哲学的谢林传统，以及怀特海和柏格森，是在 20 世纪 60 年代晚期到 20 世纪 80 年代才开始走入人们的视野，大部分是通过英国的 C.H.瓦丁顿（C.H.Waddington）和美国的小科布（Cobb Jr.）和大卫·雷·格里芬（David Ray Griffin）的作品（Waddington 2010，Cobb Jr.，and Griffin 1976，Griffin 1986）。

同时，皮尔斯的自然哲学受到的托马斯·西比奥克（Thomas Sebeok）、杰斯帕·霍夫梅耶（Jesper Hoffmeyer）和卡列维·库尔（Kalevi Kull）的启发，又结合了雅各布·冯·尤克斯（Jacob von Uexküll）的观点，近几十年一直受到生物符号学家的积极推崇（Perron et al.2000，Hoffmeyer 1993，Kull 2009）。

129　　　　柏格森的哲学显示出有希望解释并融合相对论和量子论（Čapek 1971）。怀特海的观点也对物理学、化学、后还原主义生物学和神经科学有重大影响（Eastman and Keaton 2004，Henning and Scarfe 2013）。大卫·博姆（David Bohm）是一位地地道道的自然哲学家兼理论物理学家，发展了一种过程形而上学版本，克服量子力学中存在的不连贯性和缺陷（Bohm 1980；Bohm and Peat 2000）。亨利·斯塔普（Henry Stapp）对量子力学的理解（后来用于发展心灵和意识的概念）汲取了怀特海的分析，怀特海以一种新颖但统一的方式阐述了实际情况是对之前行为的把握。近期，量子物理学家布赖恩·约瑟夫森（Brian Josephson）借助皮尔斯关于符号学的研究去阐释量子理论，并由此用于克服生物学中的还原主义（Josephson 2013）。柏格森和怀特海对伊利亚·普里戈金（Ilya Prigogine）的影响深远，普里戈金研究的平衡热力学系统在复杂性理论和后还原主义生物学的发展中具有核心作用，而他的研究还远不止于此（Prigogine 1980）。伊利亚·普里戈金和伊莎贝尔·斯坦格斯（Isabelle Stengers）声称，通过非线性热力学研究耗散结构（dissipative structures）预示着自然科学与人文科学将开始新的联合（Prigogine and Stengers 1984），这应该作为谢林思辨自然主义战胜牛顿科学的宣告。

罗伯托·曼格贝拉·昂格尔（Roberto Mangabeira Unger）和李·斯莫林（Lee Smolin）在《奇异宇宙和时间现实》（*The Singular Universe and the Reality of Time*）中捍卫类似的观点，认为柏格森是该领域的先驱。他们呼吁重塑关注自然的自然哲学，也就是说，不是科学，而是世界本身。与科学是辩证的关系，"不像如今绝大多数已形成的科学哲学"，自然哲学的目的"可能是修正的，不仅仅是分析的或阐释的"（Unger and Smolin 2015，p.76）。他们的修正呼应谢林、皮尔斯、柏格森和怀特海的观点，时间和存在的根本是一样的，都是具有创造性的随意过程。这就颠倒了宇宙学中数学和历史的关系，我们通过前者解释结构及其转化，我们通过后者把握时间形成。如昂格尔所说：

> 按照物理的主导传统，成功科学的至高模式，我们已经习惯于通过数学来解释结构，把历史阐释作为的补充。鉴于我们所捍卫的观点，这种层级必须逆转：历史形成结构。因此，历史的解释比结构的解释更根本。宇宙学坚信当它把自身首先理解为历史科学而后是结构（数学）科学，它就会是最全面的自然科学。
>
> （Unger and Smolin 2015，p.45）

怀特海对乔瑟芬·李约瑟（Joseph Needham）和C.H.瓦丁顿（C.H.Waddington）引领的数学物理化学形态学者产生了巨大的影响。李约瑟融合了恩格斯和怀特海的观点，发展出了理论生物学中的层次秩序观念。瓦丁顿的核心概念"渠道"（chreod）受到怀特海愈合概念和达西·汤普森（D'Arcy Thompson）形式观念的启发。作为"自我稳定的时间路径"，"渠道"概念构成了后成论的核心内容，勒内·托姆（René Thom）从数学角度进行了模拟，形成了灾难理论的基础（Waddington 2010，pp.72–81）。其中，布莱恩·古德温（Brian Goodwin）检验了细胞的时间组成及形态形成，进一步发展了瓦丁顿的观点（Goodwin 1963，Goodwin 1976，Goodwin 1994）。生态系统中共生的研究也是由于怀特海。怀特海认为达尔文把决定有机体生存的环境看作固定不变的，然而有机体会通过增强而不是削弱它们的生存条件来改变环境。[7]尼古拉斯·乔治斯-罗根（Nicholas Georgesçu-Roegen）、赫尔曼·达利（Herman Daly）和小约翰·科博（John Cobb Jr.）也汲取了怀特海的

130

哲学,批判主流经济学,为生态经济学构建基础(Gare 2008b)。

　　谢林有关有机体一统天下的观念对后来的思想家没有产生直接的影响,但像卡列维·库尔(Kalevi Kull)和杰斯帕·霍夫梅耶(Jesper Hoffmeyer)这样的生物符号学家,受到雅各布·冯·尤克斯(Jacob von Uexküll)和皮尔斯(C.S.Peirce)的影响,他们再次发现了谢林的这个观点,并基于此进行研究,突飞猛进(Barbieri 2008;Favareau 2010;Emmeche and Kull 2011;Schilhab,Stjernfelt and Deacon 2012)。对这些思想家来说,生命是符号行为,人类是象征性的物种。发展这些观点也就是接受了格列高里·贝特森(Gregory Bateson)的跨学科研究,贝特森自己就受到了皮尔斯和怀特海的影响(Hoffmeyer 2008,p.5)。基于生物符号学,结合贝特森对控制论的研究以及他定义信息为产生不同的差异性,还有海因茨·冯·福尔斯特(Heinz von Foerster)对二阶控制论的研究,斯伦·布赖尔(Søren Brier)详细阐述了一种统一的网络符号学的非机械概念框架,填补了自然科学和人文科学之间的鸿沟(2010)。霍华德·派蒂(Howard Pattee)和罗伯特·罗森(Robert Rosen)重拾这项研究,并进行了巩固和深化,在他们之后是提摩西·艾伦(Timothy Allen)、斯坦利·萨尔斯(Stanley Salthe)和艾丽西亚·贾雷罗(Alicia Juarrero)。在谢林的观点中,出现涉及对行为活动的新的限制,或者如派蒂和罗森所说的,约束。派蒂之前是一位理论物理学家,后来转向理论生物学,他认为有必要对控制和符号的层级顺序的出现做出解释。他发展了迈克尔·波兰尼(Michael Polanyi)的层级概念,决定性定律在边际条件内预设、运行,并且高层级秩序开拓低层级秩序产生的边际条件,波兰尼的层级概念就是基于此观察结论提出的(Polanyi 1958,Polanyi 1969)。派蒂运用海因里希·赫兹(Heinrich Hertz)发展的赫尔姆霍兹(Helmholtz)的感知理论(关于意象和象征理论中的符号)及其对物理学中不同形式约束的研究(包括布局产生行为的非完整约束),并将其深化(Ferrari and Stamatescu 2002)。派蒂关注对有机体的控制及其所需的象征符号。他表

131　明,约束可以具有促进或辅助作用,用新的可能性创造存在的新形式。如他在《层级理论:对复杂系统的挑战》(*Hierarchy Theory:The Challenge of Complex System*)中写的那样:

> 日常化学中基因密码的约束使生命形式的多样性成为可能。下一个层次,基因抑制因子的额外约束使功能器官和多细胞个体的协同发展成为可能。如我们所知,最高层级的控制,法律约束是建立自由社会必不可少的条件,拼写和句法的约束是思想自由表达的前提。
>
> (Pattee 1973,pp.73f.)

这些观点已经被深入地推进,霍中华德·帕蒂(Pattee)的经典论文可以在《法律、语言和生活》(*Laws,Language and Life*)中看到(Pattee and Raͅczascek-Leonardi 2012)。

斯坦·萨尔蒂(Stan Salthe)在综合推理的主要作品中,融合了普里戈金的非线性热力学、帕蒂的层级理论,以及 大卫·芬克勒斯坦因(David Finkelstein)、奥托·罗斯勒(Otto Rössler)和乔治·坎普斯(George Kampis)发展的皮尔斯符号学、辩证唯物主义和内生物理学(Salthe 1985;Salthe 1993:Salthe 2005;2012;Vijver,Salthe and Delpos 1998)。内生物理学再一次附和了谢林的观点,认为科学家们正参与到他们正在观察并努力去理解的世界中,而且既然最终是避无可避,那么内部的系统知识要比"外部"的系统知识更加基础(Kampis and Weibel 1998,Rössler 1998)。通过约束可以产生新事物的观点存在部分问题,它假定分解的元素可以自给自足地生存,并以某种方式被动形成生成系统的一部分。该观点与后面说的倾向性有着一定的关系,人们倾向于认为自然出现的实体对小一些的实体有巨大影响,忽视这些实体能首先生存的环境,而后,生成系统创造出新的环境。萨尔蒂纠正了这个观点,指出在演化和发展过程中,新事物的产生与大小规模进程之间及快慢速率进程之间的插值(interpolation)有关,修改了较长和较短规模过程。标量层次结构(scalar hierarchies)后被用来描述并解释目的因。按照萨尔蒂的观点:"高一层级的约束不但可以帮助挑选低层级的发展轨迹,还可以同时将其拉入未来。自上而下的因果关系是最终因果关系的一种形式。"(Salthe 1993,p.270)

结合皮尔斯的符号学与雅各布·冯·尤克斯的生物学来解释包括植物在内的一切有机体是如何界定它们的环境为有意义的周边环境(surrounding worlds)("Umwelten"),如何定义导致并包含人类的外在环境(with-worlds)("Mitwelten")和内在环境(self-worlds)("Eigemvelten")的更复杂的环境序列(观念环境、行为环境和内心环境)。生物符号学家实际上克服了笛卡尔的二元论,并向人们展示了人类文化和反思意识发展中的种种与谢林的深刻见解有着密不可分的关系(Gare 2002a,Gare 2009)。爱丽丝·贾雷罗(Alice Juarrero)受到萨尔蒂的影响,在《行为动力学:作为复杂系统的意向行为》(*Dynamics in Action:Intentional Behavior as a Complex System*,2002)一书中,对基于自然主义基础之上的意向行为和意识进行了清晰地阐释,提出了自己的见解,对复杂理论(complexity theory)和层级理论(hierarchy theory)做出了极大贡献。

132

弗朗西斯克·瓦雷拉(Francisço Varela)和伊万·汤普森(Evan Thompson)受到梅洛-庞蒂的影响,他们在发展认知观点上走上了一条类似的智性路径。那些一直在尝试"自然化"现象学的哲学家和认知科学家都推崇这条路径(Varela,Thompson and Rosch 1993;Thompson 2007;Gallagher and Schmicking 2010;Simeonov,Gare and Rosen 2015)。这些哲学科学家看到了自然科学的发展显示出了思辨哲学家的影响,并指出把科学和哲学从还原主义科学的固守假设中解放出来,以及把科学与人文科学结合在一起的必要性。弗雷德里克·斯坦菲尔德(Frederik Stjernfelt)在《图解学:现象学、本体论和符号学的边界研究》(*Diagrammatology:An Investiga-*

tion on the Borderlines of Phenomenology, Ontology, and Semiotic, 2007)中，通过融合皮尔斯符号学和现象学进一步阐释了这一观点。同时，这使人文科学的深刻见解可以用于科学的发展。通过这样的研究，所有这些哲学家的工作的紧密关系和互补性被揭示出来，考夫曼(Kauffman)和盖尔(Gare)在《超越笛卡尔和牛顿：重拾生活与人性》(Beyond Descartes and Newton: Recovering life and humanity, 2015)一文中就曾提出过，这些哲学家看重心灵现实，试图基于物质存在的概念革新科学来符合该现实。

另一位思辨自然主义者罗姆·哈瑞(Rom Harré)，起初受到了罗歇·博斯科维什(Roger Boscovich, 1711—1787)物力论(dynamism)的启发。博斯科维什是一位自然哲学家，曾致力于克服牛顿和莱布尼茨哲学之间的对立。哈瑞批判主流心理学，对严谨的人文主义心理学的发展做出了贡献。他曾经的学生罗伊·巴斯卡(Roy Bhaskar)发展了一种辩证批判现实主义，为包括经济学在内的后还原主义社会科学的提倡与发展做出了巨大的贡献。巴斯卡采用了应对气候变化问题的思考方法(Bhaskar 2010)，后来肯尼斯·帕克(Jenneth Parker)对此进行了更深入的研究。博姆发展了他的自然哲学，部分上是为了克服量子力学中出现的问题，随后影响了生物学和神经科学的研究(Bohm and Peat 2004)。何美芸(Mae-Wan Ho 2008)、卡尔·皮布拉姆(Karl Pibram)(1991)和帕沃·皮卡恩(Paavo Pylkkänen)(2007)分别汲取并发展了博姆的观点来推进生物学和神经科学的研究。如今，思辨自然主义蓬勃发展，最具独创性的科学家们都在竞相倡导，努力克服主流物理学存在的缺陷(S.Rosen 2008)并理解生命的复杂性(Simeonov, Smith and Ehresmann 2012)。在整体生物数学中，这是令人激动的新发展，也就是如普拉门·西莫诺夫(Plamen Simeonov)在一本重要选集、杂志特别版《生物物理学和分子生物学的发展》(*Progress in Biophysics &Molecular Biology*)中描述的"整体生物物理学"(Simeonov, Matsuno, and Root-Bernstein, 2013; Simeonov, Gare, and Rosen 2015)。自然哲学支持者所使用的明显是分析方法,这与在引言中提到的科学哲学相关,比如马克·比克哈德(Mark Bickhard)、克里夫·胡克(Cliff Hooker)和艾丽西亚·贾雷罗(Alicia Juarrero)。他们通过公开支持这些革命科学家来进行哲学研究,并努力推进这种新的概念革命。比如,比克哈德支持基于严谨分析论点之上的新事物产生,但他的研究却依赖于过程形而上学者的综合推理,他自己也承认这点。⑧金在权(Jaegwon Kim)反对新事物出现的观点,比克哈德必须揭示金在权的隐含形而上学假设,并指出这些假设是过程形而上学者早已否定的,而没有这些假设,金在权的论点则毫无分量。

简言之,思辨自然主义者不像分析哲学家,他们拒绝哲学从属于科学,拒绝被科学过去的成就所震慑,随时准备向主流科学的根基和假设提出挑战,详尽叙述对自然的新的思考,他们对科学产生了长远而具创造性的影响,这种影响还将继续下去。分析哲学家是"正统"科学的辩护者,而思辨自然主义者一直都是"革命性"科学的必不可少的一部分。不但分析哲学家没能成就科学,他们对科学主义的推崇以及对科学家和数学家摇尾乞怜的态度也没能给他们的偶像留下任何深刻的印象。二战后,美国的数学家和物理学家吉安–卡罗·罗塔(Gian-Carlo Rota)是约翰·冯·诺伊曼(John von Neumann)和斯塔尼斯拉夫·乌拉姆(Stanislav Ulam)的朋友,任职于麻省理工学院,是应用数学和哲学的教授,他在《数学对哲学的恶性影响》(The Pernicious Influence of Mathematics Upon Philosophy)中写道:

数学逻辑的伪哲学术语学误导了哲学家,使他们认为数学逻辑与哲学意义上的真理息息相关。但这是个错误……如今哲学论文中发现的势利符号的下降,引起了数学家的不快,就好像某人去杂货店买东西,却用游戏中的假钱来付账单。

(Rota 1996,p.93)

20世纪最具影响力的美国数学家桑德斯·麦克·兰恩（Saundeers Mac Lane）对这些哲学家也没有留下什么印象，指出"当下数学哲学的出版物中，从普特南到奎因没有什么新的见解，也没有从数学中得到任何新的收获"（Mac Lane 1981, p.463）。

为了跨越这个鸿沟，杰出的科学家和数学家将他们的研究拓展到了哲学领域，开始对思辨自然主义传统的钻研与分析，填补了正在废弃自身职责的学术哲学家所创造的空白。乔瑟芬·李约瑟（Joseph Needham）、迈克尔·波兰尼（Michael Polanyi）、路德维希·冯·贝塔朗菲（Ludwig von Berta-lanffy）、大卫·博姆（David Bohm）、伊利亚·普里戈金（Ilya Prigogine）、罗伯特·罗森（Robert Rosen），到20世纪末莫瑞·科德（Murray Code）、霍华德·派蒂（Howard Pattee）、斯坦·萨尔蒂（Stan Salthe）、约瑟夫·厄尔利（Joseph Earley）、卡列维·库尔（Kalevi Kull）、杰斯帕·霍夫梅耶（Jesper Hoffmeyer）、斯图亚特·考夫曼（Stuart Kauffman）、罗伯特·乌兰诺维茨（Robert Ulanowicz）、何美芸（Mae-Wan Ho）、乔治·莱考夫（George Lakoff）和唐纳德·米库莱基（Donald Mikulecky），他们都是这样的典型例子，但是没有什么新意。皮尔斯和怀特海最初都是数学家和科学家，后来才成为哲学家。

134　　## 第五节　思辨自然主义和思辨唯物主义/思辨实在论：阿兰·巴迪欧或罗伯特·罗森

然而并不是只有思辨自然主义者或思辨理想主义者为复兴思辨思维做出了努力。近些年，哲学内部发展出了另一次智性运动来恢复思辨。思辨的拥护者称自己为思辨唯物主义者（或思辨现实主义者）。但是他们之间还是存在很大差异的，他们能够走到一起是因为他们一致反对"相关主义"（correlationism），也就是，如昆汀·美亚索（Quentin Meillassoux）所说的，其教义"在于否定主体性领域与客体性领域彼此独立的可能性论断"，该教义源于康德。因为反对相关主义，这些哲学家正在恢复二者感知的差别，"只以与世界关系存在的主体"和"可以数学方法计算出性质的客体"，该性质 "可以免于此关系限制"，"使我能够从中窥见客体……"（Meillas-soux 2012, p.3, p.5），思辨唯物主义获得了某种牵引力，正是与这种牵引力的对抗中，思辨自然主义新发展的特殊重要性和意义才得以被理解。

目前为止，最重要的思辨唯物主义者［暂不提斯拉沃热·齐泽克（Slavoh Žižek），他除了支持思辨唯物主义者外，完全不认同前康德思想］是法国哲学家阿兰·巴迪欧（Alain Badiou），人们一般也认为他是世界上马克思主义的最坚定的捍卫者。根据巴迪欧的理解，哲学是通过推翻自身而创造了自身，哲学改变自己的表达方式——自身的概念、疑问和问题，哲学只有保持不断剖析自身、改造自身才能获得成功。也就是说，哲学如果希望一直具有哲思性的，就应该与其最初的样子保持一致。他与三种主要哲学流派持不同的观点：解释学、分析导向（analytic orientation）和后现代主义，每个流派都认为形而上学真理已经逐渐变得不可能，语言成为思想的重要阵地，因此意义问题取代了真理问题（Badiou 2005b, pp.31ff.）。他自己的观点可以被称为"柏拉图马克思主义"（Platonic Marxism），发展自结构主义，尽管其中包含的一些存在主义思想直接源于萨特的早期作品。巴迪欧追随阿尔都塞（Althusser）和雅克·卢肯（Jacques Lucan），开始了他的哲学生涯，但他却从数学角度捍卫自己的观点。他还拥护巴什拉科学哲学和数学中的一些元素。他高度认同数学并给予其哲学核心位置，同时认为通过数学可以为新事件创立理论，比如巴迪欧所描述的认识论的断裂或突破，但也不仅限于此。

基于集合论（set theory），巴迪欧认为情境（situations）是不一致的多样性，并且必须呈现不一致性。他在《世界逻辑：存在与事件（二）》（*Logics of Worlds:Being and Event II*, 2009）第二部分（黑格尔）和第三部分中提

出,所有的多样必须自身包含多重性,而不是存在一个整体的多样。并不
存在这样的"整体",黑格尔最严格地坚持这一点。在每一个情境中,总是
存在一种"无",无法呈现出来,但却包含于该情境构成之中[巴迪欧思想
中的萨特元素, 尽管其可以追溯到阿那克西曼德的阿派朗 (apeiron)概
念——无限定]。这是因为情境是多样的,新事件中存在被认为是真理的
可能性。对巴迪欧来说,"属于人类物种的'我们'通过真理可以投入到跨
具体程序中,该程序使我们认识到永恒的可能性。因此,真理无疑是一种
非人的体验"(Badiou 2009,p.71)。它是非人的,是因为它包含了一种无限
集合的结构。真理程序是一种过程,通过这个过程,真理在情境中逐步发
展,在该情境中,存在辨认事件的决策。 举个斯巴达克斯反抗的例子,奴
隶的积极思想与国家的当权者对抗,因为在这样的国家不允许这种积极
性的存在,就好像当下,真理事件想要站出来反对资本循环,因为资本循
环要求摧毁公共服务(Badiou 2009,p.69)。了解到真相,巴迪欧呼吁对真
理事件的忠诚。这与怀特海的观点不谋而合,后者认为一旦发现能够解释
整体的创意就要死死抓住不放手,而这种态度已经扩展到了伦理和政治
领域。巴迪欧在他最受欢迎和最易接受的作品《伦理学:一篇关于理解邪
恶的文章》(*Ethics:An Essay on the Understanding of Evil*, 2001)中,捍卫
对这种真理事件的英雄伦理的忠诚, 一种对抗压制力量的后笛卡尔式的
决策和投入,但却没有总结由这些事件引起的本体论的修正。巴迪欧《伦
理学》的译者彼得·哈尔沃德(Peter Hallward)在他的作品简介部分总结了
巴迪欧的研究方案:

> 巴迪欧的哲学似乎揭示并解释了在每一种情境下彻底创新 (革
命、发明、形变……)的潜能。把事情相当地简化后,我们可能会说,他
把人类活动的领域划分为两个子部分, 二者虽区别巨大但也有重叠
之处:①已形成的兴趣和差异的"普通"区域,以及认可的知识区域,

用于命名、辨认及确认统一身份；②突出创新或真理的"特殊"区域，这些只有通过那些斗志昂扬的宣言才能够坚持下去，这些稀少的个体把自身构建为真理的主体，他们事业的"激进分子"。

（Hallward 2001，p.Ⅷ）

但不是所有的投入都与真理有关。邪恶也是情境下的事件，比如纳粹，并不是普遍意义上的事件，因此也绝不会具有真理性。

相对于微小形式的数学哲学，巴迪欧把他的工作描述为一种宏大形式的数学哲学。这种微小形式常被"数学哲学"当作哲学批判的对象。批判是为了"努力消解数学的本体主权，其贵族式的自立，及其无与伦比的驾驭能力，借由限制其剧烈的、几乎是令人困惑的存在于学术专业化的陈腐区域中"。相对来说，"宏大形式则完全不同。它明确要求数学要提供哲学的直接说明，而不是相反，并且在这些事件的核心位置通过外力干预甚至是暴力干预来进行说明"（Badiou 2004a，p.3，p.7）。最重要的是，巴迪欧坚决维护数学在哲学中的中心位置，他认为，尽管数学家们对此不甚了解，但数学是本体论的。他用数学语言再次表述了本体论的典型概念——存在、关系和属性。宏大形式的践行者有笛卡尔、斯宾诺莎、康德、黑格尔和劳特拉蒙（Lautrèamont）。巴迪欧认为自己也是"数学化理想主义"（mathematizing idealism）传统中的一员，其中有布伦士维格（Brunschvicg）、卡瓦耶斯（Cavaillès）、德桑特（Desant）、阿尔都塞（Althusser）和拉康（Lacan），相对于另一种传统，巴迪欧将其称为"活力神秘主义"（vitalist mysticism），其中有柏格森（Bergson）、冈圭朗（Canguilhem）、福柯、西蒙顿（Simondon）和德勒兹。如萨卡里·哈尼宁（Sakari Hänninen）（2015，pp.217f.）所说，实际上，巴迪欧支持巴门尼德（Parmenides），反对赫拉克利特（Heraclitus），关注存在（Being）同时排除形成（Becoming）。这一点说明了，巴迪欧不但提倡数学，还支持物理学，反对生物学，他将其称为"民主唯物主义"（democratic materialism)。他在其他地方也曾写道:"暂时,生物因此什么也不是,只不过是发现的集合(trouvailles)罢了,与有力的实验仪器杂乱地相关。"(Badiou 2004b,p.223)对"活力神秘主义"的否定以及对生物的贬毁,与对自然的批判态度相呼应。"自然并不存在",巴迪欧在《存在和事件》(*Being and Event*)中说,因为"本体论新定理说明这样的集合无法与多样性公理相提并论, 一不被承认存在于本体论框架内。自然没有可说的存在"(Badiou 2005a,p.140)。

　　该哲学在多处与思辨自然主义相悖,始于对自然观念的质疑。更根本来说,该哲学假定在此质疑中,若自然存在,就必然会是一个可数的集合,进而否定了谢林的主张,谢林认为无法提前预知的存在先于所有思想,如此来说,永远不可能完全把握思想的客体。巴迪欧的哲学赞同有关"我们的知觉或思想的确定相异的客体"的本体论,如康托(Cantor)所表述的可以归为一个集合, 但这个假设却被卡斯托里亚蒂斯 (引述了这一段的作者)在《岩浆逻辑及自治问题》(The Logic of Magmas and the Question of Autonomy)(Castoriadis 1997a,p.290)这一论文中批判,必须假设作为"整体主义——同一性"(ensemblistic-identitary)逻辑的一部分,如果通过数学来定义本体论的话。这就导致人类自由几乎变得不可理解。巴迪欧在辩论中支持某种形式的柏拉图主义,属于被辛提卡批判的那种哲学传统。该哲学主张提供一种**通用语言**(Lingua Universalis),人们只有通过该语言的描述才能够了解万物。相较于柏拉图主义,思辨自然主义在数学概念上更倾向于亚里士多德学派。思辨自然主义推崇巴迪欧不屑归为"生命神秘主义"的一类,认为生物学不应被贬损,而应该提倡。作为后康德主义的思辨自然主义并不否定相关主义,反而大力推进,不但把探索中、自我觉知的主体置于社会之中,而且置于自然之中,作为自然的一部分,重新思考自然,使人们能够理解自然。从思辨自然主义的角度来看,巴迪欧举例说明的思辨唯物主义是前康德方法的回归。前康德方法是研究阿基米德柏拉

137

图学派哲学的方法,如伽利略;而思辨自然主义提高了主体和综合分析的地位,并坚持(如詹姆斯·布莱德利在"哲学与三位一体"中所描述的):"自我分析是事物真正而普遍的特点,因此基于自身的先行条件和后续关系,所有事物必然处于与他事物之间的交际关系中。"(Bradley 2012,p.159)人类可以被看作一种新出现的现象,具有独一无二的特质和能力,可以发展艺术、文学、哲学、数学和科学,但是即使在上述领域的发展中,如人类一直参与自然的创造性形成,如谢林所说,也必须理解为一种演化的过程,我们作为有感觉、有自我意识的人类也是出于其中,并从中演化出来的。

然而思辨自然主义和思辨唯物主义并不是完全对立的。思辨自然主义的拥护者坚持追寻真理,然而在全力发展可以涵盖经验全部维度的本体论中,巴迪欧并没有给予数学很高的位置,思辨自然主义者认为数学的进步很重要,至少与巴迪欧所认为的哲学的重要性一样。人们想当然地认为,哲学一定能通过数学和有意识的存在理解大部分世界,这些有意识的存在能够为此目的发展并使用数学。谢林、皮尔斯和怀特海也可以被看作发展了数学哲学的宏大形式,怀特海也与自己曾经研究的哲学微小形式分道扬镳。谢林激发了很多数学中的重大发展,皮尔斯和怀特海也为数学做出了巨大贡献。该传统中发展的数学思维的重要性在于,在反对笛卡尔二元论中,他们受到了追求真理的触动,要对得起生命的真实性。巴迪欧否定数学与本体论联系的可能性,认为数学不可能发展为一种通用语言来定义存在的各个方面,而谢林三个人这么做就与巴迪欧从根本上区别开。正如辛提卡与奎因在否认发展逻辑为通用语言的可能性上存在差异,思辨自然主义者也与巴迪欧在是否支持数学思维传统,甚至否定把发展数学发展为可以定义存在所有方面的通用体系的想法上存在差异。⑨因此,这些哲学家开始对数学的不同发展投入兴趣,最重要的是海尔曼·格拉斯曼(Hermann Grassmann)的可拓学理论(extension theory),他的数学研究间接受到谢林的影响,如迈克尔·奥特(Michael Otte)所说,以及我们所知道的。如威廉·劳佛尔(William Lawvere)曾指出的,格拉斯曼的研究旨在构建全部数学的一般基础,预见到了范畴论的发展,当下,范畴论正在挑战集合论的数学基础的地位。

罗伯特·罗森(Robert Rosen)是一位重要的理论生物学家和数学家,他在哲学方面做了多次尝试,清楚地强调了思辨自然主义与思辨唯物主义的区别。⑩罗森指出,在理论物理学家大卫·博姆(David Bohm)的纪念文集中:"在宇宙物理和特殊生物的每一次对抗中,总是物理让出了自己的阵地。"(Rosen 1987,p.315)罗森的研究卓尔不群,因为他决心开发能够充分说明展现在我们眼前的生命的数学模型,而不是把物理科学的研究项目强压在生物学上。他对范畴论贡献极大,他通过范畴论去审视亚里士多德学派的假设、牛顿科学以及牛顿假设与他和他的后来者所使用的数学之间的关系。罗森由此揭示出科学将自己禁锢在一条小径上,否定作用的客观现实,更根本上是目的因(final causes)的客观现实,因此将"什么是生命?"的根本问题排除在外。罗森向人们显示了还原主义者如何回避这个问题,他们构建了一个小的宇宙替代品,其中由各种各样的有机体组成,有机体又分为多个组成部分,它们可以通过科学其他领域中偶尔使用的方法来解释,由此把这些彼此分离的部分作为整个生物系统的替代品。他们还把科学当作用来研究这些部分的方法。罗森说,其中最核心的问题是牛顿早已剔除掉了与结构相关的约束的作用。生命包含"不完整的"约束,不能解释为结构变量中的全部关系。结构决定了发展变化,不是最初的或限制条件。如前所述,不完整约束的概念与谢林的"限制"概念类似,也是由霍华德·派蒂(Howard Pattee)发展起来,由斯坦·萨尔蒂(Stan Salthe)和其他人进一步深入研究,目前是皮尔斯启发的生物符号学发展中的核心内容。

罗森为目的因(final causes)找到了位置,就开始着手模拟预期系统,不是简单地对外在环境做出反应,而能就未来发生的事件做出预期并进行回应。模拟预期系统要求模拟系统能够基于自身模型产生自己的构成元素(这与康德和谢林所理解的生命系统相符合)。罗森认为,这样的系统能够通过综合分析模型展示出来,其中功能元素是该系统的直接产物。奎因的复杂系统(complex systems)需要多种形式的描述来捕捉各自的特性,彼此不是互相推导出来的。也就是说,在这样的系统中一定存在多样模型,不存在其他模型都由它推导出的最大的模型。此外,不可能完全模拟出该系统的背景或环境。罗森举例来说明这一点,那就是他的代谢、修复、复制模型(M–R–系统)。这些系统包含三种数学地图:一种地图代表一个细胞中代谢的有效动机,一种代表修复(修复新陈代谢过程中的损伤)的有效动机,最后一种代表复制,弥补修复过程中的损伤。这些地图中的每一种都将其中一种地图纳入自己的共同领域,自己也进入剩余地图的共同领域。由此,这些地图构成了一个彼此包含的环路。

罗森在发展这些观点的过程中再次思考了数学的本质及其与世界的关系。他认为:"在公元前六世纪的某个时刻,数学做出了错误的转向,造成了灾难性后果"(Rosen 2000,p.63),把有效性同可计算性等同起来。他觉得数学应该被理解为一种建模方式,并用范畴论来描述该种方式。范畴论与集合论不同,是整体性的,看重模式,通过数学的一种领域为另一个领域建模提供方法。这就使我们能够理解为世界的存在建模的内涵。这么做就强调了建模的方式,建模一般会包括建模对象的简化。建模确实只是类比思维的一种特殊情况,类比思维在日常生活中无处不在,过去,研究某一系统是为了了解另一种与其类似的系统。如皮尔斯所说,数学建模根本上是图解推理,期间研究数学"图表"来了解所建模的对象(Gare 2016,Ch.3)。罗森认为,建模"是一门把蕴涵结构融为一体的艺术"。此外,"这确实是一门艺术,就如同诗歌、音乐和绘画一样,都是艺术。实际上,艺术的本质从根上来说是非限定的,在于直觉的飞跃"(Rosen 1991,p.152)。

139

在《生命本身：全面探究生命的本质、起源和构成》（*Life Itself: A Comprehensive Inquiry into the Nature, Origin, and Fabrication of Life*）第一章前奏曲中，罗森设法解决两种文化中的"问题"——"科学与艺术，科学与人文主义"，以及"硬"科学与"软"科学之间的划分（Rosen 1991, pp.1ff.）。他认为哥德尔定理（Gödel's Theorem）告诉我们，通过逻辑和集合论构建的算数模型无法捕捉到算数的丰富性。相对于逻辑和集合论，算数是"软的"，但更丰富。同样的，任何通过算数建模的对象会比算数模型更加丰富。 因此，正如罗森的女儿朱迪斯·罗森（Judith Rosen）在她的主要作品之一《预期系统：哲学、数学和方法基础》（*Anticipatory Systems: Philosophical, Mathematical and Methodological Foundations*） 第二版的前言中所写的，她提醒读者不要被数学符号吓住，她转述了父亲曾对她说的话："观点早已在文中表述出来了，数学只是提供了额外的阐释。"（Rosen 2012, p.Ⅳ）罗森认为数学模型只是类比思维的一个例子，那么在这种情况下正在研究的是生命系统，要理解生命系统要通过研究其他事物，在这个情况下，这个其他就是数学模型。不仅是两种文化的问题，而是缜密和丰富的层次。这恰好与复杂性理论家和理论生物学家斯图亚特·考夫曼（Stuart Kauffman）得出的结论一致。考夫曼在文章《出现与叙述：超越牛顿、爱因斯坦和玻尔？》（*Emergence and Story: Beyond Newton, Einstein and Bohr?*）中，讨论了坚持牛顿假设的不可行性，爱因斯坦和玻尔一直沿用牛顿的假设作为预设，也就是说，在做出任何解释之前，我们必须首先提前陈述构形空间，即所有可能解决方案的集合：

140

　　如果我们不能提前预述所有可能相关的范畴，那么我们又能如何谈论生物界的出现，或在我们的历史上（生物界一隅）出现的新的相关范畴、新的功能性以及新的谋生方式？这些是自主性的施动者的行为。叙述不仅具有相关性，还是如何告诉我们自己所发生的事及其意义——故事的语义导入。⑪

（Kauffman 2000, pp.134f.）

数学要得到人文科学的补充，尤其是叙述的补充，只有通过叙述，才可能理解数学建模中涉及的直觉飞跃。

罗森的研究把科学从科学与人文科学对立的假设中解放出来，通过数学恢复目的因，同时理解非数学模型的重要性。罗森的研究还把数学从牛顿假设中解放出来，该假设旨在开发范畴论开放的所有可能性。罗森是很多数学家和理论家的灵感源泉，最初是他的学生，后来受其影响的人越来越多。A.H.路易（A.H.Louie）是他的学生中最杰出的一位，他接连出版了《超越生命本身：关系生物学中的综合延续》（*More Than Life Itself: A Synthetic Continuation in Relational Biology*, 2009）和《生命的反思：关系生物学中功能的限定性和紧迫性》（*The Reflection of Life: Functional Entailment and Imminence in Relational Biology*, 2013）。罗森还为范畴学的发展踏平了道路，发展一种现实的过程关系观点。记忆进化系统（Memory Evolutive Systems）中的安德烈·埃赫雷斯曼（Andrée Ehresmann）和让–保罗·范布雷米斯（Jean-Paul Vanbremeersch）开始了他们的研究。他们意识到，尽管人们需要区分客体及其之间的关系，但我们不能使我们自己局限在客体时位于空间中的物理客体这样的概念中；这些客体还应该包含"一个音调、一种味道或是一份内在感受。'现象（phenomenon）'一词（康德1790 年使用）或'事件'（event）（怀特海 1925 年的术语）也许更加合适"（Ehresmann and Vanbremeersch 2007, p.21）。"客体"可以是身体、财物、事件、过程、概念、知觉或感受，也需要或多或少地包括这样客体间的临时关系。如埃赫雷斯曼和范布雷米斯所述："很久以前，道家认为世界是由动态的关系之王构成的，事件构成了结点；生物的行动塑造了与其自然的关系，各种结果逐渐蔓延到整个宇宙。"他们在模型中"使用了基本构建，对动态系统的结构进行内部分析"(p.33)。罗森和埃赫雷斯曼启发下的研究工作被继续深化,这个人就是普拉门·西莫诺夫(Plamen Simeonov)。他不懈努力,把科学、数学和哲学的重要理论家汇集到一起,来开发一种整体生物数学或"生物数学"(biomathics),出版专著《整体生物数学:追寻现实之路》(*Integral Biomathics:Tracing the Road to Reality*)(Simeonov,Smith and Ehresmann 2012),并且在《生物物理学与分子生物学的发展》(*Progress in Biophysics &Molecular Biology*)(2013 年和 2015 年)的专刊上先后发表相关内容,对整体生物数学的研究仍在继续。

　　罗森强调了所有生命系统中模型的重要位置,包括在社会中模型对定义自身及其在世界上所处位置的重要性。一旦了解这一点,就能清楚地知道,生命,涵盖所有的人类机构,建模是无处不在的。我们应该把罗森的研究工作与社会和民主功能联系起来。需要再三询问的是社会自身拥有的模型,以及它们同周边环境和氛围的关系。巴迪欧貌视为了达成一致而进行的讨论,罗森则与他完全不同,他公开支持罗伯特·哈钦斯(Robert M. Hutchins)的观点,哈钦斯曾邀请罗森到加利福尼亚的圣巴巴拉民主制度研究中心(Center for the Study of Democratic Institutions)访学。罗森曾这样描述该中心:

　　　　中心的精神和工作方法都围绕着对话(Dialog)概念。对话是哈钦斯思想中必不可少的一部分,哈钦斯认为对话是工具,通过对话,知识界(intellectual community)才建立起来。他的观点是"知识界是必要的,因其提供了把握整体的唯一希望"。"整体"对他来说就是人类社会的手段与目的:"我们所探求答案的真正问题是我应该做什么? 我们应该做什么? 我们为什么要做这些事情? 人类生命的目的是什么? 组织化的社会的目的是什么? "这里的关键词是"应该",没有"应该"这个概念,就没有政治的指引,如哈钦斯常引用亚里士多德的话"建筑的（architectonic）"必要。也就是说，他认为，就广义来说，归根结底政治是世界上最重要的事情。

（Rosen 2012,p.1）

不仅是科学受到源于牛顿科学模型假设的主导（这些假设并没有被相对论、量子论或主流复杂性理论代替）；这些假设还左右着经济学，其结果就是社会从过去到现在一直在沿用着自身根本上具有缺陷的模型。社会通过再次构建模型形成并改变自身。朱迪斯·罗森在她的作品《预期系统》（*Anticipatory Systems*）的前言中指出，如果我们要解决如何选择"通往健康可持续发展的未来的最优路径"，该方法尤为重要（J.Rosen 2012，p.ⅩⅣ）。

在巴迪欧和罗森之间做出判断，从根本上来说，要基于其观点的连贯性和有效性。尽管巴迪欧倡导数学，但他的研究遭到了数学家们的严厉抨击，如安蒂·维拉蒂（Antti Veilahti）和大卫·奈恩伯格（David Nirenberg）。他们批评巴迪欧采用的数学只是数学领域中极有限的一部分（后来，巴迪欧回应了第二种批评）。尽管巴迪欧对范畴论做了一些研究，也涉及了《世界逻辑》（*Logics of Worlds*）中的托普斯理论（topos theory），但他选择了一种并不能代表彻底与集合论分道扬镳的准则。他的托普斯理论形式主义旨在把形成（Becoming）纳入自己的观点，结果却囿于其有限且固定的理论分支。巴迪欧在《模型概念》（*The Concept of Model*, 2007）一书中对如何判断科学中数学模型的功效问题，只是单纯地不予理会。罗森在另一方面拓展了范畴论，并用其澄清了数学与科学之间的关系。对罗森的批评主要集中在他的研究仅停留在发展范畴论潜能的起始阶段，需要进一步深化，甚至比巴迪欧对集合论的研究还要深入。罗森的研究主要关注对生命自身现实的理解，较之于巴迪欧具有更好的实践引导作用。巴迪欧也曾为批判、组织反对新自由主义者的追求提供了指导。新自由主义者追求每个社

142

会和每个个体都能定义自身,定义彼此间的关系,定义与社群的关系,定义与大自然的关系,并基于牛顿假设的新古典经济学范畴,使自己成为这个全球市场的扭曲逻辑的附庸。这种思想并没有认识到生命的现实。

受到罗森的启发,解决该问题的研究工作已经开始。如詹姆斯·考夫曼(James Coffman)和唐纳德·米库莱基(Donald Mikulecky)的研究《全球精神错乱:现代人如何在转变世界的过程中与现实失去联系》(*Global In-sanity:How Home sapiens Lost Touch with Reality while Transforming the World*)。在一开始:"这篇论文的观点是西方科学误解了生命。结果,文明的人类所持有的科学知识化的工业经济以及存在虚无主义一并退回到幻想中,他们正在摧毁生物圈——也在摧毁他们自己。"(Coffman and Mikulecky 2012,p.1)在后来的一篇文章中,他们总结了自己的观点:

西方世界模型和消费经济构建了一个复杂的系统,为了自身目的去使用阻挠、中立和拉拢的各种方法进行彻底变革来扭转全球生态灾难以及社会沦陷。对变革的抵制源于西方模型固有的需求,去不断发展消费经济。媒体也在不断把消费经济的增长描述为一件好事情,人们普遍相信经济是至关重要的,且当下的政治和技术趋势都显示出系统对变革的积极抵抗。从成熟的经济体制的角度来看,任何行为如果不能服务于经济的增长,那么这种行为就是反生产的,会被认为是不必要的、奢侈的或具有颠覆性的。

(Coffman and Mikulecky 2015,p.1)

通过罗森的研究,我们已经认识到了问题的本质,了解到了克服该问题的所需,并将其置于密集关注之下。

143   注释

①《资本主义、自然、社会主义》杂志创刊后，生态马克思主义者在美国由詹姆斯·奥康纳(James O'Connor)领导，奥康纳的继任者乔尔·科维尔(Joel Kovel)担任该杂志的编辑。参见奥康纳，《自然原因：生态马克思主义论文集》(*Natural Causes：Essays in Ecological Marxism* 1998)、泰德·本顿(Ted Benton)(1996)和科维尔(2007)编辑的《马克思主义的绿色化》(*The Greening of Marxism*)中的论文和恩克里·莱夫(Enrique Leff)的《绿色生产：走向环境理性》(*Green Production：Toward an Environmental Rationality* 1995)。安德烈·高兹(André Gorz)、法国的戈尔茨和让–保罗·德莱奇(Jean-Paul Deleage)、苏联和俄罗斯的伊万·弗洛洛夫(Ivan Frolov)，以及中国的潘岳(Pan Yue)是其他主要的生态马克思主义者。其他美国生态马克思主义者是斯蒂芬·邦克(Stephen Bunker)、约翰·贝拉米·福斯特(John Bellamy Foster)和布雷特·克拉克(Brett Clark)。瑞典的阿尔夫·霍恩堡(Alf Hornborg)正在邦克的基础上进行研究。

②辛提卡对皮尔斯的这一点表示了深切的赞赏，并说明了这一点是如何解释主流哲学家未能欣赏皮尔斯对逻辑的贡献的。参见《皮尔斯在逻辑理论史上的地位》(The Place of C.S. Peirce in the History of Logical Theory 辛提卡 1996)。

③这些问题的重要性一直是科德(Code)大部分工作的重点，例如，在他的论文《论科学主义的贫困，或：理性不可避免的粗糙》(On the Poverty of Scientism, or：The Ineluctable Roughness of Rationality 1997, pp.102 - 122)中，以及更广泛地在他的著作《过程、现实和符号的力量：与怀特海一起思考》(*Process, Reality, and the Power of Symbols：Thinking with A.N. Whitehead* 2007)中。

④可以说，如布赖恩·埃利斯(Brian Ellis)和亚历山大·伯德(Alexander Bird)所支持的，结合模态逻辑并关注倾向性(dispositions)的自然哲学

的研究,确实取代了奎因的自然概念;但这些哲学家只是用模态逻辑的语言在重新描述哈瑞·罗姆(Rom Harré)的思辨研究。哈瑞是一位重要的思辨自然主义者,尽管他在思辨方面的野心不如谢林、皮尔斯或怀特海。早些时候曾提到的另一个重要的自然主义者巴斯卡(Bhaskar),原来是哈瑞学生。

⑤伯特和怀特海之后是特修斯(E.J.Dijksterhuis)、亚历山大·科雷(Alexadre Koyré)、约翰·赫尔曼·小兰德尔(John Herman Randall Jr.)、托马斯·库恩(Thomas Kuhn)、亚瑟·科斯特勒(Arthur Koestler)和伯纳德·科恩(Bernard Cohen)比较突出。另见斯蒂芬·高克罗格(Stephen Gaukroger)的著作,包括《科学文化的出现:科学与现代性的塑造 1210—1685》(The Emergence of a Science Culture:Science and the Shaping of Modernity 1210—1685 2009)和《机制的崩溃与感性的崛起:科学与现代性的塑造 1680—1760》(The Collapse of Mechanism and the Rise of Sensibility:Science and the Shaping of Modernity, 1680—1760 2012)。

⑥关于这方面最重要的著作是伊沃尔·勒克勒克(Ivor Leclerc)的《物质存在的本质》(1972)和《自然哲学》(1986),但尚未受到应有的重视。这项研究与当前科学的相关性在 Bogaard 和 Treash 为勒克勒克编辑的一本纪念文集中得到了证明,它就是《形而上学作为基础:纪念伊沃尔·勒克勒克的论文》(Metaphysics as Foundation:Essays in Honor of Ivor Leclerc 1993)。

⑦在俄罗斯,鲍里斯·米哈伊洛维奇·科佐·波利安斯基(Boris Mikhaylovic Kozo-Polyansky)和彼得·克罗波特金(Peter Kropotkin)等人已经认识到共生的重要性。朱莉娅·里斯波利(Giulia Rispoli 2014)表明了俄罗斯科学在这方面的重要性。

⑧安德森等人(2000)和乔安娜·塞布特(Johanna Seibt 2003)收集和编辑论文,出版的《向下因果关系》和《过程理论:动态范畴的跨学科研究》

（2003）也是如此，这本书都收录了比克哈德（Bickhard）的这篇论文，前者收录了金（Kim）的一篇论文。

⑨约翰内斯·伦哈德（Johannes Lenhard）和迈克尔·奥特（Michael Otte）在《数学的哲学观点》（*Philosophical Perspectives on Mathematics* 2010）中的文章《数学的两种类型》（Two Types of Mathematization）的指出，数学家之间存在着这样一种划分，与逻辑学家之间的划分是平行的。

⑩关于他的工作对生物学和哲学的意义，见阿伦·盖尔（Arran Gare），"克服牛顿范式：从谢林观点看理论生物学的未完成项目"（Overcoming the Newtonian paradigm：the unfinished project of theoretical biology from a Schellingian perspective 2013b）。

⑪斯图尔特·考夫曼（Stuart Kauffman）和阿伦·盖尔（Arran Gare）在《超越笛卡尔和牛顿：恢复生命和人性》（Beyond Descartes and Newton：Recovering life and humanity 2015）一文中进一步阐述了这一论点。考夫曼对科学假设的质疑补充了罗伯特·罗森，以及罗森、谢林、皮尔斯、怀特海和柏格森之前的工作。

思辨自然主义唤醒激进启蒙运动

　　我努力向大家说明的是现代性文化的核心问题，在现代性追求对世界的完全理性的掌控过程中，技性科学的话语超越了其他所有话语的地位。结果，我们自然科学和人文科学的主要形式则用来解释意识和生命本身，只把它们描述为物理和化学过程，它们并不看重人类和生命，认为贪婪才是经济和自然演化的推动力，因此将根本上有缺陷的现实模型强加在人类之上。哲学家应该像文化物理学家一样，去挑战并克服这种不健全的文明，但是哲学却被阻碍该行为的思想派系所统治，囿于这个存在缺陷的现实模型中。践行这种模型如今已经融入了热门的惯习，创造也在摧毁全球生态系统，如迈克·戴维斯(Mike Davis)在《贫民窟的星球》(*A Planet of Slums*, 2007)一书中所说，无法认识到人类主体能够创造不同未来的可能性，也无法像这样珍视生命。主流还原主义科学家在其维护者和分析哲学家的支持下，在努力简化一切，包括把人类简化为全球经济机器的可预知的工具，或干脆消除人类，他们相信他们在这个方面已经成功了，并且还会不断地成功。如果这架机器摧毁了人类的生态环境，那么做什么也是于事无补的。此外，也没有原因要为此做些什么，除非这影响了个人。现代性从未被这个现实模型控制得如此彻底。这种还原主义的世界观已经融入了我们的主导机构中,并在不断繁衍。新的全球化经理统治阶层——公司王国(corporatocracy),连同专家型政治精英一起支持并维护这种世界观。

威廉·罗宾逊(William I.Robinson)在《全球资本主义理论:在跨国领域下的生产、阶级和国家》(*A Theory of Global Capitalism:Production,Class, and State in a Transnational World*,2004)中充分说明了,当下我们所看到的是各国政府机构掌控权力,这些权力渗透在机构中,通过跨国公司服务于全球剥削。在这个过程中,他们掠夺公共财产,如詹姆斯·加尔布雷斯(James Galbraith)在《食肉国度》(*The Predator State*,2009)中所描述的一样。这还与莱斯利·斯克莱尔(Leslie Sklair)在《跨国资本家阶层》(*The Transnational Capitalist Class*,2001)中所描述的阶级壮大相关,或者如约翰·帕金斯(John Perkins)将其称为"公司王国(corporatocracy)"(Perkins 2006,p.31)。这个阶层不效忠于任何国家,尽管其不同部分依赖于各国家的政府来延伸他们的权力。全球公司王国的成员对普通民众毫无恻隐之心,就像普通人并不同情牛一样,尽管他们制作汉堡包要使用牛肉,当然也有明显的例外。这个阶层的成员通过支持新自由主义智库的全球网络来深化他们的诉求,与此同时,有效利用公共关系的思想控制产业,向人们散播他们的思想,确保大众,包括政治家在内,按他们的想法来行动(Beder 2006a)。

尽管新自由主义者声称自己站在自由一方,但很明显他们一贯的目的就是破坏民主。这一点在阿玛达(S.M.Amadae)的《资本主义民主合理化》(*Rationalizing Capitalist Democracy*,2003)和撰稿人菲利普·米罗夫斯基(Philip Mirowski)与迪特尔·普尔韦(Dieter Plehwe)的选集《从蒙特普勒林山一路走来:新自由主义思想形成选集》(*The Road from Mont Pèlerin: The Making of the Neoliberal Thought Collective*,2009)中很好地揭示出来。如我们所知，他们支持沃尔特·李普曼（Walter Lippmann）1920 年提出的主张，这个世界太复杂，不适合民主的实施，统治精英应该以生产一致性为目标，他不赞同约翰·杜威关于教育应该使民众成为名副其实的民主公民的主张。后一本书的文章中指出了新自由主义的复杂性和多样性，说明并不是所有的新自由主义者都反对福利国家或支持公司王国。然而他们还是普遍关注在政治进程中利用市场来界定人与人之间的关系，尽管该关注的初衷也许是为了对抗官僚主义，但同时也将民主排除在外。阿尔·戈尔（Al Gore）认识到了这种情况，作为美国前副总统和总统位置的竞争者，他在《攻击理性》（*The Assault on Reason*, 2007）一书中对此进行了阐述。由于新自由主义者对政治、社会和文化的干预，新的全球统治阶层削弱了民众预见未来并积极应对的能力，如今人们只停留在最原始的层面，考虑如何挣钱，如何拉动消费，佐证了玛格丽特·撒切尔（Margaret Thatcher）"没有选择的余地"（there is no alternative）的观点。任何不符合这种文化的机构都在被转型或直接淘汰，一些人对此做出了记载，莎伦·贝德（Sharon Beder）就是其中之一。大众传媒被少量的媒体大亨所统御，学校、大学和研究机构转化成了商业公司，所有的研究如果不能促进利润增长、发展武器技术或为社会控制提供方法，几乎都会被无情消除。如马克思所预测的，商品化广泛而深入地加剧了。最初是劳动力商品化，如今经济使生命本身都商品化了。毛里佐·拉扎拉托（Mauritzo Lazzarato）简明扼要地描述了当下的世界秩序：

> 我们如今面对的资本主义积累，从工业意义上来说，不再仅是建立在劳动力剥削的基础之上，而且还建立在知识、生活、健康、闲暇和文化等之上。组织机构生产和兜售的不仅包括物质或非物质产品，还包括交流形式、社会化程度、感知、教育、住房和交通等等。服务的猛增与此发展直接相关；这不仅涵盖了工业服务，还涉及了组织并控制

生活方式的机制。我们当下所经历的全球化不但广泛（去地方化，全球市场）而且深入；全球化涉及了认知、文化、情感和交流资源（个人的生活），还发展到基因遗传领域（植物、动物和人类），以及对物种和星球（水、空气等）至关重要的资源。

（Lazzarato 2004，p.205）

转入到知识产业的科学本身也几乎被商品化了，由此，产生并拓展了现实的错误模型。所有的这些发展削弱了对真理的探究（或是重新定义真理，使其助力公司利润的上升），也卸掉了人类对于未来的责任。公司王国提倡的科学主义用市场和技术专家官员支撑的官僚体制取代了民主制度，把公共机构转变为准业务组织。

第一节　技性科学对人文科学的胜利及其后果

我们还需要人文科学吗？我们还需要培养民众的人文精神，使他们为群体负责，承担开创未来的责任吗？只有当自然和人类服务于追求利润最大化的公司和国民生产总值最大化的政府时，这样的科学才被认为有意义、才会获得资金支持，我们能不能不消除对理解的探求，转而接受这种再定义的技性科学呢？某一种类的"主体性"仍会由思想控制的产业塑造，得到处理不妥协情况的精神病学家、心理学家、社会学家和犯罪心理学家的补充。市场是一种自我调控机制，人们强行用它来界定一切人类关系，提供所有反馈来促进经济的发展。与技术研究密不可分的科学不再需要人们去追求真理；理工科毕业生像其他雇佣工一样，在人力资源经理的训练下，以最少的投入榨取最大的商品利润。存在一种科学形式，它使科学和科学家的存在无法理解，但这二者之间的矛盾如今可以被忽略掉了，因为科学家不再是奋力理解真实自然的英雄形象，而是被当作可以生产出获利技术的工具。这就是新自由主义者及其资助者的想法。这就是诺伯特·维纳（Norbert Wiener）预言的"巨无霸科学"（Megabuck Science）时代。

147　　把教育和研究机构转型为准业务组织，以市场标准来界定它们的目标，这样做产生了什么样的影响呢？尽管技术上有了一些进步，但整体图景是这样的：文化衰退、研究碎片化、彼此割裂的学科与子学科倍增（大约四千多种）以及喧嚣掩盖下的学术研究停滞。精神病学家西奥多·达林普尔（Theodore Dalrymple）在英国进行研究，穷人和犯人也一起参与进来。他在《我们的文化，剩下的是什么：官员和群众》（*Our Culture, What's Left of It: The Mandarins and the Masses*）第一章中描绘了当代文化的瓦解，基本价值观呈现明显的病态性恶化。他认为这是由新自由主义者和所谓的激进知识分子的诡异联盟造成，前者认为所有的社会问题都可以通过消费者选择来解决，后者拥护权利而不履行责任（Dalrymple 2005, p.14）。人文科学被消除的同时，科学也深受其害。如布鲁斯·查尔顿（Bruce Charlton）（也在第一章中）指出我们现在产出大量的有缺陷的论文，这些文章正在堵塞我们的交流渠道。我们在宇宙学、理论生物学以及认知科学领域确实有所进步，其中的一些还挑战了还原主义科学。然而这个常被人认为的宇宙学黄金时代是由于新的发现，而不是对该领域更深入的理解。如李·斯莫林（Lee Smolin）指出的，理论上来说，宇宙学是一场灾难（Smolin 2014），进一步证实了他在《物理学的困惑》（*The Trouble with Physics*, 2007）和彼得·沃伊特（Peter Woit）在《连错都算不上》（*Not Even Wrong*, 2007）中得出的结论。较之以其他学科，20 世纪中期的化学领域除了有大量出版物以外没有什么重大进展。

　　如我们所知，理论生物和认知科学领域出现了更多的创造性成果。特伦斯·迪肯（Terrence Deacon）在他 1997 年出版的作品《符号物种：语言和大脑的共同进化》（*The Symbolic Species: The Co-evolution of Language* and the Brain)之后，2013 年出版了他的知名著作《不完全的自然：心灵是如何从物质中突现出来的》(Incomplete Nature：How Mind Emerged from Matter)，阐释了摆脱还原主义束缚后的科学取得的进步。在一些作品中，符号学、复杂理论、层级理论、非线性热力动力学理论以及演化理论都被综合在一起。生物符号学家卡列维·库尔(Kalevi Kull)、杰斯帕·霍夫梅耶(Jesper Hoffmeyer)和马塞洛·巴比里(Marcello Barbieri)的研究，斯图亚特·考夫曼(Stuart Kauffman)、霍华德·派蒂(Howard Pattee)和斯坦·萨尔蒂(Stan Salthe)对复杂理论的研究，更不用说赫尔曼·哈肯(Herman Haken)对协同理论的研究，以及圣菲研究所(Santa Fe Institute)对复杂适应系统(complex adaptive systems)的全部研究，这一切都显示出了知识界创造力的沸腾，然而主流科学家们却没有认识到这一点。

斯坦·萨尔蒂在 1993 年出版的《发展与进化：进化的复杂性与变化》(Development and Evolution：Complexity and Change in Evolution) 中运用了综合分析的方法，首次将层级理论、皮尔斯生物符号学、非线性热力动力学与辩证唯物主义融合到一起，在很多方面都优于迪肯的研究，然而却被主流生物学家忽视了。与早期的理论生物运动相关的乔瑟芬·李约瑟和C.H.瓦丁顿的研究工作也一样没有得到重视。如今主要由布莱恩·古德温(Brian Goodwin)、何美芸(Mae-Wan Ho)和盖瑞·韦伯斯特(Gerry Webster)继续他们的研究。比如何女士的著作《彩虹与蠕虫》(The Rainbow and the Worm，2008)，这是一部在柏格森和怀特海的引导下写出的有关综合分析的重要作品，融合了热力动力学理论和复杂理论，提出量子场和量子相干性在生物系统中的关键作用。尽管如今对量子临界性研究支持何美芸女士关于量子相关性重要性的主张，但还是被大部分的生物学家所忽视。审视当下发生的一切，我们可以很清晰地发现，除了部分主要领域外，那些挑战主流科学、质疑把科学简化为技性科学的人们都被边缘化了，他们几乎都是年长的高校科研人员，在逼仄的空间内研究，常常毫无保障。

人们把大量资金投入到认知科学，不是因为认知科学能够使我们未来更好地理解生命和人类，而是它能促使很好地控制民众，或更好地控制。人类被信息技术的新形式所取代，或者说是信息技术能更有效地"杀死"人类。接受这个角色的科研人员都获得了成功，他们强烈反对任何质疑其还原主义假设的声音。任何不能通过这种还原主义科学解释的，都被主流科研人员忽视，正如科学作家迈克尔·布鲁克斯（Michael Brooks）在《十三件毫无意义的事情：最令人困惑的科学奥秘》（*13 Things that Don't Make Sense：The Most Baffling Scientific Mysteries of Our Time*，2008）中所描述的那样。这就是自然科学。

　　人文科学更糟糕，因为人文科学产生出来的肯定是毁灭性的而且是即时毁灭性的，主流经济学明显就是如此。经济学得到支持并繁荣不衰，因为它为新自由主义的日程提供思想支持，新自由主义意欲使社会"脱离市场"（disembedding markets），迫使社会放弃民主，屈从于全球市场的命令，去使用卡尔·波兰尼（Karl Polanyi）和塔基斯·福托鲍洛斯（Takis Fo-topolous）的专门用语。这就是其取代凯恩斯经济学的原因，并不是新古典经济学家赢得了知识论辩的缘故。20 世纪 50 年代约翰·纳什（John Nash）、杰拉德·德布鲁（Gerard Debrau）、肯尼斯·阿罗（Kenneth Arrow）和他们的追随者带动的新古典主义经济学的复兴一直饱受争议，认为此次复兴从一开始就是空洞无物的。在美国，新古典主义经济学不但设法取代如约翰·肯尼斯·加尔布雷思（John Kenneth Galbraith）这样的新政拥护者（New Dealers）的经济学，还要剔除掉约翰·冯·诺伊曼（John von Neu-mann）努力开发的数学模型，该数学模型能充分适应实际经济体系的复杂性和历史发展。如瓦鲁法克斯（Varoufakis）、哈勒维（Halevi）和席卡洛克斯（Theocarakis）在《现代政治经济学：解读 2008 年后的世界》（*Modern Political Economics：Making sense of the post-2008 world*，2011）中写的："新的新古典主义击败了新政拥护者和科学家们，在痛苦的 20 世纪三四十年代使战后经济学丧失了曾艰苦得到的所有有用的知识。"(p.257)在保罗·萨缪尔森(Paul Samuelson)的作品中,凯恩斯主义通过删改保留了下来,由新古典主义经济学来阐述。后来,由琼·罗宾逊(Joan Robinson)带领的剑桥政治经济学家们赢得了对新古典主义经济学家的知识论辩,但如萨缪尔森所知的,毫无作用。在此事件发生之前,对它的解释就早已经出现了。约翰·梅纳德·凯恩斯的同事米哈尔·卡莱斯基(Michal Kalecki)在《充分就业的政治特性》(Political Aspects of Full Employment,1943) 一文中做出了预测。他认为,尽管人们绞尽脑汁研究使经济在不断发展中一直能够容纳充分就业的方法,但商业阶层一定会反对此经济秩序,转而接受一个不那么健康的经济体,来迫使工人居于从属地位。

149

批判"主流"经济学并不困难,因为课本中讲述的经济学,如爱德华·内尔(Edward Nell)写到的[引自杰弗里·哈考特(Geoffrey Harcourt)],简直就是"死水潭"经济学,停滞污浊的池塘(Nell 1996,p.17)。这并不是一个移动的靶子,从几十年前开始到今日,对它的批评声就经久不衰,但一直被忽略。比如,诺贝尔奖得主华西里·里昂惕夫(Wassily Leontief)在1982年经济类学术刊物曾写道:"专业经济期刊中充斥着数学公式,从一套又一套完全武断却又多少有些合理性的假设,到精准叙述但却毫无关联的理论结论。"(Leontief 1982,p.104)杰弗里·霍奇森(Geoffrey Hodgson)在《进化与制度》(Evolution and Institutions,1999) 中曾引述上面的这句话,那时,这个情况还没有变化,时至今日依然如故。这样的批判对经济学没有什么影响,因为主流经济学家拥有着强大的资助者。霍奇森指出,与主流经济学家持不同观点的经济学家如今鲜有机会得到学术邀请,发表他们的观点。他认为日本是主要的例外,美国因为其巨大的多样性为持不同政见者提供了一些机会。主流经济学家在他们的资助者的支持下,将具有根本缺陷的社会模型强加在自身及主要政策制定者之上,这样做,使他们看不到自己正在造成的文化、社会和生态的毁灭。

新古典主义经济学和社会达尔文主义的复兴，相伴而生的是人文科学实证主义形式的几乎完全的主导地位，其关注如何有效地控制民众，以及基于弗雷德里克·温斯洛·泰勒（Frederick Winslow Taylor）研究的"科学管理"或"泰勒主义"（Taylorism）。泰勒主义统治着新自由主义之下繁荣发展的管理人员。科学管理包括集中经理的知识和决策力、简化工作并剥夺下级权力，使他们成为像受训过的大猩猩一样（借用葛兰西对泰勒主义的后果的恰当描述）。如乔治·瑞泽尔（George Ritzer）所描述的那样，泰勒主义的胜利像"麦当劳化"（McDaldization）通过组织内对包括大学在内的"人事"部门的再命名为"人力资源"彰显出来。泰勒主义的成功还在于它强力推行量化标准来界定并评判雇员的表现，根据他们的能力进行区分来削减劳动成本。

市场之外的公共机构在避免市场自我腐蚀、获得并保持民主方面至关重要。然而如我们所知，新自由主义者的目标就是消除这种公共机构长久以来努力培育的独立和社会责任。我们以与全球公司王国一致的新的"技术专家政治集团"（technocracy）来管理公共机构，取代民主和维系民主的体制。皮埃尔·布迪厄将此描述为"新国家贵族"（new state nobility），"一小部分受过学术教育的精英，自持具有优渥的知识和经济学方法，认为自己有责任对社会进行从上至下的改革"。布迪厄在《抵抗行为：反对市场的暴政》（*Acts of Resistance：Against the Tyranny of the Market*）中写道：

150

　　这个国家的贵族阶层独霸了国家，他们宣传国家的退却以及市场与消费者的统一规则——公民的商业替代品。他们把公共财产转化为私人财产，把共和国的公共事务当作私人事务处理。当下重要的事情是民主的回归，以及对技术专家政治集团的胜利。

（Bourdieu 1998，pp.25t）

布迪厄曾写道："能力意识"（ideology of competence）或"智性种族主义"（racism of intelligence），"实际上，新自由主义霸权是建立在社会达尔文主义的一种新形式之上的：用哈佛（Harvard）的话来说，'最优秀和最显著的'获胜"（p.42）。

主流经济学解除了市场的限制，使市场不断集中地区、国家、公司以及个人的财富和权力，尤其当经济逐步被金融部门掌控时，最终削弱了经济、腐蚀了政治、损害了团体、耗竭了储备、摧毁了资源并破坏了生态系统。①在公司和泰勒管理主义主导的社会，基于货币计算做出的决策下，生态的可持续发展不可能达成，过去民众曾有的一点点自治都被剥夺殆尽。如阿尔弗·霍恩堡（Alf Hornborg）在文章《金钱与生态系统崩溃的符号学》（Money and the Semiotics of Ecosystem Dissolution, 1999）中曾指出的，金钱是一个代码，只有一种符号，就像一种语言只有一个音素。它不太可能提供适当应对复杂局面所需的反馈，事实上，正引领人类走向生态毁灭。泰勒管理主义就是通过极具缺陷的符号来实施的，结果导致愚蠢的错误，以及创造性的焚毁接连发生。一些人提出了以下主张，贝德（2006b）就是其中之一，他认为在新自由主义的管理框架下，通过考虑外在性并依赖技术方法调整市场，不可能解决生态问题。

斯蒂芬·邦克（Stephen Bunker）对亚马孙河流域开发的研究详细说明了过去据说的自由市场所产生的影响。他们转化了生活中大部分的可用能源，把一部分植物或全部转化为化石，造成了自然资源的过度开发，在世界经济的边缘产生了可观的生态成本，并引起了全球系统内的高度关联。如他在《不发达的亚马孙流域》（*Underdeveloping the Amazon*, 1986）中指出的：

高度关联性最终引发了生态和社会的坍塌，系统不断地等级分化削弱了他们自身的资源基础……将该系统捆绑在一起的交换关系

151　　取决于当地占主导地位的集团，他们根据国际需求重新组织当地生产和开发的模式，但最终的毁灭是全球性的，不是局部的。周边区域持续的贫困最终会摧毁整个系统。

（p.253）

在全球新自由主义的统治下，这个问题不但没有解决，反而愈加严重。如理论生物学家何美芸和理论生态学家罗伯特·乌兰诺维茨（Robert Ulanowicz）在《作为有机体的可持续系统？》（Sustainable systems as organisms?, 2005）一文中指出的：

　　世贸组织中的富裕国家提倡经济全球化，旨在去除贸易、金融和政府采购中的全部壁垒，这无异于摧毁系统的错综复杂的时空结构。这不可避免地会引起对贫困地区的过度开发，尤其是第三世界国家，从而使整个经济系统更加贫瘠。但这还不是全部。由于全球经济系统是全球生态系统根深蒂固的一部分，全球经济的过度开发会驱使人们过量地使用自然资源，结果就是全球生态系统无法自我更新，日益恶化。这就导致对经济系统的投入降低，形成了恶性循环，最终既摧毁了全球经济，也破坏了地球的生态系统。

（p.47）

杰奥瓦尼·阿锐基（Giovanni Arrighi）和贝弗利·J.西尔弗（Beverly J. Silver）在《现代世界体系的混沌与治理》（Chaos and Governance in the Modern World System, 1999）中提出，这些政策是美国政府设法强化其在剥削统治中逐步沦陷的主导作用的结果，这样的策略只会削弱其自身的权力，注定会失败，同时还会引起世界范围内的混乱。阿根廷的经济崩塌之后，新古典主义经济学家倡导的政策又导致了2008年的全球金融危机,由此证实了对新古典主义经济学的理论批判。尽管凯恩斯经济学、政治经济学和制度主义经济学提供了理论上更合理的其他选择,②但这些传统几乎对主流经济学或政府政策毫无影响,新古典主义经济学家仍然掌控着国家经济政策的走向。

以上说明了,市场取代了对真理的追寻、对理解的探究,成为决定研究资助的标准。米罗夫斯基(Mirowski)在《科学大卖场:美国科学私有化》(Science-Mart:Privatising American Science,2011)中很好地描述了这一过程。那些能够增强权力阶层控制力的观点统御一切,无论这些观点多么不合逻辑,也不管它们会带来什么样的后果。当然,对真理的追寻并没有被完全消除,从五角大楼或跨国公司埃克森-美孚(Exxon-Mobil)泄露的文件中我们可以窥见人类惨淡的未来。埃克森-美孚公司 1981 年就了解到了全球变暖的趋势,但却四处游说,不让这个事实公布于众或采取应对措施。查明真相的文件是精英阶层为自己制造出来的,必须泄露给公众,来发现他们得出的结论(Taylor,2014)。维基解密的创始人被诽谤和中伤,原因是把这样的文件透露给大众。然而跨国公司以外的人提出不同的意见越来越困难,即使提出来了,要散播这些观点,使这些观点受到重视,也愈发不易。心理学和社会学充分说明了这一点。哈贝马斯在《战后世界的意识形态和社会》(Ideologies and Societies in the Post-War World,1986)一文中提出:"只有退化为在社会的哲学基础理论框架下发挥作用的一种毫无意义的实证主义,社会科学才能保留下来",这个论断已经得到了证实。一小撮杰出的理论工作者在不懈地研究,他们发展了一种传统,可以看作回归到了赫德、费希特、黑格尔和谢林,他们标榜大部分正在进行的是这些学科的科学研究,而实际上他们旨在为官僚阶层和商业机构提供知识手段来增强对民众的控制,其中包括分发放调查问卷,运用数据包来揭示结果之间的关联性,然后随时提出专门理论来解释这些关联性。这与真科学连表面的相似性都不具备,而大部分社会学专业的学生在大学学的就是这些。③

　　所有这些并不是说明广义上的文化是由大众普遍接受的科学唯物主义描述出来的。虚无主义世界观打造出的真空中，人们处于一种混沌状态，统治精英阶层、他们的神父、经济学家让他们接受什么观点，他们就接受什么，学术生活除了研究对民众的控制外，只不过是一种娱乐形式，生活唯一目的的价值所在就是消费、掌握方法来更多地消费。在富裕国家，这个观点是具有普遍性的，这对大众的去政治化负有不可推卸的责任，同时，也是福利制度削弱、不平等的滋生、工作安全保障的消除以及个人债务提升的罪魁祸首，结果导致消费主义不断产生债务、不安全感和焦虑。如齐格蒙特·鲍曼（Zygmunt Bauman）在书中所说，人们正《靠借来的时间生活》（*Living on Borrowed Time*, 2010）。因此，人们向宗教激进主义和偏执的民族主义寻求帮助，暴力倾向愈发严重。这样的非理性主义和暴力在未来很有可能呈增长趋势。

　　新自由主义的日程安排极大地羁绊了学习与研究体制的发展，遏制了对知识的探寻，创造出一种虚无主义文化，把人类禁锢在对财富和收入的日益关注之中，这终将导致人类走向金融与商业的衰亡，随后是政治、社会和文化的坍塌。④更重要的是，它将人类束缚在生态毁灭的轨迹之上。公司王国主导的无约束的市场，对技性科学的提倡，以及通过娱乐转移大众的视线，这一切都不能提供必要的方法以恰当应对生态毁灭，如今这一点再明白不过了；它们加速了导致生态毁灭的经济行为。如生态经济学家科佐·玛尤米（Kozo Mayumi）在《生态经济学的起源》（*The Origin of Ecological Economics*, 2001）中指出，在自由贸易的信条打造出的全球经济中，能够促成生态可持续发展的经济企业在经济效益方面都很孱弱，而那些经济效益卓越的企业却不能保证生态的可持续发展。

153

第二节　激进启蒙运动与争取民主的斗争

赋予追求真理的价值正在逐渐消失，这对于像卡斯托里亚蒂斯这样在古希腊研究民主的诞生的哲学家们来说并不惊讶。希腊政治和哲学是与民主一起产生的。当时，人们明确地思考法规并修改这些法规，这使他们提出了类似这样的问题：如何判定一条法律是正确还是错误呢？也就是，什么是公正？也是在当时，我们发现人们第一次明确地质疑世界的集体代表制，并提出其他的选择。起初他们疑惑一些代表是否是真实的，很快他们又提出了"什么是真理？"这样的问题（Castoriadis 1997, pp.267–289）。在任何社会，最重要的权力就是界定真实性（reality）的权力。专制君主和寡头把真实的定义强加在他们统治下的民众身上。他们不希望人民去追求真理（除了在个别领域外）或公正，或是具有高尚的道德情操；他们需要的只是工具性的知识。随着真正的民主的消失，那么赋予追求真理、公正、正直和高标准技艺的价值也随之消失了。追求真理的回归与追求真理的条件是与追求自治和自由的斗争分不开的。自由就意味着不被奴役，避免被奴役就要参与到对自身群体的管理中，这些群体自身也必须处于不被奴役的状态。避免国家、群体、经济组织和个人不被跨国公司的经理以及他们的政治盟友奴役，克服管理主义，避免市场法规对人类的强制实施，不再把工人训练成机器，要做到这些并不需要正统马克思主义者仍旧相信的中央计划经济，而是需要民主政治与自我管理的复兴及其所需的价值和美德。

当下，政治哲学正处于危机之中，至少对于那些不愿意看到民主被掏空、被摧毁的人们是这样的。从19世纪末到20世纪60年代，民主发展的势头强劲，但从70年代开始至今，民主发展出现了停滞甚至倒退。这在很大程度上是分析哲学的胜利带来的后果，我们看到的是伦理和政治哲学传统的复苏，该传统始于托马斯·霍布斯，后来约翰·洛克、亚当·斯密、杰里米·边沁和赫伯特·斯宾塞发展了该传统。霍布斯倡导的是"占有性个人主义"（possessive individualism）以及对民众的去政治化，这一点在 C.B.麦克弗森（C.B.Macpherson）的《占有性个人主义的政治理论：从霍布斯到洛克》（*The Political Theory of Possessive Individualism：Hobbes to Locke*，1964）一书中有所描述。洛克重新表述了霍布斯对基于社会契约之上的生命权力的观点，他认为建立在社会和政治契约之上的社会的主要目的就是保护人们的财产，即人们的劳动所得。实用主义的主要倡导者对洛克的权力概念表示反对，但实用主义本身也是源于洛克的对等观，即令人愉悦的就是好的，令人痛苦的就是坏的。在现代社会，基于契约的权力概念与实用主义相互补充。如阿拉斯戴尔·麦金太尔（Alasdair MacIntyre）在《追寻美德》（*After Virtue*，2007）中指出的，它们是"不可通约的幻想中相匹配的一对"（p.91）。这样，人们把洛克和边沁当作霍布斯的追溯者就不难理解了。这些观点被纳入了古典经济理论，经济人（homo-economicus）高效地计算出了社会路径，被描绘为理想的理性人类。社会达尔文主义把古典经济学理论当作对大自然的隐喻，是对霍布斯人类机械论的进一步表述，提供了一个重要框架，来界定权力和效用受重视的程度。那些忽视历史并倡导消极自由（无任何限制的自由）的哲学家们，他们持有"无拘无束的自我"（据说具有选择能力的个人）观念，与他们所选择的价值背道而驰。这些哲学家们还提倡对好的观念的挑选权力，关注程序，而不是结果。如麦克尔·桑德尔（Michael Sandel）在《程序上的共和国和无拘无束的自我》（*The Procedural Republic and the Unencumbered Self*，2005）中表明的，这实际上是支持霍布斯关于消除自由、奴役民众的计划。

　　如要发展真正的民主（民治、民有和民享），就需要摒弃全部的霍布斯思维传统，重新建立对经济的民主掌控。这就对伦理和政治哲学提出了新

的要求。问题是如何使市场从属于社会的民主体制，将市场转化为用来巩
固这些社会的工具，在全球化的世界范围内创造并保持其所需的社会空
间。要做到这些就需要限制商品化的程度，消除泰勒管理主义，清理掉失
控的反馈环集中权力、破坏民主机构的必要条件。尽可能地将生产地方化
作为一种解决方案，但即使做到了，也还是有问题的。要应对这些挑战，需
要恢复政治哲学和伦理规范，并进行再思考。如卡斯托里亚蒂斯在《希腊
政治与民主诞生》(*The Greek Polis and the Creation of Democracy*, 1997a)
中指出的，政治起源于古希腊，该范畴内的群体及其成员为他们的信仰和
体制负责，他们找出存在的问题，努力自我管理，掌控自己的命运，增强自
身的生存环境。在此，民众为获得自治而努力。政治总是与伦理道德联系
在一起的，因为只有人们具备所需的德行，自治的群体才能良好运行。如
汉斯·巴伦 (Hans Baron) 在他的《意大利文艺复兴初期的危机》(*The Crisis
of the Early Italian Renaissance*, 1966) 中指出的那样，从过去到现在，政治
和伦理哲学一直对人文科学至关重要。这样的哲学需要提供概念来引导
人们去发现并理解最高的价值，选择人生的目标，了解该如何安排自身，
如何去生活、如何去行动，他们应该努力成为什么样的人，他们应该生产
什么、如何去生产，以及他们如何分配他们的产出。

　　政治和伦理哲学家本该一直努力解决这些问题，正确思考世界的纷
繁庞杂，他们中的一些人也一直在这么做。然而政治哲学和伦理哲学的子
学科，像大多数其他学科一样，不但彼此分离，还与其他的学科分离，与其
余的哲学分离，与人文和科学的其他学科分离，与艺术、文学，通常是与历
史分离，甚至这些子学科，尤其是伦理学，被再分割成各种子学科和特殊
专题。⑤对此的反对一直都有，但在大多数的哲学部门中，这些反对呼声被
边缘化了，大部分人都转去经济学家和心理学家那里寻求对政治和伦理
的指引。除了少数例外，拥护民主的伦理和政治哲学家们一片迷惘，要扭
转这一局面首先就需要回归历史。伦理和政治哲学的最重要工作过去就

155

是在历史中进行的,现在依然如此。

需要这样的历史工作来恢复最简单但也是最重要的观点,如亚里士多德伦理和政治的**最初**(arche)或第一原理,没有这个原理指引,人们只不过是各说各话。该原理阐述的基本问题是要找出什么是至善(ultimate good),人们应该以至善为目标,这是建立在宇宙中最合情合理的对人类和他们所处位置的理解之上的,而后解决政体(或国家)如何组织来便利人们过上美好生活的问题。自然法则的法学传统就是基于此原理。从更本质上说,希腊的政治就是建立在人们要为自己的行为负责的信仰之上,赫拉克利特是第一个提倡该信仰之人。结果,希腊的民主就是依据这个假设形成的。政治生活的参与者对教会决定的结果负有责任,并且他们对教会的决定有着长久的影响。统治者应为了共同利益来管理国家。在亚里士多德看来,能使统治者能为了共同利益来管理国家就是好的构造,无论统治者是很多人、某个精英还是任何一个人;除此之外,其他的都是有缺陷的构成形式。我们要以此为起点,对政治哲学发展进行辩证地再建构,运用统观分析和综合分析的方法来确认并恢复其在历史中的主要进步,将这些成果结合到一起,为发展一种能够充分应对当下环境的哲学提供坚实的基础。这就需要把伯利克里、柏拉图、亚里士多德、波利比乌斯、西塞罗、阿奎那、复兴公民人文主义的观点和伦理与政治哲学近期作品中的思想结合到一起。

156　　文艺复兴对重新构建政治哲学的辩证历史有着特殊的意义。主要围绕着"公民人文主义者"(civic humanists)追寻对自由的捍卫,如同罗马共和国捍卫者所理解的自由。在《霍布斯和共和自由》(*Hobbes and Republican Liberty*)中,昆廷·斯金纳(Quentin Skinner)说明了共和理论的核心观点,引自《查士丁尼法典文摘》(*Digest of Justinian*):

　　……自由人所享有的自由(libertas)在于他们自己"握有权力",

而不是在"其他人的掌控之下"……由此屈从于他人的任意意志(ar-bitrarium)。共和理论的关键是社会团体内的自由受制于任意权力的出席,这样导致该团体内的成员从自由之身沦为奴隶。

(Skinner 2008,p.X)

基于古希腊和罗马的研究之上,他们对政治哲学最重要的贡献就是认识到了权力不同中心的重要性,超越了波里比阿(Polybius)所捍卫的罗马共和国的混杂结构。在该结构中,权力分散在领事、议院和人民特别法庭之间,旨在分离政府的立法和执法部门。后来,博林布鲁克(Boling-broke)和孟德斯鸠(Motnesquieu)呼吁司法部门的独立,之后,康德和威廉·冯·洪堡(Wilhelm von Humboldt)呼吁大学一定程度上的独立,黑格尔呼吁行政部门的独立。复兴共和党人的另一项伟绩是发展人文科学,提倡人文教育。

很快,一切变得逐步清晰起来,研究公民人文主义(civic humanism)并接纳提倡自由的政治哲学与其强大对手之间的斗争一直都在继续。文艺复兴时期的思想家努力保留从德意志国王和教会那里争取来的自由,对他们来说,从战胜这样的对手的过程中重新获得失去的自由是必要的,需要"重生"或"复兴"罗马共和国和民主政体的希腊的文化。后来,崇尚自然的乔尔丹诺·布鲁诺(Giordano Bruno)和托马索·康帕内拉(Tommaso Campanella)捍卫了他们的公民共和主义并使之更加激进。这些崇尚自然的思想家们复兴了前苏格拉底的自然哲学,以此提供一种宇宙论来证实他们激进的政治观点。

马林·梅森(Marin Mersenne)、伽森狄(Gassendi)、笛卡尔和霍布斯发展出了一种自然和人类的机械论观点,提倡占有性个人主义,他们共同努力破坏了这种对自由的追寻。梅森是笛卡尔一生的朋友,在1624年,他把布鲁诺描绘为"地球支持的最邪恶的人之一……他似乎发明了一种新的哲思方法，唯一的目的就是对基督教进行恶意攻击"（Mersenne 1974, p. 317）。伽森狄和笛卡尔受到梅森的启发，不仅反对布鲁诺和热衷自然（Nature Enthusiasm）带来的影响，还努力寻找宇宙论的替代者。这就是新的"机械哲学"（Mechanical Philosophy）。笛卡尔和霍布斯还反对公民人文主义，而霍布斯还着手通过亚里士多德的政治哲学，构建一种基于机械论唯物主义的完整的社会、政治和伦理哲学来取代它。在此，霍布斯是一位关键人物，他不仅反对文艺复兴共和党人的公民人文主义，否定他们对自由和自治的追求，而且他还着手转化语言，根据伽利略科学清晰地说明了一种自然和人类的机械论观点，这样这些共和党人渴望的自由将变得无法理解（Skinner 1998, Skinner 2002, Skinner 2008）。如斯蒂芬·图尔敏（Stephen Toulmin）在《大都市：现代性的隐藏日程》（*Cosmopolis: The Hidden Agenda of Modernity*）中阐述的，这些机械论哲学的隐藏日程不仅是主导自然，还要创造一种社会秩序，秩序内的人们将完全受其统治，图尔敏将之称为"反文艺复兴"（counter-Renaissance）（Toulmin 1994, p.24）。扎维埃·马丁（Xavier Martin）研究人类假设和法国改革者的目标，他一直支持图尔敏的研究（2001）。霍布斯通过社会和政治哲学服务于这个目的。洛克和牛顿重新修订了这次运动，并在法国、苏格兰和英国深入推进，这次运动获得了极大的成功。乔纳森·伊斯雷尔（Jonathan Israel）在《激进启蒙：哲学与现代性的形成 1650—1750》（*The Radical Enlightment: Philosophy and the Making of Modernity 1650-1750*, 2002）中将之称为"温和启蒙"（Moderate Enlightenment）。该运动提倡占有性个人主义，认为容忍无法作为民主的备选方案。

　　文艺复兴时期的思想并非没有斗争就被埋葬了。对此温和启蒙，原子论、实用主义和虚无主义都给出了各自的解释，但也存在着反对之声，他们共同捍卫自由和民主，致力于复兴文艺复兴的公民人文主义和对自然的热衷。他们确实在努力激发另一次的复兴，重拾并完善古希腊和罗马，以及15世纪文艺复兴时期的思想。玛格丽特·雅各布（Margaret Jacob）在《激进启蒙运动：泛神论者、共济会员和共和党人》（*The Radical Enlighten-ment：Pantheists，Freemasons and Republicans*）中用"激进启蒙"（Radical Enlightenment）这个术语描述了这次运动。后来，伊斯雷尔使用了这个术语，并深化了这个术语。我曾把激进启蒙运动等同于"真正的"启蒙运动，温和启蒙运动等同于"伪"启蒙运动。尽管在18世纪早期还默默无闻，但随着18世纪晚期和19世纪早期德国的思想大爆炸，受到让-雅克·卢梭和康德捍卫自由的启发，这次激进启蒙运动横空出世。这是一次新的文艺复兴，不仅追随着上一次复兴时期追寻自由的思想轨迹，还重新构建了自由概念，重新定义了人类本质，并且在现代世界这个更加复杂的社会秩序大背景下，重新思考了传统的政治和伦理哲学。自然哲学被重新提起，来消除或对抗机械的世界观。

通过追溯波尔查诺、弗雷格、罗素、逻辑实证主义者以及奎因的影响，才能充分理解霍布斯传统哲学内的复兴，以及德国文艺复兴的去功能化。他们还尝试提倡一种贫乏的语言，使之无法清晰地说明为自由和民主的斗争。大多数的分析哲学家要不就拥护完全的虚无主义，像逻辑实证主义者A.J.艾耶尔（A.J.Ayer）那样公开地支持，或像奎因那样间接地支持；要不就提倡权力的契约主义概念或功利主义。通过认识本质上相对抗的启蒙思想传统，我们如今不仅能理解新自由主义为温和启蒙运动的复兴，还认识到其重要意义。新自由主义不仅在倾覆民主，而且是对自由的复兴理念和自然价值的新一轮攻击，是自然热衷者和那些重拾高水平生活观的浪漫哲学家赋予了自然的价值。大多数那些标榜反对新自由主义的人们似乎都将这个传统抛之脑后。实际上，他们"遗失了"激进启蒙运动的"内质"而迷茫无措，我们需要把它找回来。

要重拾该内质，有必要更加仔细地审视德国哲学，揭示康德捍卫自由意志的第二次哥白尼革命的意义，以及康德哲学的不同发展。激进启蒙运动在荷兰共和国、英国和法国，以及在美国和法国革命中有着一定的影响，但在德国学术领域却大放异彩。康德、黑格尔和谢林，尤其是黑格尔的《历史哲学与权力哲学》(*Philosophy of History and Philosophy of Right*)深受康德的学生约翰·赫尔德(Johann Herder)和 J.G.费希特的影响，关注自由发展的演化，这些都是理解该传统的关键参考因素。凭借黑格尔的历史和综合研究，及其对社会、政治和伦理思想的贡献，德国的激进启蒙运动可以被看作社会哲学的新黑格尔传统，尽管这并不等同于黑格尔哲学。要充分理解对这种思维传统的逐步采纳，需要弄清楚谢林哲学及其影响。

　　激进启蒙运动虽然在德国逐渐式微，但一直繁荣发展直至 19 世纪末 20 世纪初，受到英国、美国和意大利理想主义者，黑格尔马克思主义者，美国实用主义者，过程形而上学者及大部分现象学家的推崇。理想主义者的社会自由主义（或自由社会主义）得到了实用主义者、过程哲学家及人文主义马克思主义者的拥护，其致力于对自由的追寻，使人们免于各种形式的奴役，为民众通往自我实现、培育个人责任及维护自由所需的德行的道路上清除障碍。对英国理想主义者来说，这需要民众有一些私人财产来培养个人责任——只要其他人没有被剥夺私有财产。他们把私人财产看作一种方法，而不是目的，该哲学不但准许占用大量财富，而且是自身所必需的。市场自身被当作一个不以自我为中心的道德框架下的公共机构。德国思想的再次繁荣可以被当作激进启蒙运动的另一次复兴，而分析哲学的发展可以被当作这次复兴的智性颠覆。斯大林主义和纳粹主义皆受到了泰勒的科学管理理论的深远影响，该理论与新的管理阶层的发展密切相关，詹姆斯·伯纳姆(James Burnham)在《管理革命》(*The Managerial Revolution*, 1945)中曾说道，斯大林主义和纳粹主义是对激进启蒙运动的攻击，攻击失败了；而新自由主义在他们的失败之处站了起来，大步向前。

　　我们需要新的复兴，这一直是由侧重历史的政治哲学家担负的。如我们所知，卡斯托里亚蒂斯在古希腊重新激发了人们对民主出现的兴趣和对自治的追求。昆廷·斯金纳(Quentin Skinner)、波考克(J.G.A.Pocock)、菲利普·佩蒂特(Philip Pettit)和麦克尔·桑德尔(Michael Sandel)捍卫并发展了文艺复兴中公民共和传统的核心理念，而新黑格尔社群主义受到南美的查尔斯·泰勒(Charles Taylor)、英国的戴维·米勒(David Miller)(或苗大卫)、法国的保罗·利科(Paul Ricoeur)和德国的阿克塞尔·霍耐特(Axel Honneth)的大力支持。⑥公民共和传统关注捍卫自由、避免奴役的所需，在对抗新自由主义中强化了新黑格尔思想，而新亚里士多德哲学则把政治和伦理引入了视线。时至今日，19世纪新黑格尔派(或新费希特派)、格林(T.H.Green)以及英国和美国的理想主义者(包括乔赛亚·罗伊斯)的伦理和政治哲学的重要性还一直被人们不断地认同和支持，来对抗正在被新自由主义者复兴的理念，既然新自由主义者正在仔细地重拾这些哲学家在对抗的教义。他们的哲学提供了一个融合新黑格尔主义和共和政治哲学最新发展的框架。⑦这为融合公民人文主义者的公民共和主义、黑格尔和新黑格尔政治哲学的社群主义，以及新亚里士多德政治和伦理哲学起到了补充的作用。⑧

第三节　思辨自然主义、哲学人类学与人文科学

　　然而指出霍布斯发展的宇宙论和人类概念，以及他的追随者对民主的反对是错误的还是有必要的。罗森、派蒂、萨尔蒂和其他人对理论生物学的研究表明，如仅基于其逻辑联系和对科学和数学的巨大贡献来进行评价，会错失其完整意义。思辨自然主义要证明的不仅是包括哲学和艺术在内的人文科学的认知主张，还有其价值和重要性。思辨自然主义把人类定位为参与到具有创造性的人性和自然的形成中的有意识的、会思考的社会存在，如今还可以被认为包括努力获得对世界、对自身以及对他们的

种种可能性的全面理解的哲学家们，思辨自然主义认为人类对未来负有责任。受到思辨自然主义启发和引导的牛顿科学如今证实该人类概念，认为人类在某种程度上具有创造自身的能力。

　　还原主义科学的胜利涉及对生命和心灵的看法，认为它们是物理化学实体、关系和过程的附带现象，从更本质上来说，否定了目的因的效力。此拒斥被嵌入进主流科学的假设中，从培根和牛顿，直至以后。这说明了人性的观念可以被培养，自由可以去争取，对真理和公正的追寻并不是毫无意义的幻想。想一想，同样是人类的概念，霍布斯认为人类是受强烈欲望和憎恶驱动的机械装置，所有的思想都是增加和删减的结果，知识等同于了解如何控制世界来满足这些欲望，同时避免憎恶。社会达尔文主义是霍布斯哲学的强化，其把生命描绘为一种存在于竞争的机械装置间的生存斗争，根据在此斗争中的工具价值评判一切。在理查德·道金斯（Richard Dawkin）对此的构想中，斗争最终存在于不同的基因或 DNA 链之间，而有机体是它们的生存机器。这如今被认为是人类的科学观，用信息技术的比喻来填充，具有赋予科学的绝对权威。那些尝试使政治研究更科学的政治理论家们也大部分是霍布斯远方的追溯者。由于这个人类的概念，该有效主张、艺术和人文科学的重要性，以及创造一个不那么压抑并可持续发展的全球生态文明的可能性被否定了。奎因和他的追溯者做出的哲学对科学主义的让步就涉及对这些观点的严正反对。这就是激进启蒙运动被边缘化的核心原因。

160

　　复兴激进启蒙运动不仅是去相信我们想要相信的，规避对世界还原主义的理解造成的灾难性后果，甚或是捍卫民主来对抗不断增长的寄生性全球管理阶层。简单地忽视科学的进步，持有人性更高贵的观点，在人文科学内部采取的这种策略有时与理想主义的各种形式类似，很明显都失败了。首先，是捍卫对真理的追求，推进并维持这种追求是挑战对世界还原主义的理解及随后的虚无主义的条件；其次，霍布斯对人类的理解是错误的，应该被取代。这强化了思辨自然主义的核心主张的重要性，从谢林直至今日，思辨自然主义者只是考虑科学的可能性，更不用说去证明人文科学的认知主张，为捍卫民主创造条件。自然必须以一种可以了解的方式被理解，那就是人类产生于自然，并从自然中演化发展而来，人类有感受、想象力和意识，他们是具有潜在创造力的社会主体，能够追求真理、公正和美好，能够反思他们的文化、转化他们的文化，并由此改变他们与自然的关系。这是考虑科学可能性的条件。对自然的理解如果否认了这种可能性，那么这种理解就是自我矛盾的，因此一定是错误的。还原主义科学及其所赋予的还原主义形式的解释前后不一致，其否定了意识的真实性或因果性，由此否定了科学的可能性，以真理的名义，还原主义科学必须被取代。

161   相反，如布劳德指出的，思辨哲学的目标是将全部人类经验——科学的、社会的、伦理的、审美的和宗教的——纳入思考范围，发展一种能够证明所有这些的前后一致的真实概念。与分析哲学家的自然主义不同的是，思辨自然主义不但证实了哲学的宏大目标——杜绝任何把哲学消解为主流科学的护教学的企图，还为克服主流科学的缺陷提供了根据，同时为霍布斯的"人类"概念的发展奠定了基础。谢林的研究证实了这一点。如戴文·赞恩·肖恩（Devin Zane Shaw 2010）指出的，起初还有些进展（后来他没能基于此继续研究），他尝试构建一种自然哲学、艺术和历史的新的综合，克服康德哲学内的二元论和分歧，从那时起，这就成了思辨自然主义的目标。结果，该传统支持谢林在《实证哲学的奠基》（*The Grounding of Positive Philosophy*）中的宣言，他在辩证法概念之上提出，"正是对的形而上学提供了对世界的真正理解"（Schelling 2007, p.107），这种形而上学就是思辨哲学，即形而上学或思辨哲学是对世界连贯理解的基础，这个世界包括他人和我们自身在内，是人与人之间团结齐心的基础，形而上学能够为所有的探寻和所有的行为提供引导。由此，卡尔·雅斯贝尔斯（Karl

Jaspers)说:"哲学必须进入到生活中。这不仅适用于个人,也适用于时代背景、历史和人类。哲学的力量应该能洞察一切,任何人离开哲学都无法生存。"(Jaspers 1993,p.144)这些观点启发了并还在不断激励着思辨自然主义的现代传统,其中包括生态马克思主义的现代传统、过程形而上学、皮尔斯的符号学和自然化现象学。这些彼此相关的传统,通过了解并重视自然和社会的真实目的论和真实创造性,证实了人文科学的假设:人类具有真正的创造力,艺术和人文科学的学科,尤其是叙述或叙事学,需要与自然科学一起携手,与自然一道参与对未来的创造。

　　从根本上说,思辨自然主义需要目的因的效能能够被认识到。我们的周遭存在着各种各样的生命体,他们通过期待并对预期的可能性做出回应来积极地参与到对未来的创造中。这不能通过简单的多样性和选择性来解释。理想主义提出了自由意识,但后来却不能对自然和演化做出翔实的解释。需要一种科学的形式来清楚地解释,意识存在的出现并不决定于他们组成部分的活动,而是科学,建立在思辨自然主义者发展的过程——关系性思维(process-relational thinking)之上的科学。如谢林指出的,是对世界的理解使生命、意识和科学的可能性能够被认识懂得。该洞见一定会被一次又一次地发现,最新的发现就出现在斯莫林的《时间重生:从物理危机到宇宙未来》(*Time Reborn:From the Crisis in Physics to the Future of the Universe*,2013),以及昂格尔和斯莫林的《奇异宇宙和时间现实》(*The Singular Universe and the Reality of Time*,2015)中。如前一章所述,演化理论需要层级理论。谢林曾预示过层级理论,后被罗森、派蒂和萨尔蒂复兴并发展,其中涉及了由不同过程率描述的新限制而导致的下向因果关系(downward causation)的新形式,这样就辨认出了新事物的出现。鉴于此,派蒂提出了一种对控制的物理阐释,这需要能够产生自身模型的系统,他还指出物理过程如何产出这样的象征或符号。萨尔蒂是层级理论深入发展的主要人物,他使用层级理论解释并捍卫了皮尔斯的符号学,同时分析

162

了新事物的产生如何在较短与较长的尺度间，以及在较快与较慢的速率间插入新的约束层级。如上一章提到的，他可以通过这些概念解释目的因的出现。罗森在他的预期系统研究中说明，这样的目的因要通过系统的数学模型才能理解，这些系统的数学模型能够为其自身建模，为其环境或周遭建模。如此，生命自身就容易理解得多了，科学也不再需要努力把生命解释为化学元素的复合体。这样的模型可以通过皮尔斯的符号学来描述，生命及其演化也可以通过发展越来越复杂的符号过程的形式来定义。然而皮亚杰的生成结构主义和皮尔斯的生物符号学之间存在着明显的差异，但二者都深受康德的影响，因此对因果概念的研究可以使这些思维传统融合到一起。理论生物学如今支持哲学生物学，关注对生命本身的描述。

　　理论生物学和哲学生物学共同支持哲学人类学中发展出的人类和人性概念，反之也受其支持。由于马克斯·舍勒（Max Scheler）、赫尔穆特·普莱斯纳（Helmuth Plessner）、阿尔诺德·盖伦（Arnold Gehlen）和其他人的研究（Fischer 2009），哲学人类学与哲学生物学在 20 世纪早期声名鹊起。这些哲学家试图自然化现象学，努力描绘生命的特质，刻画人类在经验中体现出的特点，拒斥胡塞尔的理想主义，否定生命和人性的机械论模型，该模型单纯地忽视了与还原主义科学不一致的经验维度。然而哲学人类学早在一个世纪之前就已经发展起来了，来对抗霍布斯的思维传统，最初是 A.G.鲍姆加腾（A.G.Baumgarten），后来是康德。康德在《逻辑学导论》（Introduction to Logic）的系列讲座中，提出"'什么是人类'是哲学的根本问题以及回答一下问题的关键，'我能知道什么？我该如何行动？以及我应怀有什么样的希望？'"（Kant 1971，p.17）。我们可以通过哲学人类学理解人类的特殊性，人类是什么样子，他们能成为什么样子，他们希望成为什么样子。哲学人类学辩证地涉及自然科学（批判、引导学习专门科学研究），同时也是人文科学的核心内容，包括政治伦理哲学。约翰·扎密托（John Zammito）认为，康德的学生赫尔德继续进行康德早期的研究，将哲学人类学作为自己哲学的核心,把人类理解为一种文化存在。后来,谢林、黑格尔和马克思深化了这种理解,很明显,这是所有反还原主义的、人类科学的人文主义形式。

　　康德曾经认为科学可能性的条件是贯穿在我们不断变化的经验中的同一的"我",同时也是维护自由现实为伦理基础的根本所在。康德的追随者接受了这一点,但费希特在他的《自然法权基础》(*Foundations for Natural Right*,2000)中指出,这样的"我"只能通过自我限制,通过认同其他人为自由的行动主体来自我维持和发展,这些行动主体反之回应这种认同,认可自身的自由。黑格尔接受了费希特的观点,否定康德关于预先形成的自我概念。该观点认为"我"代表着一个与自身相关的纯粹整体,并认为该自我是不断发展的结果,从即时感受到自我觉察,再到在人与人的关系中获得认同而培育的自我意识,最终通过参与伦理和文化生活到达普遍性,他将此描述为精神(Spirit)。黑格尔将此形成过程归为三种彼此依存的辩证模式的一部分:通过语言实施的符号表征、通过工具实施的劳动过程,以及通过道德关系实施的基于认同回应的交互性。尽管哈贝马斯首先注意到这三个彼此交织的辩证过程,声称黑格尔放弃了三元论,但罗伯特·威廉姆斯(Robert Williams)认为黑格尔将该辩证法融入了他的后期哲学中,主体性(Subjective)、客体性(Objective)和绝对精神(Absolute Spirit)三段论。

　　谢林的研究可以看作自然化理想主义者洞见的早期类似的努力。谢林把这些辩证模式(最重要的是,认识的辩证法)置于自然的背景之下,给予个人拒绝或支持伦理文化生活的权力,以及改变这种生活的权力。也就是说,谢林通过思辨自然主义将理想主义者的洞见,尤其是费希特的洞见自然化,早就发展出了一种哲学人类学。随着20世纪哲学人类学的复兴和现象学的发展,哲学家们重新发掘了那些受到谢林影响之人的研究,其中包括青年马克思、克尔凯郭尔、陀思妥耶夫斯基和尼采,并将他们的观点与受现象学启发的哲学人类学家的观点结合到一起。他们中的大多数都在德国，梅洛—庞蒂也是这方面的典型人物。苏联也发展出了类似的观点，发起人是米哈依尔·巴赫金(Mikhail Bakhtin)以及受其影响的思想家圈子(Todorov 1984,Ch.7)。在此基础上，巴赫金发展了自己的对话理论(dialogism)，后由莫斯科—塔尔图符号学派(Moscow-Tartu school of semiotics)进一步发展。哲学人类不但与阐释学传统密切相关，还是德国哲学的核心，受到阿克塞尔·霍耐特和汉斯·约阿斯坚定地拥护。对美国哲学家哲学思想重要性的重新认识直接导致了这次的发展，萨米·皮尔斯特伦(Sami Pihlström)重新认识了威廉·詹姆斯(William James)，汉斯·约阿斯(Hans Joas)重新认识了乔治·贺伯特·米德(George Herbert Mead)，而这些哲学家是被大多数讲英语的哲学家所忽视的。

164

　　如我在《灾难迫近时代的哲学人类学、伦理学和政治哲学》(Philosophical Anthropology,Ethics and Political Philosophy in an Age of Impending Catastrophe)中所述(很大程度上追随斯坦·萨尔蒂)，这些哲学人类学家的观点可以通过皮尔斯符号学、皮亚杰的生成结构主义、非线性热力动力学和层级理论得到进一步的发展(Gare 2009)。从这个角度就能够理解符号过程的新层次，放射本能转化为熵的限制作为新的层级插植其中，这样人类的活动就不仅局限于对周围世界做出的回应，还局限于对他人及其共享世界的认同，以及他们代表自己参与到这样的共享世界中。正是由于这些与文化相关的更加复杂的符号过程形式，人类才拥有能力构建体制、发展技术，不但能理解他们的当下，还能预测遥远的未来。此外，人类还能够质疑蕴含在解释方案中的自身模型，以及基于这些方案并孕育出这些方案的体制，他们能调整修改这些模型和体制，甚至创造出全新的阐释方案、体制和技术。由此，人类把自己看作参与创造未来的一部分，并担负起对未来的责任。使我们了解自身，懂得人类是预知系统，不但支持而且需要人文科学。人文科学的各个学科关注理解并评估当下，构建新的观点和思维形式,决定我们应该创造什么样的未来,并让人们着手开创这样的未来。像这样,人文科学需要给予自然科学足够的重视,这就需要把哲学生物学和哲学人类学包含进来。

以此方式理解,人类一定具有反作用于他们生存条件的能力,这就意味着改变他们自然和社会群体轨迹的可能性。如果周遭是追求真理、传播真理的环境,那么就能说明我们不是要毁灭我们的生存环境。对真理的坚持和追求真理的氛围能够为环境运动提供坚实的基础和空前的团结,使我们能够成功地挑战新自由主义,甚至管理主义的市场原教旨主义(managerialist market fundamentalism),打造崭新的全球文明。要理解这个观点,获得最大的启发,就要去研究一下人文科学的最新拥护者、之前曾提到过的俄罗斯哲学家米哈伊尔·埃普斯坦(Mikhail Epstein)的作品。

埃普斯坦在《变革的人文科学》(*The Transformative Humanities*)中表达了对复兴人文科学的支持,并提出了相应的指导。更重要的是,他清晰地阐述了什么是人文科学以及其作用,这一点至关重要。概述如下:

165　　　　人文科学与自然科学最根本的区别在于, 人文科学研究中的主体与客体重合;在人文科学中,人类为了人类研究人类。因此,研究人类也意味着创造人性自身; 对人类的每一种描述行为同样是一种自我建构。从完全的实践意义上来说,人文科学创造人类就如人类通过文学、艺术、语言、历史和哲学改变自身一般:人文科学使人类更具人性化。

(Epstein 2012, p.7)

人类通过创造"新的形象、符号和自身概念……"创造了自身,"与其说人类在客观世界有所发现,不如说他们通过自我描述和自我延伸构建了特有的主体性"(Epstein 2012, p.8)。罗森之后,我们也可以在其中添加:

新的自然模型和人类模型。正是这种自反性使人文科学比自然科学更具根本性。埃普斯坦间接提到了元数学和计算理论在自我参照上的缺失，指出"自然科学最关心的是什么造成了人文科学'不那么具科学性'，造成其主客可逆性，比如，语意不清"（Epstein 2012，p.8f.），甚至人文科学语言的隐喻特质。没有人文科学的关键作用，自然科学无法努力达到自我组织、自我反思的知识顶点。正是这种关键性作用，人文科学不但不仅仅是自然科学的补充，还必须引导自然科学发展的方向。如埃普斯坦所说："过去，人文科学决定历史时代，并赋予其意义。哲学和文学宣告了启蒙时代的到来……文学批评家、语言学家、诗人和作家的创造性带来了浪漫主义时代……历来一直是人文科学引导着人类的发展。"（Epstein 2012，p.12）鉴于此，埃普斯坦引述了怀特海在《思维模式》（*Modes of Thought*）中的声明："理性思维和文明的理解模式会影响未来的发展，大学要担负起创造未来的责任。"（Whitehead 1938，p.171）

埃普斯坦更深入地阐述了这个问题，他指出自然科学关注自然，而科学的实践延伸就是技术，我们通过技术改造自然。人类科学研究社会，其实践延伸是政治，我们通过政治实现社会更迭。人文科学关注文化，其实践延伸是文化转型。但是我们与文化是密不可分的，要改变文化就要改变我们自身。在人文科学中，研究的主体与客体重合。正是通过文化的转型，我们不断创造自身。人文科学创造出新的主体性，人类要担负起对未来的责任和相应的自我管理的职责就需要这样的主体性。自然科学及其改变自然的能力，人类科学及改变社会的社会科学留下的政治力量，都是文化的一部分，而文化是社会的根本组成部分，文化在自然中产生，在自然中发展演化。文化是自然的产物，随着社会的发展而发展，自然科学家和社会科学家自身都是文化形成的，是文化的产物。为了改变自然而理解自然的整体计划是弗朗西斯·培根（Francis Bacon）启动的，19 世纪的哲学家威廉·休厄尔（William Whewell）创造了"科学家"一词。科学家的概念和作用

166

都是人文科学创造的,只有通过人文科学,整个计划和科学家的作用才能接受捍卫、质疑、批评和修正。通过自然科学和社会科学去研究自然和社会,不仅使我们理解并促进其转化;还是人文科学激励计划的一部分,去界定并构建我们同自然和社会的关系以创造未来。

第四节　融合新黑格尔社会哲学:激进精神

激进启蒙运动致力于后还原主义自然哲学和科学拥护的过程关系形而上学(process-relational metaphysics)。人类通过历史在自然之内进行自我创造,激进启蒙运动就将人类置于此大背景下,向一种全新的文明挺进,这种文明克服了部落、文明和国家之间的致命冲突。当下推进激进启蒙运动涵盖了联合全部人类共同促进全球生态系统及其下属群体的健康发展。关键点是这个目标应该被理解为对全球生态文明的追求。尽管文明的概念并不是政治哲学的核心内容,但实际上,它包含了激进启蒙运动的全部理想。这个词源于拉丁语"civitas",社会主体为"cives",或公民,法律把他们团结到一处、联合到一起,一方面赋予他们责任,另一方面基于他们公民权利。法律也有其生命,创造出一种"republica"或"公共实体"(等同于 civitas)。随着罗马帝国的拓展,这个词开始在那些容许某种自治的王国里使用。因此,文明意味着能够自我管理,被教导自我管理,并由此获得**"人文精神"**(humanitas)或人类的美德。

如我们所知,德国复兴运动的关键人物是康德、赫尔德、费希特、谢林和黑格尔,其中黑格尔推动了社会和政治哲学的全面发展。然而黑格尔是一位唯心主义者,他认为自然和人类历史的初步方案在它们出现之前就存在了,精神假定自然为他者,来对抗自然的自我发展。他提供了一种进步的宏大叙事,定义为自由和意识的前进,以及获得进步的技术条件。但是他的唯心主义形而上学不再可靠，其不可信性削弱了黑格尔社会哲学的影响和受其影响的理论。如马克思所称他一直拥护黑格尔，为了复兴黑格尔哲学传统，有必要对其进行彻底改变。自然孕育了人类，而个体在群体和文化中出现并发展，他们自身产生了自我繁衍的经济、社会和文化形构，并受其影响，部分上是自主的发展变化。

167

鉴于黑格尔早期作品中阐述的哲学人类学、自我管理能力及相关自由的进步和国家的历史发展可以被描述为发展认识（recognition）、表象（representation）和劳动（labour）彼此交织的辩证模式，以探究公平、真理和授权。黑格尔认为这可以理解为"精神"的发展。我们还有必要了解黑格尔后期作品中提出的精神的三个方面：主体性、客体性和绝对精神，对应的是俄罗斯/美国社会学家皮特里姆·索罗金（Pitirim Sorokin）及他所影响之人使用的"个性"（personality）、"社会"和"文化"三个概念。然而要反对实证还原主义需要通过谢林哲学和思辨主义哲学来理解这些概念，进而捍卫它们，而不是通过黑格尔的唯心主义。如同表象、认识和劳动的辩证关系，主体性、客体性和绝对精神相互依存不可分割。如大卫·卡尔（David Carr）在《时间、叙事和历史》（*Time, Narrative, and History*, 1991）中所述，这里的"精神"应该一直被理解为产生并活跃在不断发展群体中的激励，这样人们自然就把本身理解为"我们"，共同努力来推进文明的发展。把精神和绝对归为一处，需要注意，从谢林哲学角度来看，"绝对"（"无条件"）是形成过程中，觉知过程中的自我组织宇宙，而"精神"是群体加入该自我组织宇宙时，人类自我创造的推动力。按照乔尔·科维尔（Joel Kovel）的观点，我们应该一直在"精神"与"激励"的关系中去理解"精神"；在与他人共同探究公平、真理和授权而发展认识（recognition）、表象（representation）和劳动（labour）的辩证关系中去理解"精神"。个体是具有意义整体的一部分，在这个整体中，个体至少是潜在的重要参与者，理解了这一点，激励自然产生。"精神"不应该被具体化为一种以个体为工具的超实体,正如"绝对"不能被理解为超存在一样。

第五节　客观精神与绝对精神

　　在黑格尔哲学中,客观精神属于体制范畴。如哲学人类学家阿尔诺德·盖伦(Arnold Gehlen)所说,由于具有不成熟的本质和认知潜能,人类能够也必须把他们的实践体制化(Honneth and Joas 1988,pp.48f.)。法国革命失败,英国在原子个人主义(atomic individualism)和功利主义的基础上崛起为世界主导大国,黑格尔在此情况下努力确认已演化出的多样体制来构建现代国家。就广义来说,他认为要现代国家包括一个民族或国家,他们的国土和他们认同的政府体制是自由的,能够参与维护他们的自由。需要了解,黑格尔关于国家的观念与希腊的城邦观念和复兴时期的国家观念是相吻合的。如昆廷·斯金纳(Quentin Skinner)(2002,p.13)指出的,"国家"(state)是"stati liberi"的缩写,是一个处于自由状态的自我管理的群体,与从属于统治者专制意愿、依赖于统治者的群体不同。客观精神包括家庭、公民社会的经济体制和国家体制。公民社会的经济体制包括公司(工会和专业机构),工人通过公司不但可以维持生计,还能获得自身意义的认同感;而国家体制,从狭义上来说,是严格的政治国家或政府,联合家庭和公民社会的原则,赋予人民和这些体制恰当的认可,一来通过其颁布和制定的法律,二来通过其资助和维系的公共体制。在这种意义上,国家包括法律和监管机构,执行机构,健康、教育和研究机构,社会安全体系,修建并维护水电供应的公共工程系统,交通和通信基础设施,市场正常运转所需的金融机构,外交和防御机构,以及地方、省级和国家级政府的立法和执法机构。这些机构监管法规的实施,征收税款,决定并监督公共支

168

出，建立、检查并改革包括经济型企业在内的其他机构，来确保这些机构服务于国家（就广义上来说），并通过与他国协商或宣战来获得认同感。

这些机构为了维持并增强生命，调动协调这些活动，明确了人民对自由和意义的认识。无论是通过构建这些机构一致认可的概念来界定自身的形势，界定机构间的作用、行为和关系，还是作为一个参与者履行自己在这些机构中的职责，就是要实现这种认识。自由在这里可以理解为按个人应该的样子生活，捍卫并拓展自由。履行职责需要某种程度的"激励"，也就是说，被这些结构的精神所感召。如弗兰西斯·赫伯特·布莱德雷（F. H.Bradley）在《伦理研究》（*Ethical Studies*, 1962, Essay 5）"我的位置和职责"（My Station and its Duties）中指出，民众必须发展适当的德行，以匹配在这些机构中概念定义详细的作用，其中涉及理解并热爱他们在更广阔的社会或不同社会中所起到的作用。这对维护行政部门、法律和政治机构以及洪堡式大学尤其重要，实际上，社会上几乎所有的机构，包括与家庭和经济相关的机构，都需要培养这样具体的美德。

谢林在《先验唯心论体系》（*System of Transcendental Idealism*, 1997）中补充了这一传统，号召建立国际政治组织和法律机构来认同并捍卫国家的自治（本质上说，这就是联合国的前身）。黑格尔学派哲学家弗里德里希·卡罗夫（Friedrich Carové）也提出过类似的想法。卡罗夫曾经是黑格尔的学生，他不赞同黑格尔推崇的特定国家，并认为［爱德华·特夫斯（Edward Toews）是这么理解的］"只有人类作为一个整体，作为一个具有内部差异性的普世共同体，才能在这个地球上构建上帝的王国"（Toews 1985, p.139）。很明显，在现代世界，这种对自由体制化的认同需要多层级的政治组织，需要主要地区组织起来保护更加地方化的群体、政府和经济体，使他们便于被镇压和剥削，需要联合国或类似组织去维护这个结构。这个世界应该被构建为群体的群体，只要这些群体在增强而不是摧毁其他这样群体的生存环境，那么这些群体的自治应该受到保护。这些群体的最终目标应该是创造一个可持续发展的生态文明。

参与客观精神需要进入"绝对精神"的范畴。通过绝对精神,与表现(或倾向)辩证关系的觉知和意识发展起来。人们努力让自己熟悉这种辩证关系,理解自己的生活、自己的社会和自然世界,从而充分认识到人类自身及其重要性,认识到自身是历史产物、演化的结果。除非是体制中的一员,否则就不能理解在更广泛的历史和宇宙背景下客观精神的体制,这些体制不可避免地在逐渐衰退或走向恶化。当体制被毫无创意的野心家腐化,他们所属的群体也滑向堕落,即衰败。当体制变得完全为了谋取私利,就开始破坏、压制、奴役或摧毁它们所属的群体,变得邪恶。在当代世界,大学处于表现辩证关系的核心位置,担负着一代又一代维护、批判、发展并传承国家的文化(或精神)和文明的关键作用。真正的大学因此应该在获得、维持并推进认知辩证关系以及争取自由中起到根本作用。如桑德拉·博登(Sandra Borden)在《新闻实践:麦金太尔、道德伦理与新闻媒体》(*Journalism as Practice: MacIntyre, Virture Ethics and the Press*, 2010)中描述的,媒体也应该被视为这样一套体制,但却被媒体大亨严重腐化了。

黑格尔把绝对精神又划分为艺术、宗教和哲学。尽管黑格尔并不以这种方式理解绝对精神,但正是通过艺术、宗教和哲学,想象力得到了滋养;正是通过这三者,历史意义和宇宙学的重要性、生命的正当目标、人性、群体、这些机构以及个体生命得到揭示和质疑,获得理解和欣赏;反常情况得到确认,成功被颂扬。正是通过参与了绝对精神,民众能够富有创造力地应对存在于他们文化和社会中的义务间的冲突及其他缺陷, 无论这些是否在危机中显现出来。尽管我们可能会认为绝对精神很大程度上是来自自然,而且在一定程度上,黑格尔对绝对精神的理解是正确的,但正是通过绝对精神,属于自然一部分的全部重要性可以而且应该得到理解。谢林,启迪了热力动力学、场论、系统理论、复杂理论和层级理论的发展,他向人们说明了目的因是如何被再次引入科学领域, 人类的出现为了获得

170

更高级形式的意识。

与艺术和宗教比起来,黑格尔更推崇哲学,对他来说,哲学包括科学、数学、历史和政治经济。从事哲学研究首先不但需要为自己负责,还要为他人的信仰负责,为理解世界的方式负责,并为推动其发展而不懈努力,此外还要参与健康文化生活必不可少的持续进行的对话中。这包括在探究更深更广的理解中,尊重彼此的观点,认识到自己和对方观点的局限性、不可靠性和错误性。还包括至少对每一种对话的社会和历史语境的暗暗欣赏,了解到所使用或汲取的类型和传统,以及为这些提供条件的文化领域,同时对这些产生的质疑和对自己的质疑持开放的态度,并欢迎创新。以上所有都需要对历史和存在历史性的欣赏,这是黑格尔思想的核心,但他没有就此联系绝对精神进行说明。以上提到的这些都是辩证思维所需的美德。我们也可以通过布迪厄的作品了解发展**习惯**(habitus)的重要性,惯习使我们认识并增强包括学术领域在内的文化领域的自治,抵御削弱该自治(如目前正在发生的)的趋势,或是淡化该领域的重要性,比如,当艺术宣称为了艺术而艺术时,仅崇拜文化产物,剥离与其他事物的关系,或是哲学沦为了学术游戏。当不同文化和文明背景的人们参与进对话中,那么培养绝对精神领域所需的美德变得愈发重要。

对黑格尔来说,艺术包括音乐、文学以及所有的造型艺术——绘画、雕塑和建筑,在他看来这些都是通往哲学的台阶。而有一些人更看重艺术,在他之前有弗里德里希·席勒(Friedrich Schiller)和谢林,在他之后有皮尔斯、约翰·杜威、舍勒(Scheler)和海德格尔,最近的是马克·约翰逊。席勒在《审美教育书简》(*On the Aesthetic Education of Man*, 1982)中维护美的客观性,并将人类发展归为三个阶段:第一阶段是自我无意识(unselfconcious)阶段,第二阶段是反思洞察(reflective lucidity)阶段,第三阶段结合二者的美德,通过艺术获得一种新的自发性,其中人们培养出的感受不再受限于僵化的康德道德主义,而是随自发的喜好来自我约束,"通过个体的本性使整体意愿"趋于完美(p.215)。艺术是哲学的器官,通过艺术,任何人都能欣赏并受到绝对精神(无条件)的鼓舞,我们是绝对精神的一部分,我们是绝对精神的参与者,谢林在《艺术哲学》(*The Philosophy of Art*, 1989)中曾就此讨论过。艺术实体把可知的与可感的联结在一起,艺术行为实现了在这个世界上的哲学观点。⑨在谢林的后来作品中,他表达了人类理性不能够解释人类存在的观点,这与黑格尔不同。对人类存在的理解也需要艺术的见解,因此艺术不能仅仅作为通往绝对的哲学意识的一级台阶。

文森特·波特(Vincent Potter)在《查尔斯·皮尔斯:规范与理想》(*Charles S. Peirce: On Norms & Ideals*, 1997)中指出,皮尔斯与席勒和谢林的观点是一致的。他认为,正如逻辑预设了伦理,可以认为是伦理的一个分支,伦理预设了美学,而美学决定了什么是可爱的。参与绝对精神就是通过艺术(包括手工艺、建筑和文学)培养一个人的感受和感情。威廉·詹姆斯和约翰·杜威采纳了皮尔斯的观点,并进一步深化。马克·约翰逊吸取了杜威的观点,认为艺术是人类寻找意义努力的顶点。苏珊·兰格(Suzanne Langer)受怀特海和恩斯特·卡西尔(Ernst Cassirer)的影响,在她的巅峰作品《心灵:一篇关于人类情感的文章》(Mind: An Essay on Human Feeling)中将艺术置于其哲学人类学研究的核心。兰格认为艺术作品是感受的象征,是知识的一种形式。马丁·海德格尔和西奥多·阿多诺(Theodor Adorno)在德国复兴了关于艺术高于科学的主张。在英国,温蒂·惠勒(Wendy Wheeler)在《生物整体》(*The Whole Creature*, 2006)中拥护文学理论家雷蒙·威廉姆斯(Raymond Williams)的人文马克思主义,借由复杂理论、迈克尔·波兰尼(Michael Polanyi)的科学哲学与皮尔斯生物符号学来阐释,再一次捍卫了艺术在生命中的重要地位。所有这样的研究表明,人类如果不具备适当培养的感受及由此获得的见地,并通过实践活动增强这种洞见,那么就会看不到意义,因此也不太会担负起从事哲学研究的艰苦工作,或依照哲学努力活得明明白白。正是基于此,保罗·谢弗(Paul Schafer)在《革命还是复兴：经济时代向文化时代的转型》（*Revolution or Renaissance: Making the Transition from an Economic Age to a Cultural Age*, 2008）中提出，如今生命的目标应该是拥有更高的智慧而不是更多的消费产品。

如谢林描述的，建筑理论家克里斯托弗·亚历山大（Christopher Alexander）很好地诠释了在这个世界上通过艺术来实现哲学需要什么。亚历山大努力克服机械思维对建筑设计和城镇规划的不良影响，他说明了美好建筑的创造如何需要培养对整体的感受，这也改变了个人。如他在《秩序本质：一篇关于建筑艺术和宇宙本质的文章四》（The Nature of Order: An Essay on the Art of Building and the Nature of the Universe: Book Four）中所述：

> 当你获得越来越多真实感受的体验，这种真实的体验由此在你心中变得愈发清晰，你对自身的了解也逐步增加……因此，在这种状态下，你真实地体验到更多自由的感受……你体验到了艺术、草、叶子和天空，体验到了它们与我的联系性，这时，你与这草、这天空都成为大我的一部分。
>
> （Alexander 2004, p.267）

172

如我所述，在发展人类生态道德观的方面，亚历山大的研究比海德格尔的哲学要略胜一筹（Gare 2003/2004）。这是形态发生（morphogenesis）的一种形式，通过皮尔斯生物符号学得到了诠释，如亚历山大所认为的那样建构，应该被看作对自然的植物符号化过程的参与（Gare 2003/2004）。

宗教对生态文明的创造也很重要。谢林观察了经济要素，盼望人类统一于一种文明。这会导致全球意识的发展，需要一种"哲学宗教"的发展，这种宗教要超越特定文明的具体宗教的狭隘思维，同时融合每一种宗教的真理性（Schelling 2007, p.83）。弗里德里希·卡罗夫（Friedrich Carové）也提出过类似的观点,他"认为,本质上或至少最后一点,对全球人类共同体的突破是一种意识的转化,是文化教育的产物"(Toews 1985,p.139)。思辨自然主义阐释并深化了这种探究,继续努力取代还原论唯物主义,理解复杂性,捍卫目的因的效力,认识到打造全球文明的问题,为这种哲学宗教提供依据。对感受的培养和通过这种哲学获得的对自然的更深入理解应该成为发展这种宗教的核心内容,按照"宗教"最初意"再连接"来理解宗教。这种宗教也许是一种泛神论或是超泛神论,抑或是一种非神论宗教,比如道教的发展。显而易见,通常受亚洲宗教的影响,这就是皮尔斯、马克斯·舍勒、柏格森、柯林伍德、怀特海和海德格尔努力要呈献给大家的。

第六节 主观精神

联系客观精神和绝对精神才能理解主观精神。认知在每一个个体中的发展是有阶段性的,发展成为一个成熟的政治和道德主体需要辩证思维能力。辩证思维不但包括参与对话的能力、质疑现存体制和假设的能力,以及开发全新的思考方式的能力,还要具有想象能力,能够将抽象思维与感受感情联系起来,能够将科学和艺术联系起来,能够使用比喻,建构和再建构令人信服的叙事。这就是使用分析、概述和综合的能力。这是全面辩证地推进早已存在的客观精神和绝对精神的发展所需的。辩证思维包括对他者的开放态度和使自己的预期接受质疑的意愿,包括愿意重新思考对世界的认识,以及相应的对自身的认识。尤其对那些直接或间接受到谢林影响的人(从克尔凯郭尔、尼采、米哈依尔·巴赫金、海德格尔到存在主义者)来说,这还不是这件事情的完结,还要涉及其他一些相关事宜。个体如何处理他们所处的特殊位置和关系,如何做出选择,以及在通常特殊的情境和语境下他们是如何全身心投入的。这里要讨论的是在为自己担负责任,学会反身性思考,培养自己的能力,发展并保持正直、真实、睿智、勇气、对整体的感受,以及忠诚于自己的境遇这样的美德中都涉及了哪些。要理解这些,需要联系个体所扮演的角色以及他们所参与的实践。他们的投入与他们所扮演的角色密切相关,但也不能简化为这些角色。

目前源于新黑格尔传统、最佳的伦理哲学版本是由美国新黑格尔哲学家乔赛亚·罗伊斯(Josiah Royce, 1855—1916)发展出来的,其强调了人们所处的体制和群体语境,以及参与体制涵盖哪些,同时还认识到了主体和个体自由的重要性。罗伊斯的伦理政治观点推崇忠诚美德,是基于分析使个体生命变得有意义的必要条件。凯利·帕克(Kelley Parker)把罗伊斯的结论归纳如下:

> 要过一种在道德上有意义的生活,个人的行为必须表达出自觉的坚定意愿。这些行为一定朝向人生计划的实现,该计划本身是由某种自由选择的目标统一起来的。这样的目标及其相应的人生计划并不容易达成,因为我们每个人都处于混沌中,其间充斥着个人的欲望和冲动的矛盾冲突。而且这样的目标和计划在社会经验中早已在很大程度上形成:我们在这个世界上逐渐拥有的意识提供了数不清的定义明确的事业和项目,成就这些目标和计划。这些项目随着时间而扩展,需要很多个体努力推动它们的发展。当一个人判定某项事业是有意义的,全心投入其中,那么一些重要事件就会发生。个人的意志根据共享的事业而被界定、受到关注。这样,个体就与其他致力于共同事业的其他人联合在了一起。最终,对事业、对群体有意义的奉献就出现了。这种奉献就是罗伊斯所说的"忠诚"。道德生活就可以通过一个人所展现的各种忠诚来理解。

(Parker 2004, p.6)

对罗伊斯来说,群体的存在先于个体。他回应尼采的观点,认为一个人,除非成为群体的一分子,否则他的一生毫无意义。只有通过成为群体的一员并且在体制中起到作用,才可能平衡个人愿望并将它们融入自身。群体和集体愿望的构成并没有涉及个人主义的消亡,但却是成为个体的条件。群体是由不同的人组成,这些人把曾经经历的相同事件、怀有的相同期待作为他们自身生命的一部分:他们一定是有着共同记忆、共同期待与希望的群体。

任何忠诚都不能使行为合乎道德。罗伊斯认识到,历史上一些最令人深恶痛绝的行为都是源于对事业的忠诚。一般来说,要符合道德,需要一个人给予忠诚的事业必须与忠诚相一致。忠诚还需要个人去仔细审查他们所属的群体的目标和行为,以改革"不忠"的方面。这就需要质疑这些体制,质疑界定这些体制的概念及它们的效用,并为其负责。在这种程度上,罗伊斯的哲学就与卡斯托里亚蒂斯拥护的自治相吻合。对罗伊斯来说,最高的道德成果包括个体对理想的忠诚,这种忠诚促进了群体忠诚的形成和拓展。如罗伊斯所说:"一项事业的好与坏,不仅取决于我,还取决于全人类。一项事业,如果本质上是对忠诚的忠诚,也就是说,能助力并推动我同伴的忠诚,就是好的事业。如果一项事业只是激发出我的忠诚,却摧毁了我所有同伴的忠诚,这就不是一项好的事业。"(Royce 1995,p.56)从这里不难看出,无论个人还是国家,为了获得不断增长的权力与财富,这种事业是有害的。如果人们要从忠诚于他们的事业中获得生命的意义,他们必须首先能随自己的心意投入他们的事业,而后按自己的意愿奉献自己的忠诚。对忠诚忠诚,需要在追求事业时,要能维护他人做出同样投入的条件。

基于此原则,无论是忠诚于同样事业的同事,还是追求不同事业的其他人,都不应该被当作攫取利润的工具来对待。在泰勒的管理主义中,知识和决策都掌握在经理人的手中,工人被当作机构的工具,对他们的价值评判要根据他们对获利贡献的多少，这不仅是对心灵的摧毁，而且对生命是有害的，对增强他们自身客观精神所需的美德也是一种腐蚀。如果要维持并发展客观精神，人们就应该被当作自由的主体，他们所投入的事业，赋予他们生命的意义的事业也应该被认同。鉴于全球生态危机，所有具体的事业和象征它们的体制应该符合打造全球生态文明这个最终目标，并根据这个目标予以评判。这需要像联合国这样的国际组织来达成这样的目标，但与此同时，该最终目标也会根据不同地区和更具体的目标来不断地调整。

对事业的投入和对社会角色的尽责不仅仅是做出决策那么简单。这要求对这些角色所需美德的适应和对这些事业意义的恰当认同，需要对现存当局和权力结构质疑的勇气，以及捍卫推进这些事业所需实践的勇气，还需要对人们参与并投入对文化、社会和经济领域的自治事业的理解。这么做的话，每一个个体都应该把自己的生命融入该传记的统一体中，将自身生命的叙事与他们所投入的事业的叙事建立连接，与体制、群体、文化领域、文明建立连接，更广义来说，与他们参与的生态系统建立连接。人们应该把他们的生命理解为未完的叙事，与其他个体的叙事及不同层级的机构和群体建立联系，在与它们的关系中找到自身定位，询问、支持或质疑、参与对现有叙事的再规划，是现有叙事定义了当下的个人、组织和群体。他们要培养支撑这些理想和目标的叙事所需的美德，并形成惯例。这就是真正的自我实现的本质。要恰当理解所有这些，不但需要在客观精神和绝对精神，以及新出现的文化、社会和经济构成大背景下理解主观精神，还需要把精神作为自然一部分及对自然的参与来理解，作为生态形成（eco-poiesis）来理解。

注释

①控制金融业一直是制度主义者，特别是托尔斯坦·凡勃伦（Thorstein

Veblen)关注的中心问题。金融机构失控及其治理问题一直是海曼·P. 明斯基(Hyman P. Minsky 2008)、马西莫·阿马托(Massimo Amato)和卢卡·范塔奇(Luca Fantacci 2012)的研究重点。

②在这方面，已经写了许多出色的作品，包括菲利普·米罗夫斯基(Philip Mirowski)的《永远不要浪费严重的危机》(*Never Let a Serious Crisis go to Waste* 2013 年)和约翰·奎金(John Quiggin)的《僵尸经济学：死气沉沉的思想是如何在我们中间穿行的：约翰·奎金的一个令人毛骨悚然的故事》(*Zombie Economics：How Dead Ideas Still Walk Amongst Us：A Chilling Tale by John Quiggin*)。由琼·罗宾逊(Joan Robinson)领导的剑桥大学发展的政治经济运动的综合性研究，参见爱德华·J.内尔(Edward J. Nell)的《转型增长的一般理论：斯拉法之后的凯恩斯》(*The General Theory of Transformational Growth：Keynes After Sraffa* 1998)。对于制度主义的方法，参见杰弗里·M.霍奇森(Geoffrey M. Hodgson)的《从娱乐机器到道德共同体：没有经济人的进化经济学》(*From Pleasure Machines to Moral Communities：An Evolutionary Economics Without Homo Economicus* 2013)。关于基于历史、制度经济学传统的一套替代政策，参见埃里克·赖纳特(Erik S.Reinert)编辑的《全球化、经济发展和不平等：另一种观点》(*Globalization，Economic Development and Inequality：An Alternative Perspective* 2004)。

③关于社会学的现状，参见卡洛斯·弗雷德(Carlos Frade)的《五十年后的社会学想象及其前景：社会科学作为一种自由探究形式是否有未来?》(*The Sociological Imagination and Its Promise Fifty Years Later：Is There a Future for the Social Sciences as a Free Form of Enquiry* 2009) 这证实了在《陈词滥调：现代性中功能对意义的替代》(*On Cliches：The Supersedure of Meaning by Function in Modernity* 1979)的附录中，安东·C.齐德维尔德(Anton C. Zijderveld)对社会学的诊断。齐德维尔德指出，社会学几乎完全脱离了过去伟大的社会学家去进行实证研究。弗雷德证实了这一点，并展

示了它是如何消除批评观点的。

④理查德·阿鲁姆(Richard Arum)和约西帕·罗克萨(Josipa Roksa)在《学术漂泊：大学校园有限的学习》(*Academically Adrift:Limited Learning on College Campuses* 2011)中记载了教育遭到破坏的情况。卡尔·博格斯(Carl Bogges)在《知识分子与现代性危机》(*Intellectuals and the Crisis of Modernity* 2003)一书中分析了科学的贬值。关于这一点，参见德米特·奥洛伊(Dmirty Orloy)的《崩溃的五个阶段：幸存者的工具包》(*The Five Stages of Collapse:Survivor's Toolkit* 2013)。这本书所用的黑色幽默不应使读者对奥特洛夫(Otlov)观察的深刻性视而不见。艾伦·弗里曼(Alan Freeman)和鲍里斯·卡加里茨基(Boris Kagarlitsky)在全球金融危机前出版的《帝国政治：危机中的全球化》(*The Politics of Empire:Globalization in Crisis* 2004)选集中也得出了类似的结论。安·佩蒂弗(Ann Pettifor)的《即将到来的第一次世界债务危机》(*The Coming First World Debt Crisis* 2006)和最近托马斯·皮凯蒂(Thomas Piketty)的《二十一世纪资本》(*Capital in the Twenty-First Century* 2014)提供了财富集中度不断增长和不可持续的证据。斯蒂芬·海默(Stephen Hymer)曾预言，随着福利国家的毁灭——实际上是民族国家作为一个自治社区的毁灭，这将是 20 世纪 60 年代末跨国公司发展的必然结果。参见他去逝后发表在斯蒂芬·赫伯特·海默(*Stephen Herbert Hymer*)《跨国公司》(*The Multinational Corporation* 1979)中的文章。

⑤这在英语国家的政治哲学中很明显。选集如托马斯·克里斯蒂亚诺(Thomas Christiano)和约翰·克里斯特曼(John Christman)编辑的《当代政治哲学辩论》(*Contemporary Debates in Political Philosophy* 2009)，罗伯特·E.古丁(Robert E. Goodin)、菲利普·佩蒂特(Philip Pettit)和托马斯·波格(Thomas Pogge)编辑的《一个当代政治哲学的伴侣两卷本》(*A Companion to Contemporary Political Philosophy,two volumes* 2007)，以及德里克·马塔沃斯和乔恩·派克编辑的《当代政治哲学中的辩论：选集》(*Debates in*

Contemporary Political Philosophy：An Anthology 2005）就说明了这一点。欧洲政治哲学并没有提供更多的东西，奥利弗·马尔哈特（Oliver Marchart）的《后基础政治思想》（*Post-Foundational Political Thought* 2007）就是很好的证明。

⑥大卫·霍尔德（David Hold）的《民主模式》（*Models of Democracy* 2006）是一部考察各种民主思想历史的优秀概论著作。查尔斯·泰勒（Charles Taylor）的工作是众所周知的。同样重要的还有阿克塞尔·霍耐特（Axel Honneth）的著作《个人自由的病态：黑格尔的社会理论》（*The Pathologies of Individual Freedom：Hegel's Social Theory* 2010）和菲利普·佩迪特（Philip Pettit）的著作《论人民的条件：共和理论与民主模式》（*On the People's Terms： A Republican Theory and Model of Democracy* 2012）。大卫·米勒（David Miller）在《公民身份和国家认同》（*Citizenship and National Identity* 2000）和《地球人的正义》（*Justice for Earthlings* 2013）中为社群主义辩护。

⑦例如，见西蒙尼·亚比他（Avital Simhony）和大卫·韦恩斯坦（David Weinstein）的选集《新自由主义：调和自由与社区》（*The New Liberalism： Reconciling Liberty and Community* 2001）。自从这本书出版以来，关于格林（Green）和英国理想主义者的书就大量涌现。最近的一个是曼德（W.J. Mander）的《英国理想主义：历史》（*British Idealism：A History* 2011）和科林·泰勒（Colin Tyler）的著作，《托马斯·希尔·格林的自由社会主义》（*The Liberal Socialism of Thomas Hill Green*）、《第一部分：自我实现与自由的形而上学》（*Part 1：The Metaphysics of Self-realisation and Freedom* 2010）和《第二部分：公民社会、资本主义和国家》（*Part II，Civil Society，Capitalism and the State* 2012）。另见由玛丽亚·迪莫娃·库克森（Maria Dimova-Cookson）和曼德编辑的选集《托马斯·希尔·格林：伦理学、形而上学和政治哲学》（*T.H.Green：Ethics，Metaphysics，and Political Philosophy* 2006），以及大卫·布彻（David Boucher）和安德鲁·文森特（Andrew Vincent）的《英国理想

主义和政治理论》(*British Idealism and Political Theory* 2000)。

⑧昆廷·斯金纳(Quentin Skinner)和博·斯特劳斯(Bo Stråth)的选集《国家与公民：历史、理论、前景》(*States and Citizens:History,Theory,Prospects* 2003)中的文章，是试图通过借鉴政治哲学史来面对现实的典范之作。此类重要论文可以在大卫·米勒(David Miller)编辑的《自由读本》(*The Liberty Reader* 2006)中找到。新黑格尔主义是由一系列作家发展起来的，从黑格尔的同时代人开始，自由主义者如爱德华·甘斯(Eduard Gans)等被黑格尔拒之门外，长期被青年黑格尔主义者(Young Hegelians)、马克思和马克思主义者所遮蔽。后来，爱德华·托伊斯(Edward Toews)出版的《黑格尔主义：走向辩证人文主义的道路》(*Hegelianism:the Path Toward Dialectical Humanism*,1805—1841 1985)使他们重见光明。

⑨安德鲁·鲍伊(Andrew Bowie)在《从浪漫主义到批判理论》(*From Romanticism to Critical Theory* 1997)、《美学与主体性：从康德到尼采》(*Aesthetics and Subjectivity:From Kant to Nietzsche* 2013)和凯·哈默迈斯特(Kai Hammermeister)的《德国美学传统》(*German Aesthetic Tradition* 2002)中，描述了德国哲学中美学的整体发展，这是所有美学工作的参照点。

从激进启蒙运动到生态文明：开创未来

　　使科学与人类的现实以及人类的理解、责任和创造力的潜力相一致，不仅仅是科学的进步，还是文化的转型，由此，成为人文科学的一次发展。既然文化是社会的组成部分，那么这也是社会的一次转型。并且既然文化是符号过程不同形式的复杂体，是符号域（semiosphere）中的一部分，那么这也是一次自然转型，改变我们在社会和自然中行为和生活的方式，并改变我们的生产方式和生产内容。这涉及概念或范畴的转化，我们通过这样的概念或范畴来定义我们彼此间的关系、我们与社会和自然的关系，以及我们与自身的关系。也就是说，运用马克思的贴切术语，我们"生存的形式"。这就是开创生态可持续发展文明所需要的，即生态文明。

　　关注所有这些，并为取代当下的概念（描述当下秩序中的生存形式）坚持或提供新概念的学科就是生态学。生态学，就是对生物群落"大家庭"的研究，以发生、等级秩序、符号过程和预期系统为核心内容，在很大程度上是一种反还原主义科学，证明并进一步发展了过程关系（process-relational）思维。如唐纳德·沃斯特（Donald Worster）和道格拉斯·维纳（Douglas Weiner）分别在西方生态科学经典历史和俄罗斯生态科学经典历史中指出的那样,生态学是一门受思辨自然主义影响并由其引发的学科,并相应地影响着思辨自然主义的传统。重要的理论生态学家罗伯特·乌兰诺维茨(Robert Ulanowicz)指出,生态学将如今被逐渐认识到的亟待解决的核心问题置于关注之下,以在各领域发展科学。所有的科学都必须要认识到现有秩序的复杂性的现实及其发生,而生态学无疑就是研究这些的领域。他在《生态学,上升视角》(*Ecology, The Ascendent Perspective*)中这样说:

> 生态学占据了有利的中间位置……实际上,生态学完全可以提供一个更佳的剧场,在其中搜寻也许能为科学提供更广泛含义的原则。若我们放松了对偏见的掌控,把机械论作为总体原则,那么我们在这种思维中会对下述事实窥见一二:生态学这门病态的学科实际上能成为科学思维飞跃的关键所在。可以想得到,以新的角度观测事物在生态世界中如何发生,可能会打破当下概念僵局,使我们在理解演化现象、发展生物、其他的生命科学,甚至物理学时不再受限。
>
> (Ulanowicz 1997, p.6)

178

乌兰诺维茨推崇一种"过程生态学"(process ecology),把它作为"生态形而上学"的基础(Ulanowicz 2009, Ch.6)。根据思辨自然主义的传统,宇宙的最终存在物应该是创造性的过程,或可持续的具有自我约束性的行为模式,以及在积极交互中这样的过程在大量层级中形成的布局,而不是被认为只具有衍生身份的物体或实体。该生态学观点也受到了层级理论家,如吉姆·艾伦(Tim Allen)和斯坦·萨尔蒂(Stan Salthe)的提倡(Allen and Starr 1982, O'Neill et al.1986, Salth 1993)。科学的焦点在于过程和偶然事件,而不是规律。乌兰诺维茨曾这么说:"规律从初期过程中慢慢地浮现出来,最后变为静止状态,退化为后者的次等形式。"(2009, p.164)思辨自然主义始于赫尔德、歌德和谢林,生态学成为复兴并发展该传统的重要内容。尽管对复杂性的关注与热力动力学的发展紧密相关,生态学也把量子动力学、能量过程和结构的关系置于人们视线的焦点。认识到能量转换、层级秩序和生命过程中目的因的合适位置,使我们更容易理解物理和化学结构如何被耗散结构利用和发展,并促进生命的更复杂的形式。如今还逐渐认识到生命是如何通过量子机械揭示出的现实特殊方面而成为可能,以及随着生命的演化,量子过程是如何被利用的。对细菌性植物光合复合物(bacterial phytosynthetic complexes)中震动与分子噪音相互关系的研究,揭示出能量的量子传输不仅被使用,而且是在植物光合作用时的最佳温度上下被使用。如吉姆·艾尔–卡利里(Jim Al-Khalili)和约翰乔伊·麦克法登(Johnjoe McFadden)在《解开生命之谜:量子生物学时代的到来》(*Life on the Edge:The Coming of Age of Quantum Biology*,2014)中曾指出的,这就表明"30 亿年的自然选择,在量子层面对激子(即自由电子)传输的演化工程进行了微调,以优化生物圈最重要的生物化学反应"(p.303)。该研究激发了对生物分子如何能够在正常温度下保持量子相干性(quantum coherence)的深入研究。这揭示了量子相干性对生物组织的重要性,其中包括认知和意识在内,及其在生态系统演化中的重要作用,证实了何美芸(Mae-Wan Ho)的推测:只有通过对量子相干性(和电磁场)的研究才能解释清楚生物现象。这样的研究工作不仅运用了量子机械的观点,还推动了该领域研究的不断发展。

这样理解的生态学为符号过程(符号的产生和诠释)的研究提供了场所,也为符号过程演化为与限制的新层级相关的更复杂形式提供了场地。如雅各布·冯·尤克斯(Jacob von Uexküll)所说,每一个有机体都有一个对它有意义的世界(Umwelt)或周边环境,它感受或知觉这个世界,并根据这个世界来相应地成长或行动(Uexküll 1926,Ch.5)。周边环境能包括其他的有机体,也能够引发内部世界。这样的周边世界的发展、回应和相互关系能够通过皮尔斯的符号学和层级理论来理解,是共生关系和共同演化

179

的核心。有机体，从原核细胞到人类自身，如今都被认作高度统一的生态系统，"其间，具有生态优势的热力动力学模式获得了高度的有界性、静止性和可预测性"（Depew and Weber 1996，p.474）。这些有机体具有各种符号过程（包括植物性的、动物性的和象征性的）愈加复杂的形式的特点，并且符号过程对全球生态系统至关重要，产生一个全球的符号域（Hoffmeyer 1993，Emmeche and Kull 2011）。如卡列维·库尔（Kalevi Kull）所说，生态系统就是由符号纽带组成的。

第一节　生态学、生态符号学和人类生态学

在《植物、动物和文化符号过程：符号学的起点区域》（Vegetative，Animal，and Cultural Semiosis：The semiotic threshold zones，2009）中，库尔也提出过，既然人是由更复杂形式的符号过程定义的，那么就应该放在这些生态系统中去理解。他们的周边世界会通过外在环境（with-worlds）（"Mitwelten"）和内在环境（self-worlds）（"Eigemvelten"）得到增强，当个体思索他们的生命和所处位置时，这个现象就会出现。黑格尔发现的表象（representation）、认识（recognition）和劳动（labour）的辩证关系，可以置于生态系统中当作符号发展来理解。通过与他们的环境建立联系，人类形成了技术、体制和文化领域，或精神形式，为这些辩证模式的深入发展提供了条件（Gare 2002a）。以这种方式理解人类，认识到他们不断增长的创造潜力，需要认识到他们也具有破坏力，以及关注文明和人性的出现并延续的条件。

将生态学置于自然科学之上，并通过人类生态学去定义人类，也就是在实践上和理论上，对我们在这个世界上所处的位置进行再定义。这就要我们借由生态系统，欣然接受明确确认比喻的人生、肯定我们创造潜能的

人生,否定机械比喻,并由此在其中取代占统治地位的自然模型和我们的位置,而当下我们正在摧毁这样的全球生态系统。如罗伊·拉帕波特(Roy Rappaport)在发展人类学生态系统方法中给出的观点:

> 在这个世界上,合法的和有意义的,已经发现的和已经构成的,都是彼此不可分割的。生态系统的概念不仅仅是一个分析世界的理论框架,它本身也是这个世界的一部分,置身对这个世界越来越多的凌辱中,要维持其完整性,对生态系统的理解至关重要。换句话来说,生态系统的概念不仅仅是描述性的……而是"行动的"(performative);如果不是真正的建构的话,生态系统的概念和其影响下的行为是这个世界维护生态系统所使用的方法的组成部分。
>
> (Rappaport 1990,pp.68f.)

一些哲学家对这一观点逐渐接受,洛林·科德(Lorraine Code)在《生态思维》(*Ecological Thinking*,2006),肖恩·埃斯比约恩-哈根斯(Sean Esbjörn-Hargens)和迈克尔·齐默尔曼(Michael E.Zimmerman)在《整合生态学》(*Integrated Ecology*,2009)中也都表示赞同该观点。莫瑞·科德丰富了柯勒律治、尼采、皮尔斯和怀特海的观点,如他呼吁的,现在需要的是清除并取代我们当下的符号(Code,2007)。

生态系统可能是健康的,抑或是不健康的(更广义来说,具有完整性或缺乏完整性)。这个主张受到了质疑,尤其是马克·萨戈夫(Mark Sagoff),但也受到了一些人的拥护,他们是科斯坦萨(Costanza)、诺顿(Norton)和哈斯克尔(Haskell)、皮门特尔(Pimentel)、韦斯特拉(Westra)和诺斯(Noss),其中著名的是欧内斯特·帕特里奇(Ernest Partridge)和罗伯特·乌兰诺维茨。健康可以描述为整个共同体和共同体成员之间彼此增强并促进持续有效地运行,具有可以应对微小震荡、新的形势和压力的复原力,最大化发展选择权以促进不断的发展和创造，以及可以像这样被检测（Ulanowicz 2000,p.99）。按一贯特点来说,健康与产生的形式有关,这些形式包含大量不同层级,这些层级的核心能够彼此增强。健康的损坏有很多原因,但突出的是失调、过量的差异和特殊削弱了交流的可能性、符号过程的腐化或衰败、中心间的失衡、不同层级和处理速率中的限制被打破,导致创造性地应对新形势的条件被摧毁。萨尔蒂检测了系统中"衰老"（senescence）的趋势,将其描述为"太多信息涌入系统,而渠道有限和能量流在逐渐衰退"（Salthe 1993,p.265）。这些诱因可能产生于生态系统之外,也可能是内源性的,常涉及符号衰竭。内源性的衰竭通常与对子群体限制的破坏相关,比如癌症,细胞繁殖产生了肿瘤,若它们没有摧毁重要器官的话,它们也会腐蚀符号过程,吸收营养,使有机体的其余部分挨饿。"死亡"是这种协作的最终破裂,以及对有助于子系统繁荣的根本的摧毁。我们应该认为所有生态共同体都在正常运行, 从单细胞有机体再到多细胞有机体到当地生态系统和全球生态系统。

我们通过思辨自然主义可以认识到, 包括全球生态系统在内的生态系统确实有其终极目的。如萨尔蒂所说, 太阳能产生的能源正在逐步递减,生态系统的目的就是使这个变化率最大化。然而就生命来说,这应该被看作长期目标。我们通过创造并维持能源变化率, 控制这些变化率如何、何时降为熵以及这个熵是如何消散的来增强生命条件,从而达成这个目标。正是通过这种方式,地球在转化能量和驱散熵的方面比无生命迹象的水星要有效率得多。通过为那些有利于这种增强的生命形式提供蓬勃发展的条件,消除那些弄脏它们安乐窝的污染物,而达成目的。生命最初是一种工具,后来自身成为目的,生命的目的就是不断地巩固生命苗壮成长的条件。这个目的允许尝试性研究,因此每一个生命形式都可以自由地挖掘各种可能性和新的协同作用来发展自身独特的潜力。就长期来说,这个生命形式是否能存活下来, 要取决于它的潜力是否能促进协同增效关系及其所属生态系统的繁荣发展。

人类自身作为生态系统和生态系统的参与者，能够增强或是削弱自身和生态系统的健康程度。对人类的挑战是要创造能限制人类活动的社会经济结构，这样人类就不会摧毁自身持续生存的条件，也不会摧毁为生态系统的持续繁荣保持不变的能源变化率（如埋藏的碳或正在埋藏碳的生态过程），而是强化这些条件，包括生态系统健康持续的条件（Gare 2000a）。更为根本的是有必要把这种理解自然的方式制度化，把对生命价值的认同制度化，包括非人类生命形式和生态系统在内，只有那些可以增强生态系统的实践行为才获得繁荣发展。要想达成以上所述，最重要的是深化对自然和人类所处位置的理解，考虑其所有的复杂性，在全球生态内对其行为活动相应地限制。还要从热力动力学、符号学和生态学的角度去理解自然的转型，包括物理、生物、社会和文化多个方面。还有必要了解哪些文化形式、体制结构和经济组织形式迫使人们走上生态毁灭的道路，又是哪些能够使人类增强他们的生态系统复原力，激励他们克服前者，促成后者。理查德·纽伯德·亚当斯（Richard Newbold Adams）的《第八日：能量自我组织的社会进化》(*The Eighth Day: Social Evolution as the Self-Organization of Energy*, 1988)、斯蒂芬·邦克（Stephen Bunker）的《欠发达的亚马孙》(*Underdeveloping the Amazon*, 1988)和阿尔弗·霍恩堡（Alf Hornborg）的《全球生态与不平等交换》(*Global Ecology and Unequal Exchange*, 2011)就说明了这一点的必要性。在《全球变暖的符号学：对抗符号学腐败》(*The Semiotics of Global Warming: Combating Semiotic Corruption*, 2007)这篇文章中，我从这个角度审视了符号过程的创造性形式和摧毁性形式。目前，权力精英、全球公司王国和服务于他们的人实际上成为全球生态系统中的"癌变肿瘤"。如戴维·科顿（David Korten）在《企业理想国》(*The Post-Corporate World*)中写的：

当基因损伤使细胞忘记自身是整个机体的一部分时，癌症就出现了，该功能的健康与否对其生存至关重要。这个细胞开始寻求自身的发展，而不考虑对整个机体的后果，最终摧毁了其赖以维系的机体。随着更多地了解机体内癌症发展的过程，我逐渐认识到，在充分的公民和政府监管的缺席下，与其说资本主义是癌症是个比喻，不如说是对市场经济体的临床病理学分析。

182

（Korten 2000，p.15）

必须要克服这种情况。

要达成生态文明，需要克服的最重要的问题是世界经济核心区域内统治精英的超级联合（hypercoherence），他们以指数增长的方式，源源不断地将大量全球生态系统，以及全球经济的能量和营养注入其发展壮大中，他们以牺牲人类和人类繁荣发展的生态条件为代价换取自身独揽大权。如上述所说，这些统治精英可以被当作当下生态系统中癌变毒瘤的一部分，而这个生态系统尤其适合人类生活。该病症的缓解办法就是减缓向这个毒瘤输送能量和营养。人类生态的观点要求从根本上减少不同区域间的经济互通，削弱地区剥削，同时，重新评价劳动和自然，克服阶级分化，尤其是在世界经济周边区域和半周边区域，维护生态系统。若社会监管和生产部门之间的互相影响而产生的反馈机制给人类带来了麻烦，那么限制这些互动来消除这样的反馈机制也是必要的。也就是说，我们需要发展这样的机构，其中的组织者和被组织者的差异被最小化。如理论生物学家何美芸和罗伯特·乌兰诺维茨认为的：

我们可以通过把全球经济体制嵌入全球生态系统来应对可持续的经济体制问题……全球经济体制将会拥有一个包括很多国家经济体在内的错综复杂的全球经济结构。在理想的情况下，这个全球经济的复杂结构应该像很多组成有机体生命循环的嵌套次循环……反过来，每一个国家经济体也会有其自己的复杂结构，但是与全球的结构类似。如果要使整个全球系统持续下去，需要在地方和全球之间达到一种适当的平衡，类似从有机体中可以看到的互惠、对称的耦合关系……此外，全球经济是与全球生态系统联系在一起的，它也需要其平衡性……以达成二者的共生。

（Ho, and Ulanowicz 2005, p.43）

西蒙·莱文（Simon Levin）根据这些主张提出了监管原则：维持异质性、保持模块性、保留淘汰机制、强化反馈机制、最小化熵的产出、不能再循环利用的不生产并循环再利用一切、构建信任、像你愿意他人对待你的方式那样对待其他人。这样的原则，在地方层面上是与治理和管理生态系统的努力分不开的，需要多层级的监管，至少政治环境允许这样的多级管理（Armitage, Berkes, and Doubleday 2007；Waltner-Toews, Kay, and Lister 2008）。然而这些原则却没有考虑到如何为实施这些原则的人们提供市场，使其生存并繁荣发展下去。

183

第二节　生态形式的政治

尽管政治哲学中存在很多活跃状态，其中一些试图解决全球化经济问题和生态破坏的问题，但很明显，从对抗新自由主义的失败来看，政治哲学的任务从未开始被认真对待过。尽管全力解决全球化及其影响的研究工作突然增加，但几乎没有几本政治哲学的书直接与获得生态可持续发展的问题有关。这几本书包括普鲁格（Prugh）、科斯坦萨（Costanza）和小戴利（Daly Jr.）的《全球可持续发展的当地政治》（*The Local Politics of Global*

Sustainability, 2000) 和罗宾·艾克斯利 (Robyn Eckersley) 的《绿色国家：民主与主权的再思考》(*The Green State: Rethinking Democracy and Sovereignty*, 2004)。但也没能把政治哲学与生态学有机结合。

如果我们要应对并克服现代西方文明带来的大量环境问题，就要关注思辨自然主义和生态思维，以改善当下情景、思维方式和现实模型存在的不足。这就使我们回看人文学科，重新考量宣言的重要性。正是在此语境下，我们要理解生态形式(本土)的政治哲学和伦理哲学。如我曾经表明的，在自然主义的基础之上阐释新黑格尔政治哲学；较古老的亚里士多德传统致力于对政治的梳理，为实现人们的最高目标提供条件；政治思维的共和传统，反对奴隶制，全力投身自由和自治；将三者融合是达成以上目标的最理想途径。应该再次研究黑格尔的哲学历史，以激进精神的进步来勾画政治的发展。这就要坚持黑格尔的人类学，通过表象、认识和劳动这三种相互依存的辩证关系来描述人类的发展，这三者可以作为符号过程的发展来诠释，而符号过程可以通过层级理论来理解；还可以通过彼此依存的三种精神维度来理解：客观精神、绝对精神和主观精神，同时结合从这三种辩证关系中产生的社会形式和场域来呈现自身的生命。这些形构多种多样，从友谊到官僚体制，从散漫的形构、文化领域和社会经济形构到被跨国公司统御的全球化市场经济。从新黑格尔的视角来看，要坚持自由，市场应该具有约束机制，受到家庭关系、"公司"或专业机构或组织、公共领域和新出现的文化领域，以及政府机构的限制，政府机构包括法律和教育机构，以及政府的立法和执法机构。将市场原则引入这些机构和文化领域应该被认为是一种腐败。有必要研究出这种结构在包含多层级联合的全球化世界是如何运行的。如今我们要应对的挑战是运用生态理论的概念去重新思考这样的政治哲学，以运用于人类团体的多层级联邦制，从地方到全球；了解广阔的区域、国家、省份和地区，人类群体在这些地方参与进复杂的生物共同体的群体中，直至全球生态体系或盖娅 (Gaia)。

184

生态形成(eco-poiesis)的政治哲学(连同伦理学)认为,人类不但是不断演化中的生态系统的参与者,还是历史发展中的群体的参与者(内部相关),而这些群体是根据新黑格尔原则构成的,这样的政治哲学是对还原论自由主义的明确挑战。霍布斯主义/洛克式/社会达尔文主义的还原论自由主义使政治和伦理学让步于市场法则和达尔文式的统治奋斗。为了能够充分应对该挑战,政治和伦理哲学应该使人们在全球化的世界根据政治目的来生活和组织,处理相关的全球、地区、国家和地方问题,这些问题涵盖法律、经济、社会和政治过程,其作为自然一部分,既在生态系统内运行,又作用于多级时空层面。这需要的不仅仅是融合政治哲学家或欧洲文明的深刻见解,并基于此进行构建。创造生态文明,需要克服各文明的狭隘视界,把所有文明的主要见解结合到一起,同时在生态系统(人类是生态系统的一部分)的语境下去理解人类的发展。比如,我在《道家哲学和过程形而上学：克服西方文明中的虚无主义》(*Daoic Philosophy and Process Metaphysics：Overcoming the Nihilism of Western Civilization*)(Gare 2014b)中阐述的,那些欧洲文明遗产的继承者有必要了解中国道家哲学的深意,乔瑟芬·李约瑟和海德格尔过去就曾对此进行研究。[①]那么就有必要从生态学的过程关系角度对这样的哲学进行批判地再阐释。[②]

从该角度,我应该把政治的目标定义为促成生态形成并扩大"人们"的家或家庭,为他们可以自由地挖掘自身可能性、实现潜能来进一步充实生命提供条件,无论这些"人们"是独立的个体、当地的团体,还是作为整体的国家或人类。这与民主主义(folkshemspolitik)的瑞典社会民主政治类似——认为社会是人们的家,没有无人想要的非亲生子女。在温顿·希金斯(Winton Higgins)和杰夫·道(Geoff Dow)在《反对悲观主义的政治：自恩斯特·维格夫以来的社会民主可能性》(*Politics Against Pessimism：social democratic possibilities since Ernst Wigforss*,2013)这本书中,探讨了巩固上述观点的哲学思想。民主主义反过来与乔治·莱考夫提倡的观点类似,莱考夫提出了社会"关怀家庭"(caring family)模型来取代新保守主义者提出的"父权家庭"(patriarchal family)(Lakoff 1996),但这需要逐步涵盖全部人类联合在一起,加入多样的群体的群体。判定这些社会的标准,要根据它们提供什么样的"家",这些"家"提供的场所是否能使多种能力发挥出来。如阿马蒂亚·森(Amartya Sen)所说,施展能力的条件是"实质自由"(substantive freedoms)的基础,"他或她能选择过何种生活,这样的自由值得珍视"(p.87)。从根本上说,这是政治生态学担负的任务,这是一种智性行动,始于哈罗德·伊尼斯(Harold Innis,1894—1952)(Keil et al. 1998)的作品,由帕特里克·盖迪斯(Patrick Geddes,1854—1932)奠定的基础。其强调人类共同体是具有新陈代谢功能的生态共同体,所有人类行为同时既是文化的、社会的,又是生物的和物理的。理查德·纽伯德·亚当(Richard Newbold Adam)在《能量与结构:社会权力理论》(*Energy and Structure:A theory of Social Power*,1975)一书中,把社会权力的概念重建为能量现象,是这次运动的重大进步。在他看来,权力可以看作对诱发能量转化为熵的掌控,其中最重要的权力是控制他人的周遭环境。对城市新陈代谢政治的研究很好地说明了这种生态方法,如海宁(Heynen)、凯卡(Kaika)和斯温格杜(Swyngedouw)的《城市政治生态学》(Urban Political Ecology,2006,pp.1-20)。政治生态学作为一种智性运动如今获得某些势头,但仍需大量工作去阐释这些观点,使其能取代当下的主导观念。

重新思考政治哲学,将其作为政治生态学的一部分,这需要重新在概念上去界定社会、政治和经济生活,以及体制和生态过程的关系,其中包含不同地理以及社会产出空间和地区彼此间的关系。随着新自由主义者造成的非经济机构的消亡或颠覆,人们正在逐渐失去工作安全保障,在发达国家中被奴役,尽管不再是土地的奴隶,但却成为房子的奴隶。我们的目标应该是使人们创造新的生命形式和相关体制, 将空间连接起来以达成社会融合,不但解放自身,还要将他们的群体从导致生态毁灭的全球和当地势力的奴役中解脱出来。人们需要空间来充分发展他们的潜力,过上一种在生态上可持续发展的生活。霍华德·奥德姆(Howard T. Odum)和伊丽莎白·奥德姆(Elisabeth C. Odum)在《繁荣之路:原则与政策》(*A Prosperous Way Down:Principles and Policies*,2008)中对此做了很好的概述。这样的变化需要既能同时将人们隔绝于更广阔的环境之外,同时还有使人们与这些环境相互作用的空间。达成此目的的关键是他们所构建的环境的形式。蒂莫西·比特利(Timothy Beatley)在《欧洲绿色城市:绿色都市主义的全球教训》(*Green Cities of Europe:Global Lessons on Green Urbanism*,2012)中对城市对比研究详细地说明了这一点。这不单单是功效问题。欧洲城市正在成为生态可持续发展的主要力量,因为这些城市的建设是为了滋养群体的发展,进而赋权力于人民,而美国城市(除少数例外)的建设是为了把人们隔离开来,促进消费主义,培育金钱竞争。

　　要采取一系列措施控制市场,阻止其破坏这样的空间。可以使用地方货币和贸易壁垒将各个市场从全球市场中割裂出来,并使它们彼此隔离。逐渐减少商品化过程,以振兴群体及其体制。金融机构、自然资源和自然垄断企业,以及学校、大学和监狱应该为公有制。公司吞并其他公司应被认作违法行为,西德曾有过此案例。正如人文主义的生态马克思主义者安德列·高兹(André Gorz)在《通往天堂之路》(*Paths to Paradise*,1985)中指出的,政治的目的是为人们在工作中实现自我提供条件。虽然早已向人们表明,应该彻底消除易于产生利己主义和缜密计算的市场,但消除市场不是消除缜密计算,如苏联的例证,适当管控下的市场不但能使人们摆脱压迫的群体和官僚主义、培养个人责任感,还能促进群体的团结一致,如斯蒂芬·古德曼(Stephen Gudeman)和大卫·格雷伯(David Graeber)这样的经济人类学家提出的观点(Gudeman 2008,Graeber 2011)。利用市场的同时又能避免其腐化体制的最佳方式是通过市场社会主义形式,在市场社会主义中协同合作的方式享有优先的地位,同时,为民众提供教育,使他们认识到当下统治经济和心理的是霍布斯思维传统，该传统认为社会就是攻于算计的利己主义者的集合，这种想法是错误和有害的。③

平等主义的重要性不容低估。理查德·威尔金森（Richard Wilkinson）和凯特·皮克特（Kate Picket）在《精神层面：为什么越是平等的社会几乎总是做得越好》（*The Spirit Level：Why More Equal Societies Almost Always do Better*，2009）中，向人们说明了社会的种种不平等与一系列社会问题的关联性。同时皮特·图尔希（Peter Turchin）在《战争与和平战争》（*War and Peace and War*，2007）中，向人们指出平等主义是大量人群协调各自活动需要达成团结一致的条件。极度不平等可以被看作社会的疾病，削弱社会的还原力，进而导致更严重的疾病，如符号腐化、消沉和精神疾病，尤其是那些从事生产性工作的人们，他们受到"捕食者"或"宏寄生物"的鄙视，而这些人却通过压榨上述劳动者来获取自己的利润（Galbraith 2009）。凡勃伦（Veblen）认为，"捕食者"实际上就是"宏寄生物"。"宏寄生"（macroparasitism）这个术语是威廉·麦克尼尔（William H. McNeill）在《人类状况：一种生态历史观》（*The Human Condition：An Ecological and Historical View*，1980）中提出的，用来补充他对"微寄生"（传染病）的研究。目前，尤其是那些与跨国公司和国际金融相关的宏寄生是更可怕的疾病。可以实施收入分配政策，取代被操控的市场来决定生产部门的利润，确认并消除任何可能的宏寄生。私人企业的公共关系武器造成的符号腐化，连同他们向政客和政治党派的捐赠，都应该被视为不合法。即使是在市场社会主义，累进税和遗产税也需要再次分配收入和财富，来创造并维持平等的社会，为公共机构提供资金支持，为那些从事公益任务和项目的人们，尤其是那些长期项目的人们提供收入，因为这些任务和项目永远不会得到市场的充分支持。其他公共收入的来源来自共有的自然资源和过去公共投资产生的资产。"私有化"或变卖这样的公共资产，尤其是向国外投资者兜售，应被治于叛国罪，政客们即使在他们卸任很久之后也应为此负起责任。提倡这样的"私有化"应该归于煽动叛乱的行为。

工作时间应该缩短，这样人们才能有时间实现作为公民的价值，人们应该需要也应该被支付报酬承担公民的义务，这包括获得并继续接受公民所需的教育。公民权利还需要社会保障制度的经济安全网，避免人们被迫处于受他人决定任意伤害的境地，而这些他人正是他们所依赖的，即被奴役的。要复兴并维持真正的民主，也需要使公司监管更加民主，重视公司授权于参与者（工人、居于公司活动外围的人等）的结构，确保他们的整体利益高于股东，增强跨国公司活动的透明度并加强收入分配政策（Sturm 1998）。西德和奥地利在二战后就采用着这样的公司结构，而且证实非常成功。要采取这样的措施，需要培育相应的体制和环境条件，以发展并维持文化领域和公共领域的自治，无论从经济定义的目的还是从政治定义的目的。那些掌控媒体的人们应该有义务维持新闻领域的自治，致力于揭示事件的真相。教育和研究机构应该恢复公共机构的身份，成为重要的文化机构，以支持、保留、发展并一代一代地延续不同国家和文明的文化为目标，而不是以营利为目的。

一般来说，所有这些措施包括拓展国家机构的数量和规模，在这里国家可以被理解为机构的复合体，不同群体可以通过这些机构实现自我管理。公务员为了避免官僚主义化的倾向需要专业化和公开化，需要职业保障和自主性来开展工作，需要公布他们的政策建议——瑞典的行政部门一直就是这么做的。全体公务员应该有在公共场合发表言论的自由，不应担心受到惩罚，对行政部门及其人员的公开批评不但应该被允许，还应该得到鼓励。大部分的措施都在不同的地方被尝试和实验，最知名的就是瑞典（Fulton 1968）。这就要求个体们去不断维系健康的公共机构，使其不被腐化，杰弗里·维克斯（Geoffrey Vickers）在写《使机构运行》（*Making Institutions Work*, 1973）一书时就充分认识到了所面临的挑战。维克斯深受迈克尔·波兰尼（Michael Polanyi）关于隐性知识重要性的影响，他出版了一系列作品，研究在复杂机构大背景下公共政策的形成。尽管这些作品很有价值，但现在大部分却被人们遗忘了。

188　　　这样的变化也要对监管不同层级的法律体系提出新的要求，需要在构想这些法律系统并使其运行方面做出重大改变。从古希腊开始，人们就认为适用于一切的法律是政治团体的基础，对重要性、自由和个人责任能力的理解至关重要，法律使个体对他们的行为负责。这成为"自治"概念的一部分，制定个人的法律。立法应该被理解为人们自我管理的最重要的方式之一，以此制定的法律辅助性限制既保护了个人权利又培养了美德，为人们（个体和团体）保持自由并通过拓展生命而实现自身提供了条件。发展的关键是推进职责和义务，以及发展使人们承担责任的方式。生态文明需要发展这种责任感，从孤立个体到作为群体中一员再到不同层级的这样的团体，因为刚刚他们是否承担起责任和义务不仅与当下的问题有关，鉴于当下问题的源头和未来可能会发生的问题，还会影响后面的世世代代。因此，欧洲的祖先应该为他们曾征服人民的后裔当下所处的困境负有责任，因为这些欧洲征服者造成了生态破坏，如果人们现在再不作为，改变他们的生活方式，那么现在所呈现的生态破坏会给未来造成更大的伤害。

　　所有这些需要人们再次思考什么是法律。罗伯托·昂格（Roberto Unger）在学术期刊《哈佛法律评论》（Harvard Law Review）（Unger 1983）中发表《批判性法律研究运动》（The Critical Legal Studies Movement），揭示了法学的严峻形势。取代源于霍布斯的法律实证主义（霍布斯认为公正是由已经颁布的法律来定义的），通过思辨自然主义，综合分析亚里士多德式的、共和式的和新黑格尔式的法律理论，能使公正概念恢复到法律系统核心的恰当理解，借由此实证法才能得到判定。该综合包括推进厄恩斯特·布洛赫（Ernst Bloch）和马克·莫达克-特鲁然（Mark Modak-Truran）的"过程自然法"理论，克服法学和法律当下的危机，尤其是在英语国家的危机。厄恩斯特·布洛赫关于法律的主要作品《自然法和人类尊严》(*Natural Law and Human Dignity*, 1986)通过激进化亚里士多德主义和谢林哲学捍卫了自然法。约翰·伊莱(John Ely)详细说明了布洛赫作品的全部意义。在《论自然法的过程理论》(Prolegomena to a Process Theory of Natural Law)中,马克·莫达克–特鲁然通过怀特海的过程哲学重拾自然法理论。在《法律、过程哲学和生态文明》(Law, Process Philosophy and Ecological Civilization)(Gare 2011b)中,我概述了过程自然法和新黑格尔法律理论,认为应该把自然法律的发展理解为辩证认识的发展,而不仅是实证法律的发展。

自然法律理论的核心是圣·奥古斯汀(St Augustine)的指令"不公正的法律根本就不是法律",而法律的作用就是为此培养共同利益并滋养美德。在此基础之上,我们可以说物权法把人们的大量目光引到财富上,使公共机构遭到毁坏、公共财产被侵吞、经济受到严重危害、政府腐化以及大规模的生态破坏,这样的法律根本不是法律,个人和政府也不应该把它们当作法律。标榜的国际法也是如此,根据国际法,各国政府签字放弃其声称要代表的本国自由,比如世界贸易组织和国际贸易协定。④当下要面对的挑战是如何使人们(无论是作为个人还是作为团体的成员)为他们自己的行为结果(往往在时间上和空间上跨度很大)以及很多人行为的共同结果负责。不应该允许人们免除自己的责任。总的来说,法律应该易于理解,并该预设品行端正的人群,他们有能力判断什么是公正的。"模糊法"(fussy law)是普遍适用的,需要参与者了解法律的精神,而"黑体字"法(black letter)需要立法者详细规定法律适用的情况,这样就产生了大量律师尝试去研究如何规避法律,二者相比较,前者更应该被广泛使用。正如不公正的法律根本就不是法律,实在法缺席也不应该允许人们忽视所颁布的公正法律。政客们也应该为他们自己的决议和行为负责。纽伦堡审判(Nuremberg trials)的先例应该得到支持。这与古希腊治理原则相吻合,如普鲁格(Prugh)、科斯坦萨(Costanza)和小戴利(Daly Jr. 2000, p.131)指出

189

的,游说教会做不应该做的事,这样的人应该被罚款、被剥夺选举权利,甚至判处死刑。

然而并不存在可以应对一切问题的方法, 美德的培养包括由更加充分的自然和社会哲学引导的创造性思维, 对这类创造性思维的需求不但现在存在,而且会愈来愈大。要培养这样的创造性思维并培养人们具有开创生态文明的勇气和毅力, 需要反对消费主义,秉持文明生活的最高理想,人们作为公民和工人在这种文明中能够做到自我治理。文明就意味着人们的自我约束,人们对真理、公正和技艺一贯执着,欣赏生命和美,需要把它们协调融合,面对他们的群体提出的问题,昂首迎接挑战,充分发挥他们的潜力,致力于人类共同利益并尝试走向未来的新途径。

如大家所知道的,要想达成这个最具希望的未来前景,需要人类形成平等主义的层级结构,有组织地去中心化是其特点,在这些群体的所有层级培育一种高级文明。如赫尔曼·达利(Herman Daly)和小约翰·科博(John Cobb Jr.)在《为了共同利益》(*For the Common Good*, 1994, Ch.9)中的观点,这个世界应该组织为"团体的团体"(communities of communities)(反对"世界大同主义"),基于巩固联合国坚持和保护团体追求自我治理的原则,只要这与其他人所做的一致。他们这么做,支持杜德里·希尔斯(Dudley Seers)在《民族主义的政治经济》(*The Political Economy of Nationalism*, 1983)中对扩大民族主义的维护,包括像拉美或欧洲等很多地区。关于生态形式的概念就是大一些的团体应该为较小的地方团体提供家园,限定他们的发展道路,避免冲突和剥削,培养并激励他们,使他们发展全部潜能以丰富自身的生命及大团体的生命, 同时赋予地方团体权力去约束大一些的团体,确保这些大团体为较小的地方团体谋取共同利益。经济体也应该按照这样的方式组织,保护地方的经济结构(可以是一个大洲,比如南美洲,或者某一个国家内的地区),控制贸易和资金流,使他们免于摧毁性的剥削与竞争, 同时为能产生协同效应的相互作用培育条件。罗伯特·里德(Robert Reid)在《生物更迭：自然实验的进化》(*Biological Emergences:Evolution by Natural Experiment*, 2007)中阐述了限制竞争以促进实验的演化的重要性。里德指出，并不是自然选择产生了演化发展，而是对新的可能性的自主探索导致了生物更迭或自然实验，而过多的竞争会阻碍这些。彼得·科宁(Peter Corning)在《完整的达尔文学说：协同、控制论和进化的生物经济学》(*Holistic Darwinism:Synergy, Cybernetics, and the Bioeconomics of Evolution*, 2005)中，提出协同效应才是进化中最重要的原则。人类社会的影响应该是明显的——传统的社会达尔文主义是基于传统的达尔文理论，其误导了像斯宾塞、希特勒或 M.米尔顿·弗里德曼这样的追随者，这很荒唐。理查德·诺加德(Richard Norgaard)呼吁"协同进化，修正未来"，而不是彼此竞争的全球经济，未来的经济应该看作一条"协作形成的拼布床单"(Norgaard 1994, p.165)。这就需要在一定全球监管下的多层联邦制，管理像西欧和南美这样的地区、管理国家、管理国家内的地区以及当地团体，因为权力已经下放到地方层面，经济体尽可能地地方化，为促成强大的民主国家的形成创造条件。瑞士，为本杰明·巴伯(Benjamin Barber)的作品《强大的民主：新时代的参与政治》(*Strong Democracy:Participatory Politics for a New Age*, 1984)提供了灵感，为我们能做什么和应该做什么提供了一个局部模型。应该以这种方式进行经济活动，使经济活动从属于公共机构、文化领域和民主进程以服务大众，使人们免于奴役和经济剥削。

有组织地去中心化应促进多样化而不是同质化。"对话性"(dialogism)和"跨文化主义"(transculturalism)可以促成对不带相对主义的多样化的重视。各团体应该勇于对彼此开放，认识到自身文化的独特性、价值和局限性，同时尊重彼此、努力理解对方并相互学习。以此方式，他们应该能发展出对自己文化的批判性观点，避免刻板的狭隘主义。他们应该同时期待互相的理解，随时准备指出其他文化中存在的缺陷，并要求其他文化的人们也去思考自身存在的不足。如米哈伊尔·埃普斯坦(Mikhail Epstein)在《未来之后》(*After the Future*)中提到的"跨文化思考和存在的基本原则"是"通过文化自身解放文化",产生一个"涵盖所有文化的跨文化世界"(Epstein 1995,pp.298f.)。这就是寻求真理、公正和自由的创造性的条件,如俄罗斯哲学家弗拉基米尔·比勃列尔(Vladimir Bibler)的评论:"文化能在文化的边界生存并发展,因为它是文化。"(Epstein 1995,p.291)

对话性和跨文化主义需要叙事。乔瑟芬·李约瑟(Joseph Needham)的不朽杰作《中国科学技术史》(*Science and Civilization in China*)可以说是描述跨文化主义的典型叙事。然而仅有历史叙事是不够的。制定政策需要发展能同时规划未来前景的对话叙事,并且在定义当下时考虑到不同人群和团体的不同历史,培养能根据不同时间和空间构想场景(scenario visualizations)的能力。考虑到不同的时间和空间是尤其重要且关键的挑战。要认识到人们被逐渐蒙蔽的缓慢过程,因为之前人们都是从市场交换价值去看一切事情的。一些文章提出了相应的观点,有鲍尔森(Paulson)和格森(Gezon)编辑的《跨空间、跨等级、跨社会群体的政治生态》(*Political Ecology across Spaces, Scales, and Social Groups*, 2005),以及阿米蒂奇(Armitage)、伯克斯(Berkes)和道布尔迪(Doubleday)编辑的《适应性协同管理:协作、学习和多级治理》(*Adaptive Co-Management:Collaboration, Learning, and Multi-Level Governance*, 2007)。科斯坦萨(Costanza)、格拉姆里奇(Graumlich)和斯特芬(Steffen)编辑的《可持续发展抑或是崩塌?地球上人类历史和未来的综合研究》(*Sustainability or Collapse? An Integrated History and Future of People on Earth*, 2005)中的一些文章提出了不同的观点。致力于这些发展的工作正在进行中,融合生态形成观点的人类生态学能为这个新的综合研究提供协作框架。

鉴于以上这些,有必要重新思考政策的构想与制定。近来,很多人并不满意让市场运行来决定社会走向,这使成本效益和风险效益的分析形式愈加复杂。他们几乎总是努力通过把交换价值作为参照标准来衡量价值的可通约性,把货币价值归于成本和效益范畴,并没有适当考虑经济行为者的决定,并通过计算出人们愿意为实现或防止各种结果而付出的代价来解决这些问题。这种做法忽略了不同价值的本质上的差异,比如,与健康相关的价值,或生命形式的价值,或公正的价值,与健康生活相关的价值,以及与定义社会地位或娱乐相关的价值。这种做法还让政策科学家这个新阶层来做出决议。它还与对人类能力非常有限的预见未来和使自身生活有意义的重要性的认识相关。避免这种做法的另一种方法由克利福德·胡克(Clifford Hooker)于 1982 年提出的"回顾性路径分析"(Retrospective-path Analysis)。我在早期的作品《虚无主义有限公司》(*Nihilism Inc.*)中曾写过这种方法:

> 回顾性路径分析首先是考虑未来四十到五十年的多种目标,对宏大经济目标进行选择,其次,检验通往理想未来状态的不同路径。然而没有理由说明为什么不能将其延伸到为整个文明在未来几个世纪制定目标,并且为达到这些目标去考虑各种二级目标。该程序背离了从未来某个时期反推一系列行为的常规方法,具体说明了社会结构和功能按照适当顺序进行关键转型,可以使我们获得所希望的未来社会条件。这样的方法关键在于获得理想社会状态的条件,关注不利于实现这样目标的趋势,集中注意在导致不同的可能发展路径的分叉口所做出的关键社会决定。
>
> (Gare 1996,pp.404f.)

近期有关场景构想(Scenario Visualization)的作品肯定了回顾性路径分析的方法,如罗伯特·阿普(Robert Arp)的《场景构想:有关创造性解决问题的进化描述》(*Scenario Visualization:An Evolutionary Account of Cre-*

ative Problem Solving, 2008）。这与辛提卡（Hintikka）的认识逻辑和提问逻辑类似,发现不同设想并从中进行选择。这种思考方式与一般人们定义自己的目标并努力实现的方式非常吻合。这相当于把对世界的参与理解为一种践行的叙事形式, 子项目的复杂形式理解为子叙事, 增强了像埃默里·罗伊（Emory Roe）《叙事政策分析》(*Narrative Policy Analysis*, 1994)这样作品的可信度,这些作品以叙事的方法来解析政策。回顾性路径分析应该为人们提供叙事的未完成复杂体, 人们在其间可以把自己定位为具有创造力的施动者,能够质疑并参与修订所践行的叙事。考虑到这种潜能, 这样的叙事应该包括这些叙述如何被重新表达为叙事的一部分进行的干预与增进,认识到多种不同的观点不仅仅是不可避免的而且是有价值的, 同时,机构允许发展这样的多样性,使不同的人坚持自己的主张,表达不同的观点。也就是说,回顾性路径分析所产生的叙事是对话性的而不是一个人的独白,由此避免了把那些努力实现目标的人们沦为工具。努力达成共识就会引入最根本的问题,我们是什么样的存在,我们在宇宙中的位置何在,以及我们的潜能是什么。如我在《虚无主义有限公司》中写的:"这样的决策步骤会决定人们的态度转变,从机械的世界观转化为过程的世界观,从认为自身处于世界之外并全力控制世界,到作为文化存在积极践行自身来促进世界的形成。"(Gare 1996, p.405)

第三节　生态形式的伦理学

那么什么是生态形式的伦理学呢? 它如何能使人们创造出生态文明呢?思辨自然主义将挑战当下公共政策的根本假设,即当一事物能促进跨国公司的利润增长,它就是正确的,反之,就是错误的,并代之以奥尔多·利奥波德（Aldo Leopold）的名言:"当一事物能保存正直、稳定和生物群体

的美,它就是正确的,反之,就是错误的。"(Leopold 1949,pp.224f.)引述利
奥波德的这句话时,不要低估他的思想深刻性。利奥波德在通过生态学阐
释伦理。基于此,他论述道:

> 迄今为止,只有哲学家研究了伦理的影响,实际上,伦理的不断
> 扩展是生态进化的过程。其发展顺序可以用生态学术语描述,也可以
> 用哲学术语描述。从生态学角度来说,一种道德体系是在奋力生存中
> 对自由行为的限制。从哲学角度来说,一种道德体系是社会行为与反
> 社会行为的区别。一事物有两种不同的定义。该事物源于彼此依存的
> 个体或群体演化出共同协作的模式。生态学家称之为共生关系。政治
> 和经济是高级的共生伙伴,其中,过去自由无监管的竞争在某种程度
> 上被具备道德准则的协作机制取代了……迄今, 所有的伦理道德不
> 断演化发展都是基于一个简单的前提: 个体是各部分相互依存的团
> 体的一员……陆地伦理只是拓展了团体的边界,涵盖土壤、水域、植
> 物和动物,合起来称之为:陆地。
>
> (Leopold 1949,pp.202ff.)

我们如今可以将其扩展到海洋和大气。

　　然而伦理所要求的还远不止于此。伦理不仅是约束自由,它还激发和
鼓励人们去开发具有便利性和实现性的种种限制, 通过使民主机构多样
化,为自身也为他人开拓自由的新领域。呼吁人们对伦理最本质特征进行
更加彻底的再思考。如皮尔斯指出的:"我们太倾向于把伦理定义为非对
即错的科学。这不可能是正确的,因为对与错是在伦理上的理解,是要科
学去发展并证实的任务。"他接着说:"因此,伦理的根本问题并不是什么
是正确的,而是我已经从容地准备接受的说法,我想做什么? 我的目标是
什么? 我追求的是什么?我的意志力要倾注在哪里?……生命有且只有一

个目标，正是伦理决定了这个目标。"（Peirce 1958, p.198）如此，伦理预设了美学，在美学中我们学习什么是美好的，什么是值得我们喜爱的。这种伦理观与一种中国的哲学观念很类似，后者提倡找到并走上正途，不存在为他人或集体牺牲个人利益的假设。或者根据亚里士多德的观点，我们可以通过增强自己所在团体或各个团体的生命，走上不断充实并最终获得成就感的生命的正确路径。所需要的是各种约束，使人们可以自由地充实生命。

在搜寻正确路径的过程中，有必要理解人类兼具坚固和破坏生态系统的潜能。比如，人类掩埋木炭，产生黑土，使世界上很多地方的土壤富含营养，由此加速了他们所属的生态系统的新陈代谢。碳为微生物的茁壮成长提供了养料，通过降雨和其他降水可以把水和矿物带给植物，从而增强了土壤的生态。这也是一种从大气中除去温室气体的方法。近期，通过使用微量元素，土壤变得营养丰富。西洋蜂、人类和开花植物在几千年中共同演化，养蜂人促成了蜜蜂和它们授粉植物的繁荣生长，从而增强了生态系统的健康发展。人类创建的环境既是自身的生态系统，也是其他有机体的生态系统。这样的环境是可以被设计出来的，当人类的思维被各种机械隐喻所主导，大环境就是为了劳动力再生以及商品和人员的流动获得效能的生存机器，使人类沦为经济机器上的螺丝钉，这样的螺丝钉需要偶尔的娱乐来保证更好的运行。或者如建筑理论家克里斯托弗·亚历山大（Christopher Alexander）所说，构建我们的环境可以理解为造成了自然中的形态发生，一个生命的主要方面，应该根据是否有利于充实生命（生物的、社会的和文化的）来进行判断。他在《生存世界的可持续性和再生》（Sustainability and Rebirth of a Living World）一文中说：

在形态建立所有生物形式中，最重要的是建立高度复杂、组织有序的结构要与周围环境和谐一致。若说自然界中有机体彼此适应，形成深远而广泛的和谐,总的来说都是形态建立的原因并不为过。

（Alexander 2007/2008,p.12）

　　这样的生态建立不仅对生态系统的健康发展是重要的，对人类团体的生命健康也是至关重要的。这与建构的艺术有关,美学与伦理学之间的关系被极清晰地表达了出来。建构的环境能够也应该利于增强团体生命,使人们在生活中在充盈自身的生命的同时,能够丰富他人的生命、滋养团体的生命,以及与人类共同进化的物种和生态群体的生命(Heynen,Kaika and Swyngedouw 2006;Bueren et al. 2012)。这样的环境应该更鲜活,应该能培育为创造生态文明而投入适当感情的主观性。亚历山大向人们说明了,正是对生命有益、使生命鲜活的是大多数人认为美丽的,这证实了利奥波德赋予美的重要位置,还有很多伟大的哲学家,从柏拉图到怀特海,也持同样的观点。这就是皮尔斯所指的"喜爱"。随着我们逐步进化,我们能够通过用鼻子闻、用嘴尝,来判断(并非毫无例外)哪一种食物是好吃的,慢慢地,通过对美的欣赏,我们能够判断什么对生命是有益的、使生命持续保鲜,明白什么是内在意义,包括能够进一步增强生命力所需的创造力和新的协同力发展的条件,也能够判断什么对生命是有害的,也就是我们所理解的丑陋的。行为、性格、人、组织或组织结构,建筑或城市,生物形式都可以是美的或丑的。要获得任何有价值之物都需要设立长期目标并为之不断努力,而对丑陋的厌恶和对美的吸引所激发出的情感正是这种长期奋斗所需要的。

　　伦理哲学应该为人们提供方法来理解所有这些。伦理哲学应该提供更充分的概念,人们能够通过这些概念挑战现存的"存在范畴",重新定义他们在世界、在历史和在社会上的位置,重新定义彼此间的关系、与体制间的关系以及与自然过程之间的关系,重新定义他们的特殊情况。通过这种方式,可以引导人们生活在特定环境中,定义生命的目标,他们应该努

195

力成为什么样的人,以及这些目标反过来是如何影响他们的群体目标(从乡村、城郊、城镇、城市、国家和文明到这个人类),如何影响他们的当地生态系统和全球生态系统。

阿拉斯戴尔·麦金太尔(Alasdair MacIntyre)的作品是基于对西方和中国的伦理哲学的整个历史进行研究,为推动这样的伦理哲学发展提供了一个好的开端。在《追寻美德》(After Virtue)中,麦金太尔指出故事在定义正确行为时的重要性。他写道:"如果我能回答之前的问题'我自己是何种叙事的一部分',我才能回答'我将要做什么的'问题。"(MacIntyre 2007,p.216)如果是这样的话,那么伦理哲学的核心一定是对这些叙事的质询,对这些叙事所基于的假设进行提问。这会促使人们尝试取代这些假设,然后重新塑造他所参与的叙事。麦金太尔并没有拥护这样激进的提问以及对叙事的再塑造,但是他所做的恰恰是这些。我们可以这样理解他对伦理哲学的研究:他将自身置于伦理哲学发展的叙事中,反过来,通过对文明的更广阔叙事来理解伦理哲学,这样做,就是对现代伦理哲学基础的假设提出了怀疑。尽管他认为现代伦理学的问题是新教对传统的反应,而他真正揭示的是基于霍布斯假设发展伦理学的现代主义计划的失败。该伦理学传统主要为约束个人利己主义寻找普遍接受的理由,这种利己主义是从任何团体成员和思维传统中提取出来的。麦金太尔阐明在功利主义与权力契约观念中做出选择是毫无根据可言的,二者是随现代性出现的最具影响力的伦理哲学,如果真有这样的根据,关于什么样的行为或政治经济组合是正确的,二者都无法为达成这样的理性共识提供基础。康德伦理学也无法提供决策程序。克尔凯郭尔和尼采是正确的,现代主义导致了虚无主义。如麦金太尔所说:

正是由于我们的社会没有在道德主张中做出选择的既定方法,所以关于道德的辩论似乎必然是个无休止的过程。我们可以从对立的结论反驳最初的假定,但是当我们证实了最初的假定,争辩就停止了, 一个假定与另一个假定之间的相互对抗就成了纯粹的断言与反断言。

（MacIntyre 2007, p.8）

从这个结论中,麦金太尔表明有必要回归到亚里士多德和托马斯对伦理的理解,主要关注应该培养什么样的美德来塑造美好的性格。这再一次与皮尔斯的观点相吻合,他认为伦理的核心是关于什么是让人喜爱的,或反之,什么是不让人喜爱的或是让人厌恶的。美德和好的性格是让人喜爱的,恶行和残暴的性格是令人厌恶的。麦金太尔认为只有在发展实践传统的背景下,塑造美德才是可能的。如他所说:"美德是后天习得的人类品质,拥有或施予美德能使我们获得实践所固有的好处,缺乏美德肯定使我们无法获得这样的益处。"(MacIntyre 2007, p.109)之后,他开始说明美德之间的关系、生命的形式以及二者之间的关系,提出任何社会最重要的都是为维护发展自我认知以及了解更多什么是对人类有益的提供条件。他总结说:

美德……虽然可以理解为不仅能够维持实践还能使我们从实践中获得其固有的益处的那些性情,但是也可以使我们克服所遇见的伤害、危险、诱惑和消遣,促使我们追寻相关的善行,同时使我们不断地获得对自我更深刻的了解,以及对美好的更多了解。因此,美德既包括维护家庭所需的美德、维系政治团体所需的美德(男人和女人为共同利益一起努力),还包括哲学在探索善的品格时所需的美德。

（MacIntyre 2007, p.220）

该观点最值得注意的地方是,其努力复兴古典伦理哲学,并不依靠亚里士多德和阿奎那对伦理研究所基于的更广泛的哲学。这使我们看到了麦金太尔的美德伦理学中的重大缺口,他没能把他的伦理观点与整体自然联系到一起。即使了解了假定人类最终目的的重要性,把人类看作彼此依存的理性动物,麦金太尔并没有去质疑把目的因和意识排除在自然之外的 17 世纪形而上学革命。麦金太尔还从政治中抽象出了伦理学(尽管他曾批判伦理哲学与政治哲学的分离),在这个阶段他尝试进行研究,并不理解什么是人类、人类在宇宙中的位置,以及他们的最终目的是关于应该确定哪一种美好的品行。后来,在《依赖性理性动物:人类为什么需要美德》(*Dependent Rational Animals:Why Human Beings Need the Virtues*, 1999)中,麦金太尔确实发展了哲学人类学,把人类归为有最终目的的一类,但这只是一个开始。尽管对现代主义伦理学来说,他的研究是一次重大的进步,他通过重新建构伦理哲学发展的叙事,并从这个角度进行阐释,但仍然不够充分。它不仅需要文明的历史来表述,还需要把人类与宇宙联系在一起的自然哲学的描绘。

要完成麦金太尔对德行伦理的复兴,还有其他几个问题需要解决。首先,由于没有充分考虑到组成团体的所有不同实践之间的关系,以及不同团体之间的关系,因而存在缺漏。在某种程度上,麦金太尔了解的处于美德伦理学传统的哲学家数量有限的结果,因此他可以吸收借鉴的很有限。查尔斯·泰勒(Charles Taylor)的《自我的根源》(*Sources of the Self*, 1989)中充斥着大量不同的观点,将麦金太尔的《追寻美德》(*After Virtue*)与其做比较,这一点就显而易见。麦金太尔并没有考虑罗马和文艺复兴时期共和党人的洞见,最重要的是,西塞罗(Cicero),而后是文艺复兴公民人文主义者对罗马共和国的堕落及其公民自由进行了反思,文艺复兴时期的佛罗伦萨又将这个过程重演了一遍。罗马人和文艺复兴公民人文主义者关注避免堕落和奴役的美德,捍卫并维持自由和终极目标,这是麦金太尔提倡的美德和生命形式所不可或缺的。麦金太尔没有考虑这些近期哲学家的研究(即使这些哲学家并没有关注美德),但承认他们的重要性,如新黑格尔派、英国和美国的理想主义者,如格林(T.H.Green)、弗兰西斯·赫伯特·布莱德雷(F.H.Bradley)和乔赛亚·罗伊斯(Josiah Royce)。这些哲学家们一直关注现代社会的极度复杂性对美德伦理学提出的问题,需要专门研究。这样,随着新的普遍美德的出现,如忠诚和责任心,有必要关注个人由于在社会中所处的位置或扮演的角色所具有的特殊美德。有必要认识研究工作的重要性,并有效地反对泰勒主义,支持与技艺和专业性相关的美德。

198 　　从马克思早期的作品中就已经能隐约看出认识到这些美德的重要性,而约翰·拉斯金(John Ruskin)和威廉·莫里斯(William Morris)则明确地表示赞同,他们的观点受到英国早期劳工运动的重视。然而功利主义思想崛起,劳工政治的主导者被伪理性的社会想象所掌控,这些思想家则黯然失色。克里斯托弗·亚历山大质疑当下的建筑实践,以及认识到日本管理方法的优势,如坦纳(Tanner)和阿多斯(Athos)在《日本的管理艺术》(*The Art of Japanese Management*, 1986)中所描述的,工作应该在精神上给人以充实感和满足感, 这成为复兴并进一步推进另一种思维传统的开端。但是也有必要去评估他们所承诺的工作、体制和目的间的关系,并在不同目标中做出选择。最终, 如最后一章所说的, 鉴于乔赛亚·罗伊斯(Josiah Royce)的新黑格尔派伦理哲学,有必要致力于全球生态文明的创造和维持。我们能够通过生态形成观念清楚地说明,如何使不同的目标趋于一致。这不是简单地联合一致的目标,同时并重其他目标,而是尊重、加固甚至提供条件,即"家园"(homes)。在这里,目标能充盈生命,形成的体制能强化目标,这些能为其他目标的繁荣发展提供更多的条件。

　　尽管参与体制并推动这样的目标发展需要一些普遍和具体的美德,但要维持人们追求这些目标的自由还远远不够。如皮特·图尔希(Peter Turchin)最近所说的,其中最重要的美德之一,或是美德复合体,是获得并保持集体团结的能力，这样大量的人们就能以复杂的形式来合作，去捍卫自身和他们的目标，并将他们的意志强加于他人之上。图尔希在《战争和平战争：帝国的兴衰》(*War and Peace and War:The Rise and Fall of Empires*, 2007)中就此做了论述，这就是 14 世纪伊斯兰社会理论家伊本·卡尔敦(Ibn Khaldun)所说的"团结"(asabiya)。很明显，这是全球公司王国和他们的新自由主义同盟者成功获得的，而在大多数国家中的劳工运动、公务人员和学术界却失去了这种团结。环保运动(the Green movement)还不具备这样的美德来战胜它的对手。总的来说，要获得团结，需要培养忠诚的美德，忠诚于自己的团体，忠诚于团体的成员。保持这种美德一般需要避免奢侈以及人与人之间的严重不平等，需要教育的核心**"派代亚"**(paideia)，提倡以坚定不移的公正态度对待自己的团体成员，忠诚于他们的理想和他们所投身的正义事业。那些有见识的市场拥护者，他们是组织社会关系的基础，他们对获得这样的团结所需的时间持怀疑态度，他们赞同市场是组织人与人之间关系的一种方式，在某种程度上是基于这样的原因。创造并保持这些机构不被腐化需要美德，而保持这样的美德，对那些希望通过民主结构使市场从属于团体、公务员为公众负责的人们是一个巨大的挑战。为了应对挑战，需要从更广阔的角度去重新构想并捍卫美德伦理学。

最终，问题是去定义并发展所需的美德，来创造生态文明的体制并使其正常运行，并控制或摧毁对生命有害的，生态文明能充盈生态系统和团体的生命，包括能滋养这些美德的体制。也有必要去找出哪一种体制能有效地解决环境问题，包括培养具有该体制所需美德的人们。埃莉诺·奥斯特罗姆(Elinor Ostrom)在《公共事物的治理之道：集体行动制度的演进》(*Governing for the Commons:the Evolution of Institutions for Collective Action*, 1990)中，阿里德·瓦顿(Arild Vatn)在《体制与环境》(*Institutions and the Environment*, 2005)中，都曾为此做出努力。市场和官僚机构是体制，如果民主进程无法限制二者，它们会侵蚀美德。如科顿(Korten)指出的，经

199

济组织如果没有其他体制来限制市场和官僚机构，那么很容易成为毒瘤。市场和官僚机构应该一直促成人们之间彼此的认同，以及他们所属的各团体生命间的认同。要维持能限制市场诱惑的体制，也有必要培养坚持个体和团体自由的美德。总之，有必要去发展能为人类思考生命、探究善的品格所需的美德，这样，人类就可以对当下的实践和体制进行评判，即培养并坚持具有活力的文化生命，不会被商业利益或官僚控制所腐化。

第四节　人类生态学、人类科学和技术

如前所述，政治和伦理行为需要充足的现实模型。理解人们（既作为团体的成员，也作为个体）如今所处的并在努力逃离的困境，需要人类科学和自然科学去发展这样的模型。但这需要重新进行构想，要依据通过思辨自然主义起作用的后还原论科学和人文科学。人类的概念通过哲学人类学得到发展，通过生态学和人类生态学得到理解，人类科学和自然科学需要吸收这样的人类概念并受其指引。在此基础之上，它们应该得到明确的评价。如米哈伊尔·埃普斯坦（Mikhail Epstein）所说，人类科学的实际结果是通过政治导致的社会转型。创造模型并不仅是一种解释性努力；人类通过他们所公布的模型参与到自我创造之中，创造彼此间的关系、与自然之间的关系。人类科学应该一直被看作政治哲学和伦理学的发展。这就意味着拒斥人类科学的彻底实证主义概念。

人文科学之后是人类科学的发展，而人类科学常用来反对人文科学。紧随而来的是其反作用，发展与人文科学一致的人类科学形式。该对立统一阐明了什么是最危险的，科学和人文科学更广泛的对立的重要性，以及提倡人文科学的思辨自然主义去寻找如何克服这样的对立的意义。如我们所知道的，人文科学发展于意大利文艺复兴时期，当时共和国的自由受

到了威胁。西塞罗所认为的必要的教育形式得到了复兴,在希腊观点"派代亚"的影响下,培养具有**"人文精神"**(humanitas)和其他美德的公民,使他们能坚持并捍卫罗马共和国的自由。如前所述,机械主义的世界观是"反文艺复兴"的组成部分,是法国和英国一次反对共和主义的思想运动,其核心是反对公民人文主义者自治的自由。在此反文艺复兴运动中,霍布斯是一位重要人物,他努力对人类进行描绘,使自由的公民人文主义观念无法被人们理解,詹巴蒂斯塔·维柯(Giambattista Vico,1668—1744)则捍卫一种拥护人文科学的新科学。赫尔德继续支持人文科学,他捍卫民主,是在文化概念的发展中赋予现代意义的第一人,给予该词以复数意义。如今,可以通过人类生态学的进步去发展维柯和赫尔德的观点。

区分主流人类科学与人文科学和人文的人类科学的根本问题是,是否要研究人类以控制人类,或是否要研究人类以揭示人类自由和民主潜能充分发展的条件。这种对立贯穿所有人类科学中。埃里克·赖纳特(Erik Reinert)重拾文艺复兴的经济学研究,该经济学主要关注培养人类及其艺术发展的条件。相比较而言,亚当·斯密的经济学强化了霍布斯和洛克的占有性个人主义,把人们的注意力从政治中转移出来。受赫尔德的影响,历史学派仍保持着文艺复兴时期的传统,弗里德里希·李斯特(Friedrich List)和托斯丹·凡勃伦(Thorstein Veblen)发展的制度经济学仍然延续并发展历史学派。卡尔·波兰尼(Karl Polanyi)在复兴该传统中也起到了重要的作用。正是李斯特在《政治经济学的国民体系》(*National System of Political Economy*,2006)中的推荐,解释了富裕国家的崛起,这是基于国家经济的观点,而不是亚当·斯密提倡的自由贸易,如埃里克·雷内特(Eric Reinert)所说,使贫穷的国家贫穷下去。"科学的"和人文的方法的对立划分了心理学、社会学和地理学,这一点在正统马克思主义(这种马克思主义使马克思写下后面的话,如他所知,他并不是一位马克思主义者)和人文马克思主义之间的对立中也是显而易见的,甚至在制度主义者和"新制

度主义者"之间也很明显。新制度主义者尝试通过假定的精明个体去重新
思考制度主义经济学，还试图在此基础上解释体制的发展，并伪造证据这
么做（Gudeman 2008, pp.115ff.）。在以上的对立中，反人文主义者总是称
自己为"科学的"，攻击、削弱并批判"舒适的假象"（comforting illusions）、
人文主义者"非科学的"方法和他们所坚持的价值。

201

　　思辨自然主义及其所激励的科学研究改变了所有。重新设想生命本
质和人类，同时突进物理科学的发展，正是人文的人类科学（比如，人文心
理学和制度经济学以及普遍的人文学科）如今能在自然科学中找到支持
的原因。这在非线性热力动力学、复杂理论、层级理论、预期系统理论和生
物及生态符号学的研究中最为明显。然而思辨自然主义同时需要对这些
人文方法进行彻底地再思考。如今需要坚持这些人文主义，同时把人类看
作自然创造性进步的一部分，并参与其中。自然的这种进步和能量与事物
的转化紧密相连，而这种转化受到构成生态系统的不同形式符号形成的
限制。如波格丹诺夫（Bogdanov）、人类生态学家莱斯利·怀特（Leslie White）、
之后的胡安·马丁内斯-阿里尔（Juan Martinez-Alier）、理查德·纽伯德·亚
当斯（Richard Newbold Adams）、斯蒂芬·邦克（Stephen Bunker）、科佐·玛
尤米（Kozo Mayumi）和阿尔弗·霍恩堡（Alf Hornborg）认为的，人类存在于
把有用的能量转化为熵的过程中。它们是尤其复杂的耗散结构，使用普里
戈金（Prigogine）的语言。哲学人类学家对定义人类的符号形成的特殊形
式做出了种种描述，如加强的自反性，预期遥远的未来并选择哪一种可能
性会实现的能力；按照生活的叙述来组织他们的活动、思考并重新构想这
些叙事的能力；发展技术的新形式以及与哲学、科学、数学和逻辑相关的
更抽象的符号过程形式的能力。这些形式要基于、源于并依赖更原始的生
物及生态符号过程形式，而这些形式出现在这些转化过程中。正是这些更
高级的符号过程形式引出了劳动、认同和再现的辩证法（该辩证法中任一
元素是其他两个元素的组成部分，但却不能简化为其他两个元素）在辩证

法引起的各种各样的社会形构中起作用，并在人类历史中逐渐展现出来。在所认为的自然语境下，审视人类的准则是人类生态学，科尔蒙迪（Kormondy）和布朗（Brown）讲述了该历史。

如埃普斯坦所说，如果人文科学的实际扩展是文化的转型，社会科学的实际扩展是经济政治的社会转型，那么思辨自然主义支持并重新构筑的人文的人类科学将包括这些转型。社会转型的目标，人们理解这种转型的途径以及这种转型是如何实施的，将与主流的"科学的"社会科学根本不同。这样的转型并不是追求使人们易于统治（如福柯曾指出这在过去却是主要目的），而是通过激励人们采纳这种社会科学提供的观点来进行自我管理。也就是说，人文的社会科学应该旨在以文化转型来创造自然和社会的形式、环境和体制，能够增强人们的自由和人性，扩充生命的自然和社会条件。基于在人类生态学中，采用这样的社会科学将会是一种"生态形成"的政治，即"家庭形成"（home-making）或"住所形成"（household-making）的政治，取代当下人们所使用的范畴，人们用此范畴定义自身、定义与他人的关系、定义与世界的关系，并基于此改革社会。这项任务在我的文章《走向生态文明：生态形成的科学、伦理和政治》（*Toward an Ecological Civilization: The Science, Ethics, and Politics of Eco-Poiesis*）中就已经开始了（Gare 2010）。回顾性路径分析的发展基于政策以叙事形式来发展的假设。彼得·德豪（Peter Söderhaum）在《生态经济学》（*Ecological Economics*, 2000）第五、六章中发展的位置分析可以用来达到目的，这种位置分析并考虑到了在任何情况下施动者的多样性。这是制度生态经济学发展的方向，需要取代正统的新古典经济学作为政策构成的基础。

推进这个项目的多数失败是由于逻辑实证主义的影响。米尔顿·弗里德曼（Milton Friedman）和其他一些人曾运用逻辑实证主义捍卫并发展新古典经济学，该经济学强调以理想化的经济数学模型来证实强大的市场，使其取代民主进程。马丁·霍利斯（Martin Hollis）和爱德华·内尔（Edward

Nell)揭示了逻辑实证主义的影响是有害的。回顾奎因的"概念实用主义"及其对经济学的影响,我们可以得出这样的结论:"我们希望我们如今已经支付了足够长的绳索,完全够实用主义者上吊使用。选择,其中也包含自身指导原则的选择,是对科学以及所有系统思维的否定。"(Hollis and Nell 1975,p.169)科学的哲学家,最重要的是菲利普·米罗夫斯基(Philip Mirowski)在《比光更热》(*More Heat than Light*,1989)中,揭示出了经济学与19世纪物理学的表面相似性大部分是一种假象,是基于对采用其数学模型的适宜条件的误解。一些经济学家指出,完全寻求以数学或工程术语理解经济必定会导致逻辑上的前后矛盾(Varoufakis 2011)。其他受到怀特海影响的经济学家,如尼古拉斯·乔治斯-罗根(Nicholas Georgesçu-Roegen)和他的学生小赫尔曼·戴利(Herman Daly Jr.),前者在《熵定律与经济过程》(*The Entropy Law and the Economic Process*,1971)中,后者在《稳态经济学》(*Steady-State Economics*,1977)中对经济学家的一些做法进行了批判,批判他们过分专注于抽象的数学模型[尼古拉斯·乔治斯-罗根称之为"计算癖"(arithmomania)],以及"算数同构概念和模型"的主导位置。他们呼吁使用没有被明确定义、与对立面重叠的"辩证概念"(Georgesçu-Roegen 1971,pp.44ff.),而戴利和科博批判错置具体性的谬误(the fallacy of misplaced concreteness)。复杂理论的拥护者,如布莱恩·阿瑟(Brian Arthur)、保罗·奥默罗德(Paul Ormerod 1998)和科佐·玛尤米(Kozo Mayumi),即那些理解数学能够而且应该在科学中所起作用的经济学家们指出,一般来说,经济体系并没有如新古典经济学家所认为的那样趋于均衡的态势,而是具有以下特征:路径依赖(path dependence)、多重平衡(multiple equilibria)、"收益递增"(increasing returns)和"重大灾祸"(catastrophes)。尽管以上所有这些是在一定程度上彼此隔离的多层级上起作用,但彼此间也以复杂的形式相互作用。复杂理论削弱了主张自由市场是分配资源的有效方式这个基础,但是这应该是经济理论的核心内容。阿瑟对正反馈循环和收益递减的研究主要关注技术革新和创造性在经济中的作用（如斯图亚特·考夫曼指出的），他的研究过去也用来证实西斯蒙第（Sismondi）1819年的观察，其观测结果是，市场把财富和收入集中在雇佣者手中，由于这样的高度集中，使这些雇佣者创造出因消费不足而引起的周期性萧条。这可以用来说明，无限制的市场将财富和经济行为集中在一些公司和地区，使其他的地区变得贫瘠、经济衰败。政治经济学家和制度经济学家将政治主体和政治体制纳入他们对经济过程的分析中，认识到了甚至更深入的复杂性。理解了这一点揭示了，收入分配总是在很大程度上取决于政治因素，如政治经济运动的成员所认为的（Nell 1984），任何积极投身于政治斗争的都要依赖于体制。结果，最重要的政治斗争完全凌驾于实施什么样的体制，或维护什么样的体制，以及该体制赋予谁权力。

尽管政治和制度经济学的人文主义可以通过思辨自然主义得到巩固，但也期待这样的经济学可以发展为生态经济学，反过来在人类生态学的语境下得到理解（Gare 2008b）。⑤生态经济学已经产生了可替代的指示器来判断经济行为，但大部分仍认定经济行为的目标为技术官僚判定的商品的可持续生产（Lawn 2006）。除了更加充分强调人类生存的物理和生物方面外，人类生态学还强调人类所特有的人性方面。如罗伊·艾伦（Roy Allen）在《人类生态经济学》（*Human Ecology Economics*）中指出的：

> 对经济学来说，人类生态学的方法……类似于相对近期"生态经济学"领域……对人类生态学的关注连同经济学一起，把"人文学科"和物理科学基础领域的生态学纳入了经济学研究领域，因此它的架构比生态经济学更广博。比如……意识形态和"存在方式"（通过哲学、心理学、社会学、宗教研究、文学等领域定义）是经济体系中重要的结构组成部分，却没有在生态学、经济学或生态经济学领域中被给

予足够的认识。

(Allen 2005,p.4)

　　支持人类生态学的制度生态学家阿里德·瓦顿(Arild Vatn 2005,Ch. 2)指出,制度经济学家否定人类只不过是只对价格信号做出反应的机械装置这样的假定。复杂理论支持这样的观点。罗伯特·罗森之后,作为团体以及个人的人类如今可以理解为预期系统。他们以世界和自身的模型为基础进行实践,并能修订这些模型。他们由体制塑造并具备形成体制的能力,通过叙事来定义他们的生命、团体和体制。他们相互理解,在工作中获得满足感,选择事业,并作为公民为共同利益而生活,并参与权力斗争。如埃莉诺·奥斯特罗姆(Elinor Ostrom)所示,要成功地维护共同利益,需要使体制赋予民主建构的团体权力,使其参与发展和改革体制的活动中。大量层级的制度需要为人们提供并修订能为其做出可信承诺的体制, 可以互相监督来保证其符合所标榜的目标, 这样的体制可以约束市场来为这些团体服务。这是她工作的核心。市场可以通过这些制度简化为分散决策的工具,同时把生产因素的回报建立在公正原则之上,而不是像现在成为市场需求伪装下的统治工具。这需要制度将各个市场彼此隔离,反对自由贸易的信条,这个信条曾对真民主产生了毁灭性打击。大卫·李嘉图在《政治经济学及赋税原理》(*On the Principles of Political Economy and Taxation*,1898 年初版发行)中对自由贸易做出了经典辩护,明确断言,资本在国家之间并不是自由流动的。鉴于这一论断,有必要考虑约翰·梅纳德·凯恩斯(John Maynard Keynes)得出的结论。他认真思考了为了共同利益控制经济的条件,避免国家间的不当竞争,这种通过压低工资和成本来获取竞争优势的方法只会导致经济萧条、专制政府和战争的灾难。如他写的:

　　因此,我赞同那些弱化国家间经济纠葛的人们,而不是去强化。

观念、知识、科学、好客和旅行——这些在本质上应该是不分国界的。但是当合理并方便可行时，还是在本土生产商品，总的来说，让金融主要保持在国内。

(p.756)

要达成以上目的，除了征收关税以外，还有另外一种最重要的方式之一，那就是詹姆斯·托宾(James Tobin)提出的货币交易税(Currency Transaction Tax)，也就是托宾税(Patomäki 2015, pp.184ff.)。这不但检测货币投机者的寄生状态和去稳效应，还强化了国家对自身经济的民主掌控，能够为联合国提供资金支持。比起把商业活动控制在国内，这种方法可以进一步深入。"布里斯托尔镑"(Bristol Pound)和英国的其他当地货币旨在城市获得某种程度的经济自治，向我们说明了在更本土的层面什么是可能的。在更本土的层面，我们还有地方交易系统(Local Exchange Trading System, LETS)，我曾提出该体系能够构建斗争的权力基础，使我们从跨国公司手中夺回国家的体制(Gare 2000c)。霍恩堡(Hornborg 2013, Ch.8)提出，要使这样的当地货币获得充分收益，需要划分货币功能：一种货币作为支付手段和交换介质，保护团体的本地再生产，使其免于全球竞争，但既不产生利润也不产生累积；另一种货币服务于资本财货和资本流动。这些货币不可以进行兑换。应该废止放高利贷，以避免负债的增长，如大卫·格雷伯(David Graeber)在《负债：最初5000年》(*Debt: The First 5000 Years*, 2011)中揭示的，这就是奴役的本质。如托马斯·格雷科(Thomas Greco)在《金钱的终结和文明的未来》(*The End of Money and the Future of Civilization*, 2010)中指出的，这并不意味着人们应该不能从放贷中获得利润，而是他们的获利应该建立在借款人额外收入的一部分。如格雷科呼吁的，要重新考虑金钱在经济中的作用，以及金融制度相应的转型。阿马托(Amato)和凡塔奇(Fantacci)在《金融的终结》(*The End of Finance*, 2012)第三部分中也发表过类似观点。金钱不应该被看作一个宝藏,里面有取之不尽的信用和权力。那么要限制公司间的掠夺行为,应该认定公司间的接管与兼并是违法行为,如近期德国就是这么实施的。所有都是要在各团体内重新嵌入市场,这是卡尔·波兰尼(Karl Polanyi)使用的术语。

使市场从属于能够增强共同利益的真正民主,同时认识到并不是所有的价值都具有可通约性,我们要拥有条件来确定资源不会被毁坏,储备可以持续地被使用,金融、保险、房地产和经济的剥削部分被禁止扩散并主导市场和政治。此外,私人股权不允许控制媒体或金融机构,团体绝不可以被市场奴役,无论是当地的,还是更重要的全球的,抑或是个人必须能够获得收入、财富和经济安全,使他们能够安稳生活、履行作为公民的义务并充分发展他们的潜能来充盈其团体的生命。也就是说,经济的生产部门战胜了剥削部门。这些是人们形成新型的互惠互利关系并技术革新的条件,文艺复兴的经济学家们从威尼斯的事例中认识到了这正是财富真正积累的基础。制度经济学起源于这种文艺复兴思维传统,由凡勃伦(Veblen)和他的追随者推动发展,受到思辨自然主义的支持,表明了获得这种制度组成的可能性(*Reinert and Viano*,2012)。经济人类学家也对获得这样的制度组成所需要的条件进行了说明,同时指出,"新制度主义者"提倡一种关于人类的霍布斯式的理解,由此放弃了制度经济学的优势地位(Gudeman 2008,p.158)。除了认识到人类的根本社会本质和认识辩证法的原生作用,还需要理解在获得、维持并发展共同理解中,认同辩证法和修辞的作用(更普遍地说,对话)(Gudeman 2009)。

政治科学、社会学和地理学中的人文主义方法通常与阐释学、符号互动论(symbolic interactionism)、现象学、人文马克思主义和生成结构主义相关联,该人文方法在这样的科学中也找到了支持,但也需要发展为人类生态学的一部分。伴随着生态经济学,政治生态学和人类生态学如今是关于自然和社会一些最前沿的思想的领地。⑥但是要创造性地重新构思关于

206

这些学科的各种人类科学还有很多要去做。比如，人类生态学应该为景观地理学提供支持，并通过融合自然地理学和人文地理学来强壮自身，同时强调所有生命过程的能量本质、与各种类型符号过程相关的初期限制，还有空间的重要性和空间的产生与组成。重新解释构成人类生态系统的所有的物理、生物、经济、社会、文化和心理过程与结构时要好好考虑。这也应该支持并推进历史学家年鉴学派（Annales）的研究，比如费尔南·布罗代尔（Fernand Braudel）曾努力把历史与地理融合到一起，并考虑到大量不同形构的时间性和空间性。

随着弗雷格斯坦（Fligstein）和麦克亚当（McAdam）在《场论》（A Theory of Fields，2012）中使"场域"概念在社会理论中得到了深入发展，布迪厄的"场域"概念可以在该框架内理解为新兴的生态系统。如此的话，这样的生态系统可以认为是通过实际的和反身性符号过程的高度发展形式构成的，这样具有人文特征的符号过程产生了再现、认同和劳动的辩证关系，它们彼此制约，相互产生。这些场域的出现和发展使个体能够自主地追求他们的目标，这么做又再次产生了这些场域或"家庭体系"（systems of homes），这些场域关系的复杂性通过生态系统内部和生态系统之间的关系得到了阐释。即布迪厄的社会学，对新兴场域及其权力形式进行了巧妙分析，能够通过人类生态学进行解释，并与其融合，进而发展，由此极大地丰富了人类生态学。随着对人类生态学的优遇和对生命的能量基础的认识，与文化相关的符号过程应该被理解为对参与进全球生态系统符号圈并得到相应的发展。符号过程在与政治哲学和伦理学的关系中得到理解，这表明保持自治和场域的健康至关重要，无论这些场域是经济的、政治的或是文化的，还谴责那些通过削弱它们所依赖的场域而获得自身繁荣。

最后，若自然科学的实际结果是技术，那么人类生态学也会引出另一种方法来理解什么是技术，以及工作。即尤尔根·哈贝马斯拒斥赫伯特·马尔库塞对现代科学和技术的批评。前者在《迈向理性社会》（Toward a Ra-

tional Society)中提出，"再也没有'像人类这样的'替代品"（Habermas 1971，p.88）能够自我否定。"技术"和"劳动力"将会被去具体化。"技术"，与"劳动力"一样，当它从所属的社会关系中被抽象出来进行定义时，就得到了具体化。如人类生态学家阿尔弗·霍恩堡（Alf Hornborg）所说：

> 技术需要并再生产社会组织的具体形式……机器不是"多产的"（productive）——它们并不"生产"（produce），但除了从社会角度看。把机器设想为一种存在于自身的生产力，其实是误导了技术和经济、物质和社会的差异性。工业机器是社会现象。
>
> （Hornborg 2001，p.107）

正是技术和机器的具体化遮蔽了人们的双眼，使人们陷入由不适当的技术导致的被压迫关系而不自知。据说，按照上述意义提高效率通常只是改变了从事劳动的人以及谁的资源被剥削。在这个过程中，自然和人都沦为了可预见的物质和工具［或者如海德格尔在《关于技术的问题》（*The Question Concerning Technology*）（1970，p.20）中所说的"长存储备"（standing reserves）］。马尔库塞反对的正是这一点，他把海德格尔的观点与马克思结合到了一起。安德鲁·芬伯格（Andrew Feenberg）在《海德格尔与马尔库塞：历史的灾难与救赎》（*Heidegger and Marcuse：The Catastrophe and Redemption of History*，2005）中深入审视了马尔库塞对二者的综合，并极力推崇。

技术去神秘化的目的是扩充条件，即家庭（家庭体系或生态系统）为了生命的繁荣，考虑鉴于人类是文化塑造出的积极施动者，而且能够使用并制作工具，人们是生态系统内自主的参与者。作为这些"治理"生态系统的施动者，最关心的问题是必须一直保持或巩固这些生态系统的健康发展，包括参与其中的他们自身在内，而不是使产出最大化。艾伦（T.F.H.

Allen)、约瑟夫·塔纳(Joseph A.Tainter)和托马斯·W.霍克斯特拉(Thomas W.Hoekstra)在《供应方面的可持续性》(*Supply-Side Sustainability*,2002)，以及皮特·安德鲁斯(Peter Andrews)在《边缘归来》(*Back from the Brink*,2006)中都呼吁使用这样的方法。为此目的，有必要支持麦克唐纳(Mc-Donough)和布朗加(Braungart)在《从摇篮到摇篮》(*Cradle to Cradle*,2002)中阐明的原则，根据该原则，生产的目的必须是为充盈生命扩充条件，并丰富我们的生态系统。

在产品生产中，人们不应该被当作工具(或"劳动力")，而应该被当作工人。他们的力量在财富创造过程中通过"机器"获得增强，即生产和交流的手段，在生活中、在充盈其团体生命过程中转化自然，自然转化应该被当作植物符号过程。无论人类还是非人类，生命的繁荣都涉及创造性和新的协同作用的发展，包括新技术(进一步增强生命条件)和这种创造性的条件。如斯图亚特·考夫曼(Stuart Kauffman)认为的，不可能预测这种创造性，因为每一种新的发展都会开启新的可能性，而这些是无法预先了解的(Kauffman 2008,Ch.11)。这种生命繁荣一定包含人们的建筑和社会环境，以及他们所属的当地和全球生态系统，这些条件同时增强了他们扩充生命及其条件的自由。

第五节　生态文明的对话式宏大叙事

如埃普斯坦(Epstein)所说，一部人文科学的作品，明确地开始转化自然，就是宣言，如此便能开创新的时代。这则思辨自然主义和生态文明的宣言是为了寻求哲学的复兴，更普遍来说是人文科学的复兴，为它们也为人类开辟新的方向。这则宣言号召人们完成并进一步深化赫尔德、歌德和谢林开始的计划，取代笛卡尔或牛顿对世界的理解(其中包括物质存在、生命、人类，以及人类在自然界中的位置），为人类和自然的未来开启了新的可能性，并相应地对伦理和政治哲学进行再思考。在我们的理解中，进步的宏大叙事是笛卡尔或霍布斯主体对自然的伪理性技术掌控。这种对自然的控制由贪婪和达尔文的适者生存所驱动，导致了全球公司王国、腐败的政客和技术官僚的罪恶联盟，这些接受有限教育的技术官僚却在严重损害着民主。这种伪理性技术控制接管公共机构，并将它们转化为企业、掠夺公共资产，同时通过思想控制，在普通民众间提倡腐化堕落，使他们产生政治惰性。而这则宣言正是要取代这种进步的宏大叙事。[7]要克服谢尔登·沃林（Sheldon Wolin）在《民主公司：监管下的民主与反极权主义的忧虑》（*Democracy Inc.: Managed Democracy and the Spectre of Inverted Totalitarianism*, 2008）中贴切地称为通往全球生态毁灭的轨道的"反集权主义"统治方式。这是自由与民主的宣言，提供了一种全新的对话式宏大叙事，是基于人类生态学对人类的理解，自然、全球生态系统和符号圈都在不断地发展，而人类正是推动这些创造性进步的参与者。

对话式宏大叙事的发展旨在创造一种生态文明，可以看作激进启蒙运动时代的来临。这可以描述为关于解放的宏大叙事去整体化之后的再整体化，但是比萨特所设想的更为复杂的再整体化。其结合全人类（由寻求认同、方向和授权驱动的三种辩证形式），以及绝大多数其他生命形式，为文明的存在和当下全球生态系统组织形式的持续而努力。这种再整体化基于通过思辨自然主义和过程形而上学对世界的全面理解，引导人们参与到再整体化过程中，通过一种新的宏大叙事避免生态破坏。我在《叙事与环境主义的伦理与政治：故事的变革力量》（*Narratives and the Ethics and the Politics of Environmentalism: The Transformative Power of Stories*, 2001）中，曾描述了这种再整体化所包含的内容。[8]进步的定义要根据生态形成确定，要充盈生命及其条件，其中包括人类生命和所有在全球生态系统内共同演化的生命形式。如前所述，这不会是独白式的叙事，唯一的主导观点是将所有人和所有事物都简化为工具，来实现以这种观点定义的目标，当下盛行的宏大叙事及其之前的对手就是这样做的。需要允许参与者不同声音的对话式宏大叙事，将不同的团体、组织和经济、社会、文化领域与不同的历史错综复杂地联系在一起，去质疑并参与到修订、再规划和发展他们所践行的叙事中，从地方到全球，保存他们的团体、机构和领域的自主性，作为参与到其中的条件。这种叙事的复杂性本身一定可以理解为全球符号圈的一个组成部分，并按此构想。参与这些叙事的形成与改进就是参与符号圈的发展。⑨

这样的宏大叙事能激励人们创造更美好的未来，对其追求需要宗教维度，这证实了詹姆斯·洛夫洛克把全球生态系统命名为"盖娅"，以及过程哲学家努力使科学返魅。⑩这是"绝对精神"的领域，应该通过培养人们的想象力、发展他们"对整体的感受"鼓舞他们，使他们使用克里斯托弗·亚历山大（Christopher Alexander）的简明术语。其中这所需要的最重要的美德是发展对自然的理解，由此使人们更加充分地"浸濡"（indwell）在自然中，使用迈克尔·波兰尼（Michael Polanyi）的术语，由衷地欣赏现实和个体生命、生态系统和盖娅的活力。要获得"对整体的感受"需要浸濡其中，而培养这种感受需要城市规划者、建筑设计师和建设者去创造美丽的建筑环境，并因为参与到自然的形态形成中而感到荣耀。亚历山大认为，这对改变我们与土地之间的关系至关重要。他是这么说的：

> ……我们会逐渐感受到一种具体而现实的义务，那就是确保任何人、在任何地方所采取的任何行动总是能治愈土地的。一种广泛的道德转变开始出现。越来越多的人理解了治愈土地的意义：慢慢地，整个社会中的每一个人开始认识到他或她的根本义务，土地是我们生存的地球的一部分，每一个人要尽其所能使自己的每一个行为都

来治愈这片土地,去再生、去塑造、形成、装饰并改善这片土地。

(Alexander 2002,p.548)

210 　　每一个人都需要这样通过浸濡其中而获得的对整体的感受,如果他们要丰富生命,尤其当他们从事工作、参与社会监管和政策发展中。这是最基本的美德,以支撑其他品德。

　　定义文明和人类目标的宏大叙事就是最广泛的故事,而美德需要在人们践行的故事中得到理解。在思辨自然主义的辅助下,新的对话式宏大叙事应该在不断探寻中逐步出现。不同的个人、团体和文明寻求创立自己的叙事,并将这些叙事与彼此的叙事、整个人类的叙事、地球生物的叙事和宇宙的叙事联系起来。这个应该可以理解为过程的一部分,通过这个部分过程,再联系相关的符号圈,能够更深刻地认识到生命本身和生命多样性的意义。该叙事应该给予生命的所有形式以恰如其分的认识,包括生态系统的生命形式、盖娅的生命形式,以及强化盖娅和削弱盖娅的生命形式。它不应该是一种飘荡无依的思想主体,而是在实践中发展起来,人们过生活、捍卫自由、努力自我管理、不断探究并转化他们的文化,如阿拉斯戴尔·麦金太尔(Alasdair MacIntyre)描述的"以实践为基础的地方参与式社区"中的一员从事实践活动(2006,p.157)。思辨自然主义以及关于其构想的宏大叙事的明确阐释是公共领域恢复生机所需的内容,是尤尔根·哈贝马斯认为的民主核心,但是既没有充分的基础提供支持,也无法理解它起作用所需的条件。⑪

　　要详细说明该叙事,有必要打造出未来的意象,通过这样的意象,个人、团体和个人能定义自身及其目标,并受到鼓舞开始行动。这就要涉及使用"模糊"术语,如"生命""文明""自由""公正"和"生态形成",这些词语可以作为积极象征来取代源于当下主导现代性文明的机器比喻的乏味、消极和麻痹的象征。皮尔斯曾描述它们为"真正的模糊词语",因为他们必然不完整。这些术语只有通过当下和未来不同的人的努力才能被更精准地定义，这些人通过努力理解世界来定义自身，并借此定义他们的理想，而后尽力去实现这些抱负，这么做，将这些渴求蕴含在他们的实践和已构成的环境中。要发展的最终概念是关于全球生态文明的新的社会虚构，正是因为与此关联，文化的其他方面应该得到理解和评价并起作用。如厄恩斯特·布洛赫在他的《乌托邦的精神》（The Spirit of Utopia）中所宣告的：

> 我准备好了。我们准备好了。
>
> 这就够了。现在我们要开始行动了。生命已经交付到我们手中。
>
> （Bloch 2000,p.1）

211　注释

①在融合中西思想传统方面已经做了很多工作，其中最重要的是李约瑟（Joseph Needham）的工作。最近这方面的研究成果已发表在由郭毅、萨萨·约西福维奇（Sasa Josifovic）和奥曼·雷泽·拉萨尔（Auman Lätzer-Lasar）编辑的《中国和欧洲哲学中知识与伦理的形而上学基础》（*Metaphysical Foundations of Knowledge and Ethics in Chinese and European Philosophy*）（2013）上。相反，中国人有必要欣赏西方科技以外的成就。阿伦·盖尔（Arran Gare），曾在中国的一次会议上发表了文章《法律、过程哲学与生态文明》（Law, Process Philosophy and Ecological Civilization 2011），阐述了这方面的研究。

②这是由劳拉·韦斯特拉（Laura Westra）领导的加拿大全球生态完整性项目（Global Ecological Integrity Project）进行的。有关这类工作，请参见由劳拉·韦斯特拉、克劳斯·博塞尔曼（Klaus Bosselmann）和理查德·韦斯特拉（Richard Westra 2008）编辑的《调和人类生存与生态完整》（*Reconciling Human Existence with Ecological Integrity*）。具体见第五部分——生态完整

性的未来政策路径(Part V-Future Policy Paths for Ecological Integrity)。

③亚历克斯·诺夫(Alex Nove)在《可行社会主义经济学》(*The Economics of Feasible Socialism* 1983)中提出了市场社会主义的经典辩护。这些思想是由大卫·米勒在《市场、国家和社区：市场社会主义的理论基础》(*Market, State and Community: Theoretical Foundations of Market Socialism* 1990)中进一步发展而来的。关于市场社会主义的辩论在《为什么要市场社会主义》中展开，由弗兰克·罗斯福(Frank Roosevelt)和大卫·贝尔金(David Belkin)编辑(1994)。即使实行市场社会主义，市场能控制到什么程度，也是一个有争议的问题。乔尔·科维尔(Joel Kovel)在《自然的敌人：资本主义的终结还是世界的终结？》(*The Enemy of Nature: The End of Capitalism or the End of the World?*)一书中反对市场(2007)，罗宾·哈内尔(Robin Hahnel)在《经济正义与民主：从竞争到合作》(*Economic Justice and Democracy: From Competition to Cooperation* 2005)中也是同样态度。塔基斯·福托普洛斯(Takis Fotopoulos)在《走向包容性民主》(*Towards an Inclusive Democracy* 1997)一书中指出，市场可以被取代，并展示了如何在不产生破坏性影响的情况下模拟其机制。

④科林·索斯科尔恩(Colin Soskolne)在《科学与国际法中的全球化与生态完整》(*Globalisation and Ecological Integrity in Science and International Law* 2011，第三部分)中说明，正在努力制定适当的国际法。

⑤新兴的生态经济学传统的最重要的作品有赫尔曼·戴利(Herman Daly)和约翰·小科布(John Cobb, Jr.)的《为了共同利益》(*For the Common Good* 1994，第 2 版)，理查德·B.诺加德(Richard B. Norgaard)的《背叛的发展：进步的终结与未来的共同进化修正》(*Development Betrayed: The end of progress and a coevolutionary revisioning of the future* 1994)，彼得·瑟德鲍姆(Peter Söderbaum)的《生态经济学》(*Ecological Economics* 2000)和《理解可持续性经济学》(*Understanding Sustainability Economics* 2008)，菲利

普·劳恩(Philip Lawn)的《生态经济学的前沿问题》(*Frontier Issues in E-cological Economics* 2007)，罗斯柴尔德(M. Rothschild)的《生物学：作为生态系统的经济》(*Bionomics:Economy as Ecosystem* 1990)，马里奥·詹皮特罗(Mario Giampietro)的《农业生态系统多尺度综合分析》(*Multi-Scale In-tegrated Analysis of Agroecosystems* 2005)，马里奥·詹皮特罗、小松·马尤米(Kozo Mayumi)和阿列夫·索尔曼(Alevgül H. Sorman)的选集《社会的新陈代谢模式：经济学家的不足》(*The Metabolic Pattern of Societies:Where Economists Fall Short* 2012)，以及从马克思主义的角度撰写的《政治经济学和全球资本主义》(*Political Economy and Global Capitalism* 2010)，由阿尔布里顿、杰索普(Jessop)和韦斯特拉著。罗伊·艾伦(Roy Allen)出版了一本文集《人类生态学经济学：全球可持续发展的新框架》(*Human Ecology Economics:A new framework for global sustainability* 2008)，致力于重新思考作为人类生态学一部分的经济学。在艾里德·瓦顿(Arild Vatn)的《制度与环境》(*Institutions and the Environment* 2005)，罗伯特·科斯坦萨(Robert Costanza)等人编辑的《机构、生态系统和可持续性》(*Institutions, Ecosystems,and Sustainability* 2001)，以及埃莉诺·奥斯特罗姆(Elinor Os-trom)和她的同事的作品中，包括她自己的书《治理下议院》(*Governing the Commons* 1990)和奥斯特罗姆选集等《下议院的戏剧》(*The Drama of the Commons* 2002)中，作者均对生态可持续性所需的制度和政策进行了研究。约翰·卡瓦纳(John Cavanagh)和杰里·曼德(Jerry Mander)的《经济全球化的替代品》(*Alternatives to Economic Globalization* 2002)，由全球化问题国际论坛出版，理查德·韦斯特拉(Richard Westra 2010)编辑的《面对全球新自由主义：第三世界的抵抗和发展战略》(*Confronting Global Neolib-eralism:Third World Resistance and Development Strategies*)选集和大卫·科尔滕(David Korten 2000)的《后企业世界》(*Post-Corporate World*)，为发展新自由主义和经济全球化的替代品做出了努力。在《公司:病态的追求利

润和权力》(*The Corporation:The Pathological Pursuit of Profit and Power* 2004,第 6 章)中,乔尔·巴肯(Joel Bakan)提出了一些措施,使公司在控制之下。

⑥这类研究的例子有:科夫曼(Coffman)和米库列基(Mikulecky)的《全球疯狂》(*Global Insanity* 2012)。霍恩堡(Hornborg)、克拉克(Clark)和赫尔墨尔(Hermele)编辑的《生态与权力》(*Ecology and Power* 2012),霍恩堡的《全球生态与不平等交换:零和世界中的拜物教》(*Global Ecology and Unequal Exchange:Fetishism in a zero-sum world*,Oxford:Routedge)(2011),霍恩堡和克拉姆利(Crumley)编辑的《世界系统和地球系统》(*The World System and the Earth System* 2007),韦斯特拉(Westra)、博塞尔曼(Bosselmann)和韦斯特拉的《调和人类生存与生态完整性》(*Reconciling Human Existence with Ecological Integrity* 2008),沃尔特纳·托伊斯(Waltner-Toews)、凯(Kay)和利斯特(Lister)编辑的《生态系统方法:复杂性、不确定性和可持续性管理》(*The Ecosystem Approach:Complexity,Uncertainty, and Managing for Sustainability* 2008),冈德森(Gunderson)和郝灵(Holling)编辑的《泛神论:理解人类和自然系统的转化》(*Panarchy:Understanding Transformations in Human and Natural Systems* 2002),以及彼得·邦亚德(Peter Bunyard)编辑的《盖亚行动:活地球的科学》(*Gaia in Action:Science of a Living Earth* 1996)。在《生态系统方法》(*The Ecosystem Approach*)中,特别见西尔维奥·芬托维茨(Silvio Funtowicz)和杰里·拉维兹(Jery Ravetz)的《超越复杂系统:突发复杂性和社会团结》(*Beyond Complex Systems:E-mergent Complexity and Social Solidarity* 第 17 章)。

⑦年轻人的去政治化在中国和欧洲及美国都已被注意到。参见王辉《革命的终结:中国和现代性的局限》(*The End of the Revolution:China and the Limits of Modernity* 2011),英格里德·斯特劳姆(Ingerid Straume)和汉弗莱(J.F.Humphrey)的《去政治化:全球资本主义的政治想象》(*De-*

politicization：The Political Imaginary of Global Capitalism 2011）。

⑧卡尔·博格斯（Carl Boggs）在《生态学与革命：全球危机与政治挑战》（*Ecology and Revolution：Global Crisis and the Political Challenge* 2012）一书中，从葛兰西的角度，明确地思考了这些问题，强调了在没有更多的理论和哲学研究的情况下实现这种重新定位的困难。

⑨生态符号学与人类文化之间的桥梁正在建设中，托马斯·A.塞比奥克（Thomas A. Sebeok）在《符号学是人文与科学之间的桥梁》（*Semiotics as a Bridge Between the Humanities and the Sciences* 2000）第 76 至 100 页中的《符号学是人文与科学之间的桥梁》，以及温迪·惠勒（Wendy Wheeler）的《整个生物：复杂性、生物符号学和文化进化》（*The Whole Creature：Complexity，Biosemiotics and eh Evolution of Culture* 2006）为此提供了主要的推动力。另参见艾伦·盖尔的《全球变暖的符号学》（*The Semiotics of Global Warming* 2007）。

⑩参见大卫·雷·格里芬（David Ray Griffin）主编的《科学的复魅》（*The Re-Enchantment of Science*）（1988）。皮尔士、怀特海、海德格尔和詹姆斯·洛夫洛克都可以被看作对这种哲学宗教发展的贡献者。

⑪哈贝马斯在《公共领域的结构转型》（*The Structural Transformation of the Public Sphere* 1992）中描述了这一点。现在应该清楚的是，他后来为证明和恢复这一点所作的努力失败了，原因有两个：首先，正如皮埃尔·布迪厄（Pierre Bourdieu）在《语言与象征权力》（*Language and Symbolic Power* 1991，第 3 章）一书中所说，哈贝马斯不理解话语承载权威的条件，即维持公共领域所需的权力关系；其次，他破坏了给予人们亚里士多德所提出的准则的哲学假设，该准则是能够理解政治争论所必需的。他的学生阿克塞尔·霍耐特（Axel Honneth）和汉斯·乔斯（Hans Joas）在转向和发展哲学人类学方面是尤其卓越的。参见《社会行动与人性》（*Social Action and Human Nature* 1988）。

生态文明以及"生活、自由和追求幸福"

　　对生态文明的探索能够为美国独立宣言宣称的最终目标"生命、自由和追求幸福"赋予新的意义，并重新激发对其的探究。这其中的每一个词都会产生问题。①人们是通过边沁（Benthamite）的功利主义将"幸福"一词理解为"感觉良好"或开心的主观精神状态，但是它的本意是"受命运青睐"，通过联系亚里士多德对幸福感（eudaimonia）的理解，该词也有了更加深远的意义。"eudaimonia"最准确的翻译是"有意义且满意的生命"。②亚里士多德所理解的最重要的一个特征是生命的全过程都必须要接受评判，因此目标并不是未来时间的某一个点。就好像交响乐中的旋律，任何部分都不能被看作未来某个外在目的的工具。亚里士多德几乎在整部《尼各马可伦理学》（Nicomachean Ethics）中都在研究什么是有意义且满意的生命，他令人信服地提出了自己的观点，他认为愉悦是选择正确的目标的副产品；作为目标本身来追寻，很难解释，这个观点如今得到了有力的证实。随后，在希腊化时代的希腊、罗马、中世纪欧洲和文艺复兴时期的意大利，哲学家们在亚里士多德洞见的基础之上继续对这个问题进行研究。霍布斯认为，人类是由渴望和憎恶驱动的复杂机器，在此认识之上，他企图反对上述观点，为边沁粗略的功利主义铺平了道路，使个人享乐成为要追求的最高目标。如我们在第五章写到的，新黑格尔传统建立在卢梭、康德、赫尔德、费希特和黑格尔的基础之上，对人类的理解完全不同，在其概念中，人类本质上是文化存在，他们在社会体制下通过参与劳动、认识和表象的辩证关系获得自我实现，这种自我实现就可以理解为满足感。对一些新黑格尔派来说（至于谢林），也有必要考虑全球团体与各国间的关系，而且体制约束各国去尊重彼此，为人类的共同利益一起努力。对他所启迪的谢林和自然哲学传统，自我实现应该包含为生命的共同利益而努力。

214　　　如阿克塞尔·霍耐特（Axel Honneth）所认为的，现代世界中最被低估的辩证关系就是认识辩证法，与爱（包括友谊）、权力和团结（通过团结了解到每一位个体对团体的独特贡献）相联系（1996,pp.92–130）。正是通过这种辩证关系，人们获得并被赋予了重要身份，对自己和彼此重要性的了解。这种有关认识的辩证法是体制发展的条件，并且一旦人们的基本需求被满足，其便成为人类努力的最重要的推动力。然而若没有"表象"或为他们在世界上提供方向的方法，确认什么目标是最值得为之努力的，表象辩证法就无法起作用。除此以外，通过表象辩证法来增进领悟、理解和智慧，本身就是一个极度被忽视的原动力。没有人会被认为过着满意的生活，除非他们已经在经济上获得了安全感，能够通过工作实现自己的潜能，获得他人（这些人本身也应该被认可为重要的）的认可，并发展了自己在世界上的定位。通过该定位，他们能了解并弄清楚这个世界和他们自身，弄清楚生命的意义和重要性（包括他们自己的生命）。当人们真的开始认识到努力的价值，而且这种认识是建立在对世界的全面理解上，那么即使是从事最艰难和最危险的工作，人们也会感到满足。如尼采在《暮色偶像》（*Twilight of the Idols*）中所说："如果我们拥有生命的原因（why），我们几乎可以忍受任何方式（how）。人类不是努力追求幸福。只有英国人才这么做。"（Nietzsche 1990,p.33）

　　如我们所知道的,那些拥护科学主义的分析哲学家们,他们将霍布斯或达尔文对自然和人类的理解禁锢一处,进而削弱所有这些。这样的理解使生命的全部都沦为为满足自身渴求的奋斗,且这么做,比其他目标更有效率,这样的奋斗只不过是不可抗拒的物理和化学法则的表现。大家心照不宣,这证实了对他人的统治,将一切事物和所有人都简化为工具或资源以有效地攫取。思辨自然主义拥护表象辩证法,认为其是全球符号圈内的发展,不仅了解最终目的的现实、坚持亚里士多德新黑格尔派对美好生活的愿景,还将此置于更广阔的地球生物及其演化的语境之下,坚持通过认识辩证法能够证实具有内在重要性的基础。从这个观点来看,追求幸福包含实现自我、迎接配得上自身能力的挑战,通过劳动、认识和表象辩证法获得生命的意义,过一种能够丰沛所属团体生命的生活(Gare 2009)。这并不意味着忽视个人利益,而是认识到除此以外生命还有更多可能。如巴希勒(Bar-Hillel)在两千年前提出的:"若我不为自己,谁会为我? 但若我只为自己,我是谁? 若不是现在,何时? "

　　我们所理解的追求幸福预设了自由的原意,即如罗马人所理解的,一个人所处的一种状态, 其中他不会被其所依赖的人的决策或行为随意伤害,即没有被奴役。自由还涉及自治,自治出现于古希腊,当时所有的制度和信仰都处于质疑中, 如柯奈留斯·卡斯托里亚蒂斯 (Cornelius Castoriadis)所说,人们认同自己是制度和信仰的创造者。这就意味着相应地为这些制度、信仰和自我约束负责。自由比幸福更重要,人们会为了捍卫他们的自由和群体的自由牺牲生命。当下现代性的主导目标是通过伪理性探索对自然的完全掌控,来获得经济增长的最大化,自由则与此不同,而且相互矛盾。自由表明坚持自己主张权力,不畏惧惩罚,这转而是具有活力的公共领域所需的,继而是真正实现人们自我管理的真民主所需要的。如此,自由需要一种社会秩序,人们(个人、社会或国家)在这种社会秩序下不亏欠他人,而且被认为是自由、有责任的行为主体。尽管这需要人们做

215

出选择的空间,但这不等同于没有任何限制地想做什么做什么。这是暴君和奴隶渴求的自由形式，与团体成员为了维护自身的自由所需的美德是不同的。这不可避免地会导致奴役。霍布斯理解这一点,重新定义自由为不受任何约束以证明暴君的统治是正当的,普通民众接受他们的奴役状态(尽管这些并不是他使用的词汇),只有生存权,并开始改变语言,使人们甚至无法想起之前所理解的自由。

卢梭、康德、赫尔德、费希特、谢林及受到他们影响的人发展出了一种关于自由的更粗糙的概念,以对抗上述霍布斯的噩梦。这引导"自由"的概念趋于积极的层面,正直地生活的自由,与其他人从事有价值的活动并因此获得恰当的认同。在现代世界,这需要经济安全和生活来源[费希特在《自然权力基础》(*Foundations of Natural Rights*)(Fichte 2000,pp.202ff.)中提出过]。人们的自由获得尊重,他们能自主地工作,有条件实现他们的全部潜能来推动配得上他们潜能的事业,并为他们从事的工作、他们所忍受的困难、他们取得的成绩、他们正在做的事情,以及他们所渴望的得到适当的认可。如英国唯心主义者格林(T.H.Green,1836—1882)所说,要获得自由,要参与民主团体共同去探求公共利益;最重要的是,寻求发展人们的潜能来参与团体生活。"当我们谈到自由,"他写道,"我们的理解是一种积极的力量或能力,去做或享受值得去做或去享受的事情,也是我们与他人共同做或享受的事情"。格林继续说:

> 当我们通过自由的增长程度来衡量社会的进步，我们就是通过**整体**上致力于社会公益的那些力量的不断增长和实施来衡量的,我们认为社会成员应该被赋予这种社会公益;简而言之,通过使公民充分利用自身的更大权力来衡量。
>
> (Green 1986,p.199)

216　　　　通过制度实现人类的完美是从未实现的最高价值。如格林在他的重要作品《伦理学导论》(*Prolegomena to Ethics*)中宣称的：

> 在艺术、制度和生命规则中，人类精神至今为止不完全地实现了尽可能的最佳；在个体中起作用的观念将从中获得普遍指令，去深化这些艺术，并尽其所能维护并完善这些制度。
>
> （Green 2003，p.431）

国家的任务就是滋养其公民的潜力，使他们能够参与到这些计划中，从而过上尽可能好的生活。

然而这种通过参与社会计划的自我实现不应该与自然割裂开。这就是为什么克里斯托弗·亚历山大在结构和建筑方面的作品中认为形态发生如此重要。亚历山大指出，自由意味着我们能参与到由整体感受引导的形构产生的持续不断的创造性过程中：

> 为什么自由与社会过程的形态发生特征相关呢？因为自由是形态塑造、结构产生，是过程的一部分，最终允许人们做他们想做的、他们渴望的、他们需要的，以及特别适应生活的，并体验所感受的。只有当过程是形态发生、寻求整体、被置于特定的背景之下，在这个大环境下人们为生命的整体去努力，他们也是这整体中的一部分，这时，环境的人性才会产生。
>
> （Alexander 2002，p.509）

这个可以从建筑构造推演到工作的全部形式，然而这些明显关系疏远的形式似乎是来自建成环境的实际结构中。

获得自由最重要的方式是教育，教会人们理解所有这些，了解世界上正在发生的事情，使他们能够参与到维护他们团体的体制和管理，以及自然内的形态发生中，希腊人、共和国的罗马捍卫者，文艺复兴时期的公民人文主义者，早期的浪漫主义者，以及后来的新黑格尔派和过程哲学家们都赞同这个观点。罗马共和党人受到希腊"派代亚"（paideia）观念的启发，发展出了人文教育（artes liberalis）[就是如今我们知道的"文科（liberal arts）"，但是它包含科学在内]作为自由人的普遍教育（通识教育）（an enkyklios paideia），反对只适合奴隶的特殊教育（Gare 2012）。也就是说，人们需要一种教育，这种教育能为他们提供全面的世界定位或智慧，当他们在人生中遇到任何特殊情况和问题时，他们能够将其置于背景中去理解去考虑。

217　　奎因派分析哲学家的科学主义，坚持了霍布斯的计划，破坏了激进启蒙运动的影响，使新自由主义者闪烁其词，据说还支持自由。他们所说的自由是公司王国暴敛财富和收入的自由、掠夺公共资产的自由、颠覆民主并奴役人们的自由，这样的科学主义很难抵制。如昆廷·斯金纳（Quentin Skinner）在《国家和公民自由》（States and the freedom of citizens）中提出的，这导致了一种情况，甚至连英国人：

> 这些长久以来因为享有自由而自豪的人们……如今发现他们自己也处于集权和无权的愈发不对等的关系中。[其中]，自由市场使历届政府屈从于跨国公司的胁迫之下，使劳动人口愈发依赖于雇佣者的霸权。
>
> （Skinner 2003，p.25）

当下，几乎所有国家都是这样，包括美国和其他英语国家。

思辨自然主义（由此，人们把新事物的出现描述为新的使能约束，定义任何出现过程的存在）为合乎逻辑的世界定位提供了基础，通过该定位，传统观念中的希腊人的自治、罗马人和文艺复兴时期市民人文主义的自由能够与新黑格尔派的积极自由理念融合，并得到拥护。从这个角度来看，最重要的自由是有条件以增强生存的生态条件的方式生活，奴役的最差形式为使生命唯一繁盛的途径是参与削弱组织生命的条件。这类似于在奥斯威辛集中营（Auschwitz）的奴役，如赫尔曼·兰贝恩（Hermann Langbein）在《奥斯威辛的人们》（*People in Auschwitz*，2004，pp.169-190）中提出的"犹太人 VIP"（Jewish VIPs），想要更长久地活下去就要成为犯人头目，一些犹太犯人就是这么做的，在一些情况下他们对待其他犯人甚至比盖世太保（Gestapo）还要残暴。根据过程自然法则，无论是个人还是国家，并不是奴役人们的所谓法规或契约才被认定为真正的法律，不应该具有法律约束力。这包括那些保护跨国公司和金融机构的财产权的所谓法律，这些机构和公司运用它们的影响，诱使政客们去攫取公共财产，签订贸易或金融协议，导致了大规模的国家负债，阿根廷和希腊就是这样的情况。

　　自由以生命为前提，这是一切最根本的目标，以及自由和幸福的条件。正是生命赋予自由和幸福意义。按照思辨自然主义的观点，"生命"如今应该拓展至"生态"团体的生命，包括人类的和非人类的，人们参与生态团体，在其中他们彼此关联，也成为自身存在的条件。正是这种亲密关系，尝试量化这些团体的服务是毫无意义的。正是生命的体验，在认定一种价值的同时强化其他的价值。"生命"也应该包含在美丽的环境中参与健康的团体产生的活力；这种活力激发人们发展他们的潜力，从而充盈生命、强化这些团体的活力和生命的条件。除非人们的生活能够增强他们团体的生命，使他们具有经济安全来组织家庭、供养家庭，否则他们就没有自由，那么他们的生命就不可能是有意义的。

　　团体成员的行为若威胁了其所属团体的自由，他们就会犯有背信之罪；若他们的行为威胁了多个团体以及所属的生态系统，他们所犯之罪就严重得多。这些就是艾瑞克·弗洛姆（Erich Fromm）在《人类的破坏性剖析》(*The Anatomy of Human Destructiveness*, 1973, pp.411–481)的"恶性侵犯：恋尸癖"(Malignant Aggression : Necrophilia)中描述的恋尸癖，"病态侵犯者"(morbid aggressors)对死亡的欢庆贯穿整个历史。尽管弗洛姆最初的兴趣点是分析纳粹主义，但他在刘易斯·芒福德(Lewis Mumford)的作品中发现了证据支持其病态侵犯的诊断。在《机器的深化》(*The Myth of the Machine*)中，芒福德认为古埃及的"原科学思想"(protoscientific ideology)追求"秩序、权力、可预测性以及全面的掌控的不断加强"，这种想法产生了"一种相应地严格管理和曾经自主的人类行为的衰退：'大众文化'和'群众管制'首次出现"。弗洛姆接着说：

> 按照讽刺幽默的象征主义，埃及王权机器的最终产物是居住着木乃伊尸身的庞大陵墓；后来，在亚述王国，其技术效率的主要证明是一片荒芜和有毒的土壤，乡村和城市被摧毁，其他扩张中的王国也是如此：今天"文明的"暴行的最初形态。
>
> （Fromm 1973, p.342）

就像要追求真正的幸福，只要不让步自由，而且应该强化自由；要追求真正的幸福并为自由而努力，只要这些不让步生命，而且能充盈生命。相反的，只有因生命而悸动的人们才会有决心为他们的自由而斗争，才能感到真正的幸福，从而获得生命的意义。

17世纪形而上学革命提出的假设阻碍了发展，如保罗·蒂利希(Paul Tillich)称其为"死亡本体论"(如今为科学主义的主张)，只有思辨自然主义者替换这些假设，复兴过去观念的同时发展新的概念去引导并激励人们才成为可能。坚持人类概念，认识他们获得自由的潜能，要呼吁人们承担起文化传承及其转型的责任，使其作为其他自由形式的基础——政治、经济和社会，最重要的是，自由地选择生活方式来增强生命，并改善生态环境。通过思辨自然主义重塑文化会创造出新的主体性,这样的主体性致力于应对并解决生态毁灭给民主、文明、人性和地球生物带来的威胁,这样做就创造了一种新的文明:生态文明。

注释

①在《马基雅弗利的时刻:佛罗伦萨政治思想和大西洋共和传统》(*Machiavellian Moment:Florentine Political Thought and the Atlantic Republican Tradition* 1975)一书中,波科克(J.G.A. Pocock)坚决地挑战了通过约翰·洛克(John Locke)的哲学来理解这些术语的假设。波科克揭示了公民人文主义对美国共和国产生的影响或复兴及其意义。托马斯·杰斐逊尤其受到公民人文主义者瑞士政治哲学家让·雅克·布拉马基(Jean-Jacques Burlamaqui)的影响。公民人文主义与约西亚·罗伊斯(Josiah Royce)和约翰·杜威(John Dewey)的新黑格尔影响的政治哲学不相上下。这种对历史的解释表明,现在主导美国政治的新自由主义者和新保守主义者背叛了美国的建国原则。

②参见亚里士多德的《尼哥马可伦理学》(*Nicomachean Ethics*)。对亚里士多德来说,幸福(字面上的意思是"拥有一个良好的内在精神")与快乐是不同的,它既属于生活本身,也属于人们的整个生活。"有益而充实的生活"(Fulfillig and fulflled lives)抓住了这两个维度。"繁荣"是个糟糕的翻译。没有人会把"繁荣"作为人生的最终目标。"过一种充满灵感的生活"(Living an inspired life)也是一个很好的翻译。

219

参考文献

1.Abram,David. 1996. 'Merleau–Ponty and the Voice of the Earth'. In: D.Macauley ed. *Minding Nature:The Philosophers of Ecology*. New York: The Guilford Press.

2.Adams,Richard Newbold. 1975. *Energy and Structure:A Theory of Social Power*. Austin:University of Texas Press.

3.Adams' Richard Newbold. 1988. T*he Eighth Day:Social Evolution as the Self–Organization of Energy*. Austin:University of Texas Press.

4.Adams,Suzi. 2011. *Castoriadis's Ontology:Being and Creation*. New York:Fordham University Press.

5.Adorno,Theodor. 1984. *Aesthetic Theory*[1970]. Trans. Lenhardt, London:Routled and Kegan Paul.

6.Ahearn,Gerard 2012. 'Towards an Ecological Civilization:A Gramscian Strategy for a New Political Subject', *Cosmos and History:The Journal of Natural and Social Philosophy*,9(1):317–326.

7.Al–Khalili,Jim and Johnjoe McFadden. 2014. *Life on the Edge:The*

Coming of Age of Quantum Biology. London: Bantam Press.

8. Albritton, Robert. 2001. *Dialectics and Deconstruction in Political E-conomy.* Houndmills: Palgrave.

9. Albritton, Robert and John Simoulidis, eds. 2003. *New Dialectics and Political Economy.* Houndmills: Palgrave.

10. Albritton, Robert. 2007. *Economics Transformed: Discovering the Brilliance of Marx.* London: Pluto.

11. Albritton, Robert, Bob Jessop, and Richard Westra. 2010. *Political Economy and Global Capitalism: The 21st Century, Present and Future.* London: Anthem Press.

12. Alexander, Christopher. 2002. *The Nature of Order: The Process of Creating Life: Book Two.* Berkeley: The Center for Environmental Structure.

13. Alexander, Christopher. 2004. *The Nature of Order: An Essay on the Art of Building and the Nature of the Universe: Book Four.* Berkeley: The Center for Environmental Structure.

14. Alexander, Christopher. 2007/2008. 'Sustainability and Morphogenesis: The Rebirth of a Living World', *The Structurist.* 47/48: 12–19.

15. Allen, Roy E. 2008. *Human Ecology Economics: A new framework for global sustainability.* Abingdon: Routledge.

16. Allen, T.F.H. and Thomas B. Starr. 1982. *Hierarchy: Perspectives for Ecological Complexity.* Chicago: University of Chicago Press.

17. Allen, T.F.H. and Thomas W. Hoekstra. 1992. *Toward a Unified Ecology.* New York: Columbia University Press.

18. Allen, T.F.H., A. Tainter, and Thomas W. Hoekstra. 2002. Supply–Side Sustainability. NewYork: Columbia University Press.

19. Althusser, Louis. 1977. *For Marx.* [1965]. Trans. Ben Brewster, Lon-

don：Verso.

221   20.Althusser，Louis and Etienne Balibar. 1977. *Reading Captial*，2nd ed.［1968］. Trans. Ben Brewster，London：N.L.B.

21.Althusser，Louis. 1983. *Essays on Ideology*. London：Verso.

22.Amadae，S.M.2003. *Rationalizing Capitalist Democracy*. Chicago：University of Chicago Press.

23.Amato，Massimo and Luca Fantaci. 2012. *The End of Finance*. Cambridge：Poliy.

24.Andersen，Peer Bøgh，et al. Eds. 2000，*Downward Causation：Minds，Bodies and Matter*. Langelandsgade：Aarhus University Press.

25.Andrews，Peter. 2006. *Back from the Brink*. Sydney：ABC Books.

26.Apel，Karl-Otto. 1995. *From Pragmatism to Pragmaticism*. Trans. John Michael Krois，New Jersey：Humanities Press.

27.Aritotle，1962. *Nicomachean Ethics*. Trans. Martin Ostwald，Indianapolis：Bobbs-Merrill.

28.Aritotle，1975. *Metaphysics*. Trans. Richard Hope，Michigan：Ann Arbor.

29.Armitage，Derek，Fikret Berkes，and Nancy Doubleday，eds. 2007. *Adaptive Co-Management：Collaboration，Learning and Multi-Level Governance*. Vancouver：UBS Press.

30.Arnason，Joseph P.2015. ‘Elias and Eisenstadt：The Multiple Meanings of Civilization’. *Social Imaginaries*.1（2）Autumn：146-176.

31.Arp，Robert. 2008. *Scenario Visualization：An Evolutionary Account of Creative Problem Solving*. Cambridge，MA：MIT Press.

32.Arrighi，Giovanni and Beverly J. Silver.1999. *Chaos and Governance in the Modrn World System*. Minneapolis：Minnesota University Press.

33.Arrighi，Giovanni. 2008. *Adam Smith in Beijing：Lineages of the*

Twenty-First Century. London: Verso.

34. Arthur, W. Brian. 1994. *Increasing Returns and Path Dependence in the Economy.* Ann Arbor: Michigan University Press.

35. Arum, Richard and Josipa Roksa. 2011. *Academically Adrift: Limited Learning on College Campuses*, Chicago: University of Chicago Press.

36. Aubin, David. 2004. 'Forms of explanation in the catastrophe theory of René Thom: topology, morphogenesis, and structuralism', In: M. Norton Wise, ed. *Growing Explanations: Historical Perspectives on Recent Sciencc.* Durham: Duke University Press.

37. Bachelard, Gaston. 1969. *The Philosophy of No: A Philosophy of the New Scientific Mind*, [1940]. Trans. G.C. Waterston, New York: Viking Press.

38. Badiou, Alain. 2001. *Ethics: An Essay on the Understanding of Evil.* Trans. Peter Hallward, London: Verso.

39. Badiou, Alain. 2004a. *Theoretical Writings.* Trans. Ray Brassier and Abeerto Toscano, London: Continuum.

40. Badiou, Alain. 2004b. *Think Again: Alain Badiou and the Future of Philosophy.* London: Continuum.

41. Badiou, Alain. 2005a. *Being and Event.* Trans. Oliver Feltham, London: Continuum.

42. Badiou, Alain. 2005b. *Infinite Thought: Truth and the Return of Philosophy.* Trans. Oliver Feltham and Justin Clemens, London: Continuum.

43. Badiou, Alain. 2007. *The Concept of Model.* Melbourne: re.press.

44. Badiou, Alain. 2009. *Logics of Worlds: Being and Event* II. Trans. Abeerto Toscano, London: Continuum.

45. Bakan, Joel. 2004. *The Corporation: The Pathological Pursuit of Prof-*

it and Power. New York：Free Press.

46.Bakhtin，Mikhail. 1984. *Problems of Dostoyevsky's Poetics.* Trans. Caryl Emerson，Minneapolis：Minnesota University Press.

47.Barber，Benjamin R.1984. *Strong Democracy：Participatory Politics for a New Age.* Berkeley：University of California Press.

48.Barbieri，Marcello，ed. 2008. Introduction to Biosemiotics：The New Biological Synthesis. Dordrecht：Springer.

49.Baron，Hans. 1966. *Crisis of the Early Italian Renaissance：Civic Humanism and Republican Liberty in an Age of Classicism and Tyranny.* Princeton：Princeton University Press.

50.Bar-On，Zvie. 1987. *The Categories and the Principle of Coherence： Whitehead's Theory of Categories in Historical Perspective.* Dordrecht：Martinus Nijhoff.

51.Banvise，Jon and John Perry. 1987. *Goodbye，Descartes：The End of Logic and the Search for a New Cosmology of the Mind.* Chichester：Wiley.

52.Basseches，Michael. 1984. *Dialectical Thinking and Adult Development.* Norwood：Ablex.

53.Bauman，Zygmunt. 2010. *Living on Borrowed Time.* Cambridge：Polity.

54.Beach，Edward A. 1990. 'The Later Schelling's Conception of Dialectical Method in Contradistinction to Hegel's'. *The Owl of Minerva*，22 (1)：35-54.

55.Beach，Edward Allen. 1994. *The Potencies of God (s)：Schelling's Philosophy of Mythology.* New York：SUNY Press.

56.Beadey，Timothy，ed. 2012. *Green Cities of Europe：Global Lessons on Green Urbanism.* Washington：Island Press.

222

57.Beck, Ulrich. 1992. 'From Industrial Society to Risk Society'. In Mike Featherstone ed. *Cultural Theory and Cultural Change.* London: Sage.

58.Beck, Ulrich. 1996. 'Risk Society and the Provident State'. In ed. Scott Lash, Bronislaw Szerszynski and Brian Wynne eds. *Risk, Environment & Modernity.* London: Sage.

59.Beck, Ulrich. 2000. *What is Globalization?* Trans. Patrick Camiller, Cambridge: Polity Press.

60.Beder, Sharon. 2006a. *Suiting Themselves: How Corporations Drive the Global Agenda.* London: Earthscan.

61.Beder, Sharon. 2006b. *Environmental Principles and Policies.* London: Earthscan.

62.Beder, Sharon. 2007. *Free Market Missionaries: The Corporate Manipulation of Community Values.* London: Earthscan.

63.Beiser, Frederick C. 2002. *German Idealism: The Struggle Against Subjectivism, 1781–1801.* Cambridge: Cambridge University Press.

64.Beiser, Frederick. 2005. *Hegel.* New York: Routledge.

65.Beiser, Frederick. 2008. *Schiller as Philosopher: A Re-Examination.* Oxford: Clarendon.

66.Benardete, José A. 1989. *Metaphysics: The Logical Approach.* Oxford: Oxford University Press.

67.Benessia, Alice, et al. 2012 'Hybridizing sustainability: Towards a New Praxis for the Present Predicament', *Sustainability Science.* 7 (Supplement 1): 75–89.

68.Benton, Ted. 1996. *The Greening of Marxism.* New York: Guilford.

69.Berto, Francesco and Matteo Plebani. 2015. *Ontology and Metaontology: A Contemporary Guide.* London: Bloomsbury.

70.Bhaskar, Roy. 1993. *Dialectic: The Pulse of Freedom*. London: Verso.

71.Bhaskar, Roy. 2010. 'Contexts of interdisciplinarity: Interdisciplinarity and climate change'. In Roy Bhaskar et al. *Interdisciplinarity and Climate Change: Tramforming Knowledge and Practice for our Global Future*. Abingdon: Routledge.

72.Bickhard, Mark H. 2004. 'Process and Emergence: Normative Function and Representation'. *Axiomathes* 14: 121—155.

73.Bird, Alexander. 2010. *Nature's Metaphysics: Laws and Properties*. Oxford: Oxford University Press.

74.Bloch, Ernst. 1986. *Natural Law and Human Dignity*. Trans. Dennis J. Schmidt, Cambridge: MIT Press.

75.Bloch, Ernst. 2000. *The Spirit of Utopia*, [1964]. Trans. Anthony A. Nassar, Stanford: Stanford University Press.

76.Bogaard, Paul A. and Gordon Treas. eds. 1993. *Metaphysics as Foundation: Essays in Honor of Ivor Leclerc*. New York: SUNY Press.

77.Boggs, Carl. 1993. *Intellectuals and the Crisis of Modernity*. New York: SUNY Press.

78.Boggs, Carl. 2000. *The End of Politics: Corporate Power and the Decline of the Public Sphere*. New York: Guilford Press.

79.Boggs, Carl. 2012. *Ecology and Revolution: Global Crisis and the Political Challenge*. Palgrave: Macmillan.

80.Bohm, David. 1980. *Wholeness and Implicate Order*. London: Routledge and Kegan Paul.

81.Bohm, David and David F.Peat. 2000. *Science, order, and Creativity*, 2nd ed. Toronto: Bantam Books.

82.Boltanski, Luc and Eve Chiapello.2007. *The New Spirit of Captial-

ism. Trans. Gregory Elliot, London: Verso.

83.Borden, Sandra L. 2010. *Journalism as Practice: MacIntyre, Virtue Ethics and the Press.* New York: Routledge.

84.Boucher, David and Andrew Vincent. 2000. *British Idealism and Political Theory.* Edinburgh: Edinburgh University Press.

85.Boudieu, Pierre. 1977. *Outline of a Theory of Practice,* [1972]. Trans. Richard Nice, Cambridge: Cambridge University Press.

86.Boudieu, Pierre. 1988. *Homo Academicus.* Trans. Peter Collier, Cambridge: Polity Press.

87.Boudieu, Pierre. 1990. *The Logic of Practice.* Trans. Richard Nice, Cambridge: Polity Press.

88.Boudieu, Pierre. 1991. *Language and Symbolic Power.* Trans. Gino Raymond and Matthew Adamson, Cambridge: Polity Press.

89.Boudieu, Pierre. 1993. *The Field of Cultural Production: Essays on Art and Literature. Randal Johnson ed.* Cambridge: Polity Press.

90.Boudieu, Pierre. 1998. *Acts of Resistance: Against the Tyranny of the Market.* Trans. Richard Nice, New York: New Press.

91.Boudieu, Pierre. 2003. *Firing Back, Against the Tyranny of the Market 2.* Trans. Richard Nice, London: Verso.

92.Boudieu, Pierre. 2004. *Science of Science and Reflexivity.* Trans. Richard Nice, Chicago: University of Chicago Press.

93.Boudieu, Pierre, Jean–Claude Chamoredon, and Jean–Claude Passerson.1991. *The Craft of Sociology: Epistemological Preliminaries.* Trans. Richard Nice, Berlin: Walter de Gruyter.

94.Boudieu, Pierre and Loïc J.D Wacquant. 1992. *An Invitation to Reflexive Sociology.* Chicago: Unversity of Chicago Press.

95.Bowie, Andrew. 1997. *From Romanticism to Critical Theory*. London: Routledge.

96.Bowie, Andrew. 2013. *Aesthetics and Subjectivity: From Kant to Nietzsche*, 2nd ed., Manchester: Manchester University Press.

97.Bowie, Andrew. 2005. 'The Philosophical Significance of Schleiermacher's Hermeneutics'. In Jacqueline Mariňa. Ed. *The Cambridge Companion to Schleiermacher*. Cambridge: Cambridge University Press.

98.Boyd, Richard, Philip Gasper, and J.D.Trout. 1991. *The Pilosophy of Science*. Cambridge: MIT Press.

99.Bradley, F.H. 1962. *Ethical Studies*, 2nd ed. [1927]. Oxford: Oxford Unversity Press.

100.Bradley, James. 2004. 'Speculative and Analytical Philosophy, Theories of Existence, and the Generalization of the Mathematical Function'. In: William Sweet. *Approaches to Metaphysics*. Dordrecht: Kluwer, 209–226.

101.Bradley, James.2012. 'Philosophy and Trinity'. *Symposium*, 16 (1)Spring: 155–178.

102.Braudel, Fernand. 1980. On History. Trans.Sarah Matthews. Chicago: University of Chicago Press.

103.Braver, Lee. 2007. *A Thing of This World: A History of Continental Anti-Realism*. Evanston: Northwestern University Press.

104.Breazeale, Daniel. 2010. 'Doing Philosophy: Fichte vs. Kant on Transcendental Method', in Fichte, *German Idealism, and Early Romanticism*. Rodopi: New York.

105.Brier, Soren. 2010. *Cyber-semiotics: Why Information is Not Enough*. Toronto: Umversity of Toronto Press.

106.Broad, C.D. 1924. 'Critical and Speculative Philosophy', In: J.H.

224

Muirhead ed. *Contemporary British Philosophy:Personal Statements*(First Series),London:G Allen and Unwin:77–100.

107.Broad,Professor C.D. 1947. 'Some Methods of Speculative Philosophy', *Aristotelian Society Supplement* 21:1–32.

108.Brooks,Michael. 2008. 13 *Things that Don't Make Sense:The Most Baffling Scientific Mysteries of Our Time.* New York:Doubleday.

109.Bruner,Jerome. 1986. *Actual Minds,Possible Worlds.* Cambridge: Harvard University Press.

110.Bryant,Levi,Nick Srnicek,and Graham Harman,eds. 2011. *The Speculative Turn:Continental Materialism and Realism.* Melbourne:re. Press.

111.Bueren,Ellen van et al. eds. 2012. *Sustainable Urban Environments:An Ecosystem Approach.* Dordrecht:Springer.

112.Bunge,Mario. 2001. *Philosophy in Crisis:The Need for Reconstruction.* Amherst:Prometheus Books.

113.Bunker,Stephen G. 1988. *Underdeveloping the Amazon:Extraction,Unequal Exchange,and the Failure of the Modern State.* Chicago:University of Chicago Press.

114.Bunyard,Peter. 1996. *Gaia in Action:Science of a Living Earth.* Edinburgh:Floris Books.

115.Burnham,James. 1945. *The Managerial Revolution.* Harmondsworth: Penguin.

116.Burtt,Edwin Arthur. 1954. *The Metaphysical Foundations of Modern Science.* New York:Anchor Books.

117. Čapek,Milič. 1971. *Bergson and Modern Physics.* Dordrecht:Reidel.

118.Caro, Mario De and David MacArthur, eds. 2004. *Naturalism in Question.* Cambridge, MA: Harvard University Press.

119.Caro, Mario De and David MacArthur, eds. 2010. *Naturalism and Normativity.* New York: Columbia University Press.

120.Carr, David. 1991. *Time, Narrative, and History.* Bloomington: Indiana University Press.

121.Carr, David, Charles Taylor, and Paul Ricoeur. 1994. 'Discussion: Ricoeur on narrative'. In David Wood ed. *On Paul Ricoeur: Narrative and Interpretation*, London: Routledge.

122.Castoriadis, Cornelius. 1987. *The Imaginary Institution of Society.* Trans. Kathleen Blamey, Cambridge: Polity Press.

123.Castoriadis, Cornelius. 1997a. *The Castoriadis Reader*, David Ames Curtis ed. Oxford: Blackwell.

124.Castoriadis, Cornelius. 1997b. *World in Fragments.* Trans. David Ames Curtis, Stanford: Stanford University Press.

125.Cavanagh, John and Jerry Mander. 2002. *Alternatives to Economic Globalization: A Better World is Possible: A Report of the International Forum on Globalization.* San Francisco: Berrett-Koehler.

126.Caygill, Howard. 1995. *A Kant Dictionary.* Oxford: Blackwell.

127.Charlton, Bruce G. 2012. *Not Even Trying: The Corruption of Real Science.* Buckingham: University of Buckingham Press.

128.Christiano, Thomas and John Christman. 2009. *Contemporary Debates in Political Philosophy.* Oxford: Wiley Blackwell.

129.Cobb Jr, John B. and David Ray Griffin. 1976. *Mind in Nature: Essays on the Interface of Science and Philosophy.* Washington: University Press of America.

225   130.Code, Lorraine. 2006. *Ecological Thinking: The Politics of Epistemic Location*. Oxford: Oxford University press.

131.Code, Murray. 1995. *Myths of Reason: Vagueness, Rationality and the Lure of Logic*. New Jersey: Humanities Press.

132.Code, Murray. 1997. 'On the Poverty of Scientism, or: The Ineluctable Roughness of Rationality'. *Metaphilosophy*, 28(1/2): 102–122.

133.Code, Murray. 2005. 'Mathematical Naturalism and the Powers of Symbolisms'. *Cosmos and History*, 1(1), 2005: 35–53.

134.Code, Murray. 2007. *Process, Reality, and the Power of Symbols: Thinking with A.N. Whitehead*. Houndmills: Palgrave.

135.Coffman, James A. and Donald C Mikulecky. 2015. 'Global Insanity Redux'. *Cosmos and History*, 11(1): 1–14.

136.Coffa, J. Alberto. 1991. *The Semantic Tradition from Kant to Carnap: To the Vienna Station*. Cambridge: Cambridge University Press.

137.Collingwood, Robin. 1939. *An Autobiography*. Oxford: Clarendon Press.

138.Collingwood, R.G. 1945. *The Idea of Nature*. London: Oxford University Press.

139.Collingwood, R.G. 2002. *An Essay on Metaphysics*, [1940], revised ed. Oxford: Clarendon.

140.Collingwood, R.G. 2005. *An Essay on Philosophical Method*. New Edition, James Connerly and Guiseppina D'Oro eds. Oxford: The Clarendon Press.

141.Corning, Peter A. 2005. *Holistic Darwinism: Synergy, Cybernetics, and the Bioeconomics of Evolution*. Chicago: University of Chicago Press.

142.Corry, Leo. 2004. *Modern Algebra and the Rise of Mathematical*

Structures, 2nd edn., Basel: Birkhäuser.

143.Costanza, Robert, Bryan G. Norton, and, Benjamin D. Haskell, eds 1992. *Ecosystem Health: New Goals for Environmental Management*. Washington D.C.: Island Press.

144.Costanza, Robert, et.al. eds. 2001. *Institutions, Ecosystems, and Sustainability*. Boca Raton, CRC Press.

145.Costanza, Robert, Graumlich, Lisa J. and Steffen, Will. 2005. *Sustainability or Collapse? An Integrated History and Future of People on Earth*. Cambridge, MA.: MIT Press.

146.Cottingham, John. 2012. Quoted by Murray Code, 'Vital Concerns and Vital Illusions.' *Cosmos and History*, 8(1): 18–46, 25.

147.Dalrymple, Theodore. 2005. *Our Cuture, What's Left of It: The Mandarins and the Masses*. Chicago: Ivan R. Dee.

148.Daly, Herman E. 1977. *Steady –State Economics*. San Francisco: Freeman and Co.

149.Daly, Herman E. and John B Cobb Jr. 1994. *For the Common Good: Redirecting the Economy toward Community, the Environment, and a Sustainable Future*, 2nd ed. Boston: Beacon Press.

150.Davis, Mike. 2007. *Planet of Slums*. London: Verso.

151.Davidson, Donald and Jaakko Hintikka, eds. *Words and Objections: Essays on the Work of W.V.Quine*, rev.ed., Dordrcht: Reidel, 1975.

152.Davidson, Donald. 1984. *Inquiries into Truth &Interpretation*. Oxford: Clarendon Press.

153.Deacon, Terrence W. 1997. *The Symbolic Species: The Co–Evolution of Language and the Brain*. New York: Norton.

154.Deacon,Terrence. 2013. *Incomplete Nature:How Mind Emerged from Matter.* New York:Norton.

155.Demetriou,Andreas,Michael Shayer,and Anastasi Efklides. 1992. *Neo-Piagetian Theories of Cognitive Development.* London:Routledge.

156.Dennett,Daniel. 1991. *Consciousness Explained.* Boston:Little Brown.

157.Dennett,Daniel. 1994. *Darwin's Dangerous Idea.* New York:Simon and Schuster.

158.Depew,David J. and Bruce H. Weber. *Darwinism Evolving:Systems Dynamics and the Genealogy of National Selection.* Cambridge,MA:MIT Press.

159.Dimova -Cookson,Maria and W.J. Mander,eds. 2006. *T.H. Green:Ethics,Metaphysics,and Political Philosophy.* Oxford:Clarendon Press.

160.Domsky,Mary and Michael Dickson,eds. 2010. *Discourse on a New Method:Reinvigorating the Marriage of History and Philosophy of Science.* Chicago:Open Court.

161.Dummett Michael. 1981. Frege:Philosophy of Language,2nd ed. Cambridge,MA:Harvard University Press.

162.Eastman,Timothy E. and Hank Keeton,eds. 2004. *Physics and whitehead:Quantum,Process,and Experience.* New York:State University of N.Y. Press.

163.Eckersley,Robyn. 2004. *The Green State:Rethinking Democracy and Sovereignty.* Cambridge,MA:MIT Press.

164.Ehresmann,Andrée C. and Jean -Paul Vanbremeersch. 2007.

226

Memory Evolutive Systems:Hierarchy,Emergence,Cognition. Amsterdam:El-
sevier.

165.Ellis Brian. 2002. *The Philosophy of Nature:A Guide to the New
Essentialism.* Chesham:Acumen.

166.Ely,John. 1996. 'Ernst Bloch,Natural Rights,and the Greens'. In:
David Macauley ed., *Minding Nature:The Philosophers of Ecology.* New
York:Guilford.

167.Emmeche,Claus and Kalevi Kull,eds. 2011. *Towards a Semiotic
Biology:Life is the Action of Signs.* London:Imperial College Press.

168.Engels,Friedrich. 1962. 'Feuerbach and the End of Classical Ger-
man Philosophy,and 'Socialism:Utopian and Scientific' *In:*Karl Marx and
Friedrich Engels, *Selectcd Works,Volume* Ⅱ. Moscow:Foreign Languages
Publishing House.

169.Engels,Friedrich. 1975. *Anti-Diihring.* Moscow:Progress Publishers.

170.Epstein,Mikhail N. 1995. *After the Future.* Trans. Anesa Miller-
Pogacar,Amherst:The University of Massachusetts Press.

171.Epstein,Mikhail. 2012. *Transformativc Humanities:A Manifesto.*
New York:Bloomsbury.

172.Esbjörn-Hargens,Sean and Michael E. Zimmerman. 2009. *Integral
Ecology:Uniting Multiple Perspectives on the Natural World.* Boston:Inte-
gral.

173.Esposito,Joseph L. 1977. *Schelling's Idealism and Philosophy of
Nature.* Lewisburg:Bucknell University Press.

174.Esposito,Joseph 1. 1980. *Evolutionary Metaphysics:The Develop-
ment of Peirce's Theory of Categories.* Athens:Ohio University Press.

175.Estes,Yolanda. 2010. 'Intellectual Intuition:Reconsidering Continuity in Kant, Fichte, and Schelling'. In: Daniel Breazeale and Tom Rock-more eds. *Fichte, German Idealism, and Early Romanticism*. Amsterdam: Rodopi.

176. Favareau, Don, ed. 2010. *Essential Readings in Biosemiotics: Anthology and Commentary*. Dordrecht: Springer.

177. Feenberg, Andrew. 2005. *Heidegger and Marcuse: The Catastrophe and Redemption of History*. London: Routledge.

178. Ferrari, M. and I.O. Stamatescu. 2002. *Symbol and Physical Knowledge*. Berlin: Springer-Verlag.

179. Feyerabend, Paul. 2010. *Against Method*. London: Verso.

180. Feynman, Richard P. 1986. *Surely You're Joking, Mr. Feynman*. London: Unwin.

181. Fichte. J.G. 1982. *The Science of Knowledge*. Trans. Peter Heath and John Lachs. Cambridge: Cambridge University Press.

182. Fichte. J.G. 2000. *Foundations of Natural Right* [1796-97]. Frederick Neuhouser, ed. Trans. Michael Baur, Cambridge: Cambridge University Press.

183. Finocchiaro, Maurice A. 2002. *Gramsci and the History of Dialectical Thought*. Cambridge: Cambridge University Press.

184. Fischer, Joachim. 2009. 'Exploring the Core Identity of Philosophical Anthropology through the Works of Max Scheler, Helmuth Plessner, and Arnold Gehlen'. *Iris*, I, April: 153-170.

185. Fligstein, Neil and Doug McAdam. 2012. *A Theory of Fields*. Oxford: Oxford University Press.

186. Føllesdal, Dagfinn. 1996. 'Analytic Philosophy: What is it and Why

227

Should one Engage in It?'. *Ratio.* 9(3):193–208.

187.Foster,John Bellamy. 2008. 'Dialectics of Nature and Marxist Ecology'. *In*:Bertell Ollman and Tony Smith,eds. *Dialectics for the New Century.* London:Palgrave.

188.Fotopoulos,Takis. 1997. *Towards an Inclusive Democracy.* London: Cassell.

189.Foucault,Michel. 1980. 'Truth and Power'. In:Michel Foucault. *Power/Knowledge.* Trans. Colin Gordon et. al. Brighton:Harvester Press.

190.Frade. Carlos. 2009. '*The Sociological Imagination* and Its Promise Fifty Years Later:Is There a Future for the Social Sciences as a *Free* Form of Enquiry?' *Cosmos and History,*5(2):9–39.

191.Frank,Thomas. 2000. One *Market Under God:Extreme Capitalism, Market Populism,and the End of Economic Democracy.* New York:Anchor.

192.Freeman,Alan and Boris Kagarlitsky. 2004. *The Politics of Empire:Globalisation in Crisis.* London:Pluto Press.

193.Frege,Gottlob. 1950. *The Foundations of Arithmetic.* Trans. J.L. Austin. Oxford:Blackwell.

194.Freundlieb,Dieter. 2003. *Dieter Henrich and Contemporary Philosophy:The Return to Subjectivity.* Farnham:Ashgate.

195.Friedman,Jonathan. 2005. 'Plus Ça Change,On Not Learning from History',In:Jonathan Friedman and Christopher Chas-Dunn,eds. *Hegemonic Declines:Past and Present.* Boulder:Paradigm Publishers.

196.Friedman,Michael. 2000. *The Parting of the Ways:Carnap,Cassirer,and Heidegger,*Peru:Illinois:Open Court.

197.Friedman,Michael. 2010. 'Synthetic History Reconsidered',*In*:Domsky,Mary and Michael Dickson,eds. *Discourse on a New Method:Reinvigo-

rating the Marriage of History and Philosophy of Science. Chicago: Open Court.

198.Fromm, Erich. 1973. *The Anatomy of Human Destructiveness.* New York: Holt, Rinehart and Winston.

199.Fulton, Lord. 1968. 'Appendix C——Sweden', In: Chairman: Lord Fulton, *The Civil Service, Vol.1, Report of the Committee 1966–68.* London: Her Majesty's Stationary Office.

200.Funtowicz Silvio and Jerry Ravetz. 2008. 'Beyond Complex Systems: Emergent Complexity and Social Solidarity', In: David Waltner-Toews, James J. Kay and Nina-Marie E Lister, eds. *The Ecosystem Approach: Complexity, Uncertainty, and Managing for Sustainability.* New York: Columbia University Press.

201.Furth, Hans G. 1981. *Piaget&Knowledge: Theoretical Foundations*, 2nd. Chicago: University of Chicago Press.

202.Gabriel, Gottfried. 2002. 'Frege, Lotze, and the Continetal Roots of Early Analytic Philosophy'. In: Erich H. Reck ed. *From Frege to Wittgenstein.* Oxford: Oxford University Press.

203.Gadamer, Hans -Geog. 1976. *Hegel's Dialectic: Five Hermeneutical Studies.* Trans. P. Christopher Smith, New Haven: Yale University Press.

204.Gadamer, Hans Georg. 2004. *Truth and Method*, 2nd ed. Trans. Revised by Joel Weinsheimer and Donald G. Marshall, London: Continuum.

205.Galbraith, James K. 2009. *The Predator State.* New York: Free Press.

206.Gallagher, Shaun and Daniel Schmicking, eds. 2010. *Handbook of Phenomenology and Cognitive Science.* Dordrecht: Springer.

207.Gare,Arran. 1993a. *Beyond European Civilization:Marxism,Procee Philosophy and the Environment.* Bungendore:Eco-Logical Press and Cambridge:Whitehorse Press.

228

208.Gare,Arran. 1993b. *Nihilism Incorporated:European Civilization and Environmental Destruction.* Bungendore:Eco-Logical Press and Cambridge:Whitehorse Press.

209.Gare,Arran. 1993c. 'Soviet Environmentalism:The Path Not Taken'. *Capitalism,Nature,Socialism,4*（3）' Sept:69-88.

210.Gare,Arran. 1994. 'Aleksandr Bogdanov:Proletkult and Conservation'. *Capitalism,Nature and Socialism,5*(2) June:65-94.

211.Gare,Arran E. 1995. *Postmodernism and the Environmental Crisis.* London:Routledge.

212.Gare,Arran. 1996. *Nihilism Inc.:Environmental Destruction and the Metaphysics of Sustainability.* Sydney:Eco-Logical Press.

213.Gare,Arran. 1999. 'Speculative Metaphysics and the Future of Philosophy:The Contemporary Relevance of Whitehead's Defense of Speculative Metaphysics'. *Australasian Journal of Philosophy,*77(2)June:127-145.

214.Gare,Arran E. 2000a. 'Is it Possible to Create an Ecologically Sustainable World Order:The Implications of Hierarchy Theory for Human Ecology'. *International Journal of Sustainable Development and World Ecology,*7(4)Dec:277-290.

215.Gare,Arran. 2000b. 'Aleksandr Bogdanov's History,Sociology and Philosophy of Science', *Studies in the History and Philosophy of Science,*31（2）:231-248.

216.Gare,Arran. 2000c. 'Creating an Ecological Socialist Future', *Capitalism,Nature,Socialism,*11(2):23-40.

217.Gare, Arran. 2001. 'Narratives and the Ethics and Politics of Environmentalism:The Transformative Power of Stories', *Theory & Science*, 2 (1) Spring, (no page numbers). Available at:http://theoryandscience.icaap.org/content/vol002.001/04gare.html[Accessed 18 January 2016].

218.Gare, Arran. 2002a. 'Process Philosophy and the Emergent Theory of Mind:Whitehead, Lloyd Morgan and Schelling', *Concrescence:The Australasian Journal for Process Thought:An Online Journal*, 3:1–12.

219.Gare, Arran. 2002b. 'Human Ecology and Public Policy:Overcoming the Hegemony of Economics', *Democracy attd Nature*, 8(1):131–141.

220.Gare, Arran. 2003/2004. 'Architecture and the Global Ecological Cri sis:From Heidegger to Christopher Alexander'. *The Structurist*, No.43/44— Special issue:'Toward an Ecological Ethos in Art and Architecture':30–37.

221.Gare, Arran. 2007. 'The Semiotics of Global Warming:Combating Semiotic Corruption'. *Theory&Science*:1 –33, http://theoryandscience.icaap. org/content/vol9.2/Gare.html

222.Gare, Arran. 2007/2008. 'The Arts and the Radical Enlightenment:Gaining Liberty to Save the Planet'. *The Structurist*, No.47/48:20–27.

223.Gare, Arran. 2008a. 'Approaches to the Question 'What is Life?': Reconciling Theoretical Biology with Philosophical Biology'. *Cosmos and History*, 4(1–2):53–77.

224.Gare, Arran. 2008b. 'Ecological Economics and Human Ecology', In:ed. Michel Weber and Will Desmond. *Handbook of Whiteheadian Process Thought*, *Volume 1*. Frankfurt:Ontos Verlag:161–176.

225.Gare, Arran. 2008c. 'Reviving the Radical Enlightenment:Process Philosophy and the Struggle for Democracy', In:Franz Riffert and Hans – Joachim Sander, eds. *Researching with Whitehead:System and Adventure*.

Freiberg/München: Verlag Karl Alber, 25-58.

226.Gare, Arran. 2009. 'Philosophical Anthropology, Ethics and Political Philosophy in an Age of Impending Catastrophe', *Cosmos and History*, 5 (2):264-286.

227.Gare, Arran. 2010. Toward an Ecological Civilization: The Science, Ethics, and Politics of Eco-Poiesis', *Process Studies*, 39(1):5-38.

228.Gare, Arran. 2011a. 'From Kant to Schelling to Process Metaphysics: On the Way to Ecological Civilization', *Cosmos and History*, 7(2):26-69.

229.Gare, Arran. 2011b. 'Law, Process Philosophy and Ecological Civilization', *Chromatikon* Ⅶ sous la direction de Michel Weber et de Ronny Desmet, Louvain-la-Neuve: Les éditions Chromatika.

230.Gare, Arran. 2012a. 'China and the Struggle for Ecological Civilization', *Capitalism, Nature, Socialism*, 23(4) Dec:10-26.

231.Gare, Arran. 2012b. 'The Liberal Arts, the Radical Enlightenment and the War Against Democracy'. *In*: Luciano Boschiero, *On the Purpose of a University Education*. North Melbourne: Australian Scholarly Publishing.

232.Gare, Arran. 2013a. 'From Kant to Schelling: The Subject, the Object, and Life'. In: Gertrudis Van de Vijver and Boris Demarest eds. *Objectivity after Kant*, Hildescheim: Georg Olms Verlag, 129-140.

233.Gare, Arran. 2013b. 'Overcoming the Newtonian Paradigm: The Unfinished Project of Theoretical Biology from a Schellingian Perspective', *Progress in Biophysics & Molecular Biology*. 113(1) Sept:5-24.

234.Gare, Arran. 2014a. 'Colliding with Reality: Liquid Modernity and the Environment'. In: Jim Norwine, ed. *A World After Climate Change and Culture-Shift*, Dordrecht: Sponger.

235.Gare, Arran. 2014b. 'Daoic Philosophy and Process Metaphysics:

229

Overcoming the Nihilism of Western Civilization'. In: Guo Yi, Sasa Josifovic and Asuman Lätzer-Lasar eds. *Metaphysical Foundations of Knowledge and Ethics in Chinese and European Philosophy*. Fink Wilhelm Gmbh+Co, 111-136.

236.Gare, Arran. 2016. 'Creating a New Mathematics'. In: Ronny Desmet, ed. *Intuition in Mathematics and Physics: A Whiteheadian Approach*. Anoka: Process Century Press.

237.Gaukroger, Stephen. 2009. *The Emergence of a Scientific Culture: Science and the Shaping of Modernity 1210-1685*. Oxford: Oxford University Press.

238.Gaukroger, Stephen. 2012. *The Collapse of Mechanism and the Rise of Sensibility: Science and the Shaping of Modernity. 1680-1760*. Oxford: Oxford University Press.

239.Georgesçu-Roegen, Nicholas. 1971. *The Entropy Law and the Economic Process*. Cambridge: Cambridge University Press.

240.Giampietro, Mario. 2005. Multi-Scale Integrated Analysis. Boca Raton: CRC Press.

241.Giampietro, Mario, Kozo Mayumi, and Alevgül H. Sorman, eds. 2012. *The Metabolic Pattern of Societies: Where Economics Fall Short*. Abingdon and New York: Routledge.

242.Glock, Hans. -Johann. 2008. *What is Analytic Philosophy?* Cambridge University Press.

243.Godelier, Maurice. 1967. 'System, Structure and Contradiction in Capital', In: Ralph Miliband and John Saville, eds. *The Socialist Register*, 1967. London: Merlin Press.

244.Godelier, Maurice. 1986. *The Mental and the Material*. Trans. Martin Thom, London: Verso.

245.Goldmann, Lucien. 1964. *The Hidden God: A Study of Tragic Vision. Trans.* Philip Thody, London: Routledge and Kegan Paul.

246.Goldmann, Lucien. 1972. 'Structure: Human Reality and Methodological Concept'. In: Richard Macksey and Eugenio Donato, eds. *The Structuralist Controversy.* Baltimore: John Hopkins University.

247.Goldmann, Lucien. 1976. 'The Dialectic Today'. In: Lucian Goldmann, *Cultural Creation in Modern Society.* Trans. Bart Grahl, Saint Louis: Telos.

248.Goodin, Robert E., Philip Pettit, and Thomas Pogge, eds. 2007. *A Companion to Contemporary Political philosophy.* 2 volumes, 2nd ed. Malden, MA, Oxford and Carlton: Blackwell.

249.Goodwin, B.C. 1963. *The Temporal Organization in Cells.* London: Academic Press.

250.Goodwin, B.C. 1976. *Analytic Physiology of Cells and Developing Organisms.* London: Academic Press.

251.Goodwin, Brian. 1994. *How the Leopard Changed its Spots.* London: Weidenfeld and Nicoslon.

252.Gore, Al. 2007. *The Assault on Reason.* New York: Penguin.

253.Gorz, André. 1985. *Paths to Paradise: On the Liberation from Work.* Trans. Malcolm Imrie, London: Pluto Press.

254.Graeber, David. 2011. *Debt: The First 5,000 Years.* Brooklyn: Melville House.

255.Graham, Loren R. 1971. *Science & Philosophy in the Soviet Union.* London: Allen Lane.

256.Grassmann, Hermann. 1995. *A New Branch of Mathematics: the*

230

Ausdehnungslehere of 1844, and Other Works. Trans. Lloyd C. Kannenberg, Chicago:Open Court.

257.Greco,Jr. Thomas H. 2010. *The End of Money and the Future of Civilization*,Edinburgh:Floris Books.

258.Green,T.H. 1986. *Lectures on the Principles of Political Obligation and Other Writings.* Paul Harris and John Morrow,ed. Cambridge:Cambridge University Press.

259.Green,T.H. 2003. *Prolegomena to Ethics*,ed. David O.Brink,Oxford:Clarendon.

260.Griffin,David R. ed. 1986. *Physics and the Ultimate Significance of Time.* New York:SUNY Press.

261.Griffin,David Ray ed.,1988. *The Re-Enchantment of Science.* Albany:SUNY Press.

262.Gudeman,Stephen. 2008. *Economy's Tension:The Dialectics of Community and Market.* New York:Berghahn Books.

263.Gudeman,Stephen,ed. 2009. *Economic Persuasions.* New York: Berghahn Books.

264.Gunderson,Lance H. and C.S. Holling,eds. 2002. *Panarchy:Understanding Transformations in Human and Natural Systems.* Washington:Island Press.

265.Habermas Jürgen. 1971. *Toward a Rational Society.* Trans. Jeremy J. Shapiro,London:Heinemann.

266.Habermas,Jürgen 1974. 'Labor and Interaction:Remarks on Hegel's Jena *Philosophy of Mind*'. In:Jürgen Habermas. *Theory and Practice.* Trans. John Viertel,London:Heinemann.

267.Habermas,Jürgen. 1986. 'Ideologies and Societies in the Post-War World', *In*:Peter Dews,*Habermas:Autonomy & Solidarity:Interviews with Jürgen Habermas*. London:Verso.

268.Habermas,Jürgen. 1992a. *The Structural Transformation of the Public Sphere:An Inquiry into the Category of Bourgeois Society*. Trans. Thomas Burger. Cambridge:Polity Press.

269.Habermas,Jürgen. 1992b'The Horizon of Modernity is Shifting' in *Postmetaphysical Thinking:Philosophical Essays*. Trans. William Mark Hohengarten. Cambridge:MIT Press.

270.Habermas, Jürgen. 1992c. 'Metaphysics After Kant', *Postmetaphysical Thinking:Philosophical* Essays. Trans. William Mark Hohengarten. Cambridge:MIT Press.

271.Hahnel,Robin. 2005. *Economic Justice and Democracy:From Competition to Cooperation*. New York:Routledge.

272.Haken,Hermann. 1984. *The Science of Structure:Synergetics*. Trans. Fred Bradley. New York:Van Nostrand Reinhold.

273.Hallward,Peter. 2001. 'Translator's Introduction'. *In*:Alain Badiou, *Ethics:An Essay on the Understanding of Evil*, [1998]. Trans. Peter Hallward. London:Verso.

274.Hammermeister,Kai. 2002. *The German Aesthetic Tradition*. Cambridge:Cambridge University Press.

275.Hanna,Robert. 2001. *Kant and the Foundations of Analytic Philosophy*. Oxford:Clarendon Press.

276.Hänninen. Sakari. 2015. 'What is the "World in World Politics'. *In*:Paul-Erik Korvela,Kari Palonen and Anna Björk,eds. *The Politics of World Politics*. University of Jyväskylä:SoPhi.

277.Hansen, James et al. 2013. 'Climate sensitivity, sea level and at-mospheric carbon dioxide', *Philosophical Transactions*, A 371, Issue 2001, 16, http://dx.doi.org/10.1098/rsta.2012.0294 [Accessed 8 February 2016].

278.Hanson, Norwood Russell. 1958. *Patterns of Discovery: An Inquiry into the Conceptual Foundations of Science*. Cambridge: Cambridge University Press.

279.Harman, P.M. 1998. *The Natural Philosophy of James Clerk Maxwell*. Cambridge: Cambridge University Press.

280.Harré, Rom. 1970. The Principles of Scientific Thinking. Chicago: University of Chicago Press.

281.Harvey, David. 2000. *Spaces of Hope*, Edinburgh: Edinburgh University Press.

282.Harvey, David. 2008. 'The Dialectics of Space–Time'. In: Bertell Ollman and Tony Smith, eds. 2008. *Dialectics for the New Century*. London: Palgrave.

283.Hegel, G.W.F. 1975. *Hegel's Logic*. Trans. William Wallace, Third Edition, Oxford: Clarendon Press.

284.Hegel, G.W.F. 1977a. *Hegel's Phenomenology of Spirit*. Trans. A. V. Miller, Oxford: Clarendon Press.

285.Hegel, G.W.F. 1977b. Th*e Difference Between Fichte's and Schelling's System of Philosophy*. Trans. H.S. Harris and Walter Cerf, Albany: SUNY Press.

286.Hegel, G.W.F. 1990. *Hegel's Science of Logic*. Trans. A.V. Miller. Atlantic Highlands: Humanities Press.

287.Heidegger, Martin. 1971. *Poetry, Language, Thought*. Trans. Albert Hofstadter. New York: Harper & Row.

231

288.Heidegger，Martin. 1977. The Question Concerning Technology and Other Essays. Trans. William Lovitt，New York：Harper Torchbook.

289.Heijennoort，Jean Van. 1967. 'Logic as Calculus andLogic as Language'. Synthese：324–330. Held，David. 2004. *Global Covenant：The Social Democratic Alternative to the Washington Consensus.* Cambridge：Polity.

290.Held，David. 2006. *Models of Democracy*，3rd ed. Stanford：Stanford University Press.

291.Henning Brian G. and Adam C. Scarfe，eds. 2013. *Beyond Mechanism：Putting Life Back into Biology.* Lanham：Lexington Books.

292.Hesse，Mary B. 1966. *Models and Analogies.* Notre Dame：Notre Dame University Press.

293.Hesse，Mary. 1995. 'Habermas and the Force of Dialectical Argument'，*History of European Ideas*，21(3)：367–378.

294.Heuser–Kessler，M.L. 1992. 'Schelling's Concept of Self–Organization'. In：R. Friedrich and A. Wunderlin，eds. *Evolution of Complex Structures in Complex Systems.* Berlin：Springer–Verlag.

295.Heynen，Nik，Maria Kaika，and Erik Swyngedouw，eds. 2006. *In the Nature of Cities.* London：Routledge.

296.Higgins，Winton and Geoff Dow. 2013. *Politics Against Pessimism：social democratic possibilities since Ernst Wigforss.* Bern：Peter Lang.

297.Hintikka，Jaakko. 1974. *Knowledge and the Known：Historical Perspectives in Epistemology.* Dordrecht：Reidel.

298.Hintikka，Jaakko. 1989. *Language as Calculus VS. Language as Universal Medium.* Dordrecht：Kluwer.

299.Hintikka，Jaakko. 1996. 'The Place of C.S. Peirce in the History of Logical Theory'. In：Jaakko Hintikka，*Lingua Universalis vs. Calculus Rati-*

ocinator. Dordrecht:Kluwer,140–161.

300.Hintikka,Jaakko. 2007. 'The Place of the a priori in Epistemology',In:Jaakko Hintikka,*Socratic Epistemology:Explorations of Knowledge-seeking by Questioning*. Cambridge:Cambridge University Press.

301.Ho,Mae-Wan and Robert Ulanowicz. 2005. 'Sustainabble systems as organisms?' *Biosystems*,82:39–51.

302.Ho,Mae-Wan. 2008. *The Rainbow and the Worm:The Physics of Organisms*,3rd ed. New Jersey:World Scientific.

303.Hodgson,Geoffrey M. 1999. *Evolution and Institutions:On Evolutionary Economics and the Evolution of Economics*. Cheltenham:Edward Elgar.

304.Hodgson,Geoffrey M. 2003. *From Pleasure Machines to Moral Communities:An Evolutionary Economics Without Homo Economicus*. Chicago:University of Chicago Press.

305.Hoffmeyer,Jesper. 1993. *Signs of Meaning in the Universe*. Trans. Barbara J. Haveland,Bloomington:Indiana University Press.

306.Hoffmeyer,Jesper,ed. 2008. *The Legacy of Living Systems:Gregory Bateson as Precursor to Liviug Systems*. Dordrecht:Springer.

307.Holling,C.S. 2010. 'Resilience and Stability of Ecological Systems'. *In*:Lance H. Gunderson Craig R. Allen and C.S. Holling,eds. *Foundations of Ecological Resilience*,Washington:Island Press,19–50.

308.Hollis,Martin and Edward J. Nell. 1975. *Rational Economic Man: A Philosophical Critique of Neo-Classical Economics*. Cambridge:Cambridge University Press.

309.Hong,Felix T. 2013. 'The role of pattern recognition in creative problem solving:A case study in search of new mathematics for biology',

232

Progress in Biophysics and Molecular Biology, 113:181–215.

310.Honneth,Axel and Hans Joas. 1988. *Social Action and Human Nature*, [1980]. Trans. Raymond Meyer,Cambridge:Cambridge University Press.

311.Honneth,Axel. 1995. 'The Fragmented World of Symbolic Forms: Reflections on Pierre Bourdieu's Sociology of Culture', *In:Axel Honneth, The Fragmented World of the Social*. Charles W. Wright,New York:SUNY Press.

312.Honneth,Axel. 1996. *The Struggle for Recognition:The Moral Grammar of Social Conflict*. Trans. Joel Anderson,Cambridge,MA:MIT Press.

313.Honneth,Axel. 2007. *Disrespect:The Normative Foundations of Critical Theory*. Trans. Joseph Ganahl,Cambridge:Polity Press.

314.Honneth,Axel. 2010. *The Pathologies of Individual Freedom: Hegel's Social Theory*. Trans. Ladislaus Lös,Princeton:Princeton University Press.

315.Hooker,Clifford A. 1982. 'Scientific Neutrality versus Normative Learning:The Theoretician's and Politician's Dilemm', *In:*David Oldroyd, ed.,*Science and Ethics*. Kensington:New South Wales University Press.

316.Hooker,Cliff A. ed. 2011. *Philosophy of Complex Systems*. Amsterdam:Elsevier.

317.Hornborg,Alf. 1999. 'Money and the Semiotics of Ecosystem Dissolution', *Journal of Material Culture*,4(2):143–162.

318.Hornborg,Alf. 2001. *The Power of the Machine:Global Inequalities of Economy,Technology*,and Environment. Walnut Creek:Altamira Press.

319.Hornborg,Alf and Carole Crumley,eds. 2007. *The World System and the Earth System:Global Socioenvironmental Change and Sustainability*

Since the Neolithic. Walnut Creek：Left Coast Press.

320.Hornborg,Alf. 2011. *Global Ecology and Unequal Exchange：Fetishism in a zero-sum world.* Oxford：Routledge.

321.Hornborg,Alf,Brett Clark,and Kenneth Hermele,eds. 2012. *Ecology and Power：Struggles Over Land and Material Resources in the Past,Present,and Future.* Abingdon：Routledge.

322.Houdé,Olivier et al. 2011. 'Functional Magnetic Resonance Imaging Study ot Piaget's Conservation -of -Nurnber Task in Preschool and School-Age Children：A Piagetian Approach'. *Journal of Experimental Child Psychology*,110(3)：332-46.

323.Hudson,Wayne. 1982. *The Marxist Philosophy of Urnst Bloch.* London：Macmillan.

324.Hymer,Stephen Herbert. 1979. *The Multinational Corporation.* Cambridge：Cambridge University Press.

325.Israel,Jonathan I. 2002. *The Radical Enlightenment：Philosophy and the Making of Modernity 1650-1750.* Oxford：Oxford University Press.

326.Jacob,Margaret C. 2003. *The Radical Enlightenment：Pantheists, Freemasons and Republicans*,［1981］,2ⁿᵈ ed,The Temple Publishers.

327.Jacobs,Jane. 1961. *The Death and Life of Great American Cities.* New York：Vintage.

328.Jameson,Fredric. 2003. 'Future City',*New Left Review*,21,May-June：65-79.

329.Jaspers,Karl. 1993. *The Great Philosophers*,Volume Ⅲ. Trans. Edith Ehrlich and Leonard H. Ehrlich,New York：Harcourt Brace.

330.Joas, Hans. 1997. *G.H.Mead: A Contemporary Re-Examination of His Thought*. Trans. Raymond Meyer, Cambridge: MIT Press.

331.Johnson, Mark. 1987. *The Body in the Mind: The Bodily Basis of Meaning, Imagination, and Reason*. Chicago: University of Chicago Press.

332.Johnson, Mark 2007. *The Meaning of the Body: Aesthetics of Human Understanding*. Chicago: University of Chicago Press.

333.Johnston, Adrian. 2014. *Adventures in Transcendental Materialism: Dialogues with Contemporary Thinkers*. Edinburgh: Edinburgh University Press.

334.Josephson, Brian D. 2013. 'Biological Observer-Participation and Wheeler's "Law without Law'". In: Plamen L. Simeonov, Leslie S. Smith and Andrée C. Ehresmann, eds. *Integral Biomathics: Tracing the Road to Reality*. Heidelberg: Springer.

335.Juarrero, Alicia. 2002. *Dynamics in Action: Intentional Behavior as a Complex System*. Cambridge: MIT Press.

336.Kalecki, Michal. 1943. 'Political Aspects of Full Employment', *Political Quarterly*, 14(4): 322–331.

337.Kagan, Jerome. 2009. *The Three Cultures: Natural Sciences, Social Sciences, and the Humanities in the 21st Century, Revisiting C.P. Snow*. Cambridge: Cambridge University Press.

338.Kampis, George and Peter Weibel, eds. 1993. *Endophysics: The World from Within*. Santa Cruz: Aerial.

339.Kant, Immanuel. 1987. *Critique of Judgment*. Trans. Werner S. Pluhar. Indianapolis: Hackett.

340.Kant, Immanuel. 1996. *Critique of Pure Reason*. Trans. Wemer S.

Pluhar. Indianapolis：Hackett.

341.Kant，Immanuel. 2005. *Introduction to Logic*. Trans. Thomas Kingsmill Abbott，New York：Barnes & Noble.

342.Kauffman，Stuart A. 1993. *The Origins of Order：Self-Organization and Selection in Evolution*. New York：Oxford University Press.

343.Kauffman，Stuart. 2000. 'Emergence and Story：Beyond Newton，Einstein and Bohr?' *Investigations*. Oxford：Oxford University Press.

344.Kauffman，Stuart. 2008. *Reinventing the Sacred*. New York：Basic Books.

345.Kauffman，Stuart and Arran Gare，2015. 'Beyond Descartes and Newton：Recovering life and humanity'，*Progress in Biophysics and Molecular Biology*，119：219-244.

346.Keil，Roger，et at.，ed. 1998. *Political Ecology：Global and Local*. London：Routledge.

347.Keynes，John Maynard. 1993. 'National Self-sufficieny'，Yale Review，22（4）June：755-769.

348.Kitcher，Philip. 1984. *The Nature of Mathematical Knowledge*. New York：Oxford University Press.

349.Kitcher，Philip. 2011. 'Philosophy Inside Out'，Metaphilosophy，42（3）：248-260.

350.Klein，Naomi. 2014. *This Changes Everything：Capitalism vs the Climate*. Harmondsworth：Penguin.

351.Kolak，Daniel and John Symons. 2004. 'The Results are In：The Scope and Import of Hintikka's Philosophy'. In：Daniel Kolak and John Symons，Quantifiers，*Questions and Quantum Physics：Essays on the Philosophy of Jaakko Hintikka*. Dordrecht：Springer.

352.Kolakowski, Leszek. 1971. 'Marx and the Classical Definition of Truth'. In: Leszek Kolakowski. *Marxism and Beyond*. Trans. Jane Zielonko Peel, London: Paladin.

353.Kormondy, Edward J. and Brown, Daniel E. 1988. *Fundamentals of Human Ecology*. New Jersey: Prentice Hall.

354.Korten, David C. 2000. *The Post-Corporate World*. West Hartford: Kumarian Press.

355.Kovel, Joel. 1991. History and Spirit: And Inquiry into the Philosophy of Liberation. Boston: Beacon Press.

356.Kovel, Joel. 2007. *The Enemy of Nature: The End of Capitalism or the End of the World?* 2nd ed. London: Zed Books.

357.Kuhn, Thomas S. 1957. *The Copernican Revolution*. Chicago: University of Chicago Press.

358.Kuhn, Thomas S. 1962. *The Structure of Scientific Revolutions*. Chicago: University of Chicago Press.

359.Kuhn, Thomas S. 1977. *The Essential Tension*. Chicago: University of Chicago Press.

360.Kull, Kalevi. 2009. 'Vegetative, Animal, and Cultural Semiosis: The Semiotic Threshold Zones', *Cognitive Semiotics*, 4:8–27.

361.Kull, Kalevi. 2010. 'Ecosystems are Made of Semiotic Bonds: Consortia, Umwelten, Biophony and Ecological Codes', *Biosemiotics*, 3:347–357.

362.Lakatos, Imre, 1978. *The Methodology of Scientific Research Programmes*. John Worrall and Gregory Currie ed. Cambridge: Cambridge University Press.

363.Lakatos, Imre. 1986. *Proofs and Refutations: The Logic of Mathe-*

234

matical Discovery. John Worrall and Elie Zahar, eds. Cambridge: Cambridge University Press.

364.Lakoff, George. 1987. *Women, Fire, and Dangerous Things: What Categories Reveal about the Mind*. Chicago: University of Chicago Press.

365.Lakoff, George. 1996. *Moral Politics*. Chicago: University of Chicago Press.

366.Lakoff, George and Rafael E. Núñez. 2000. *Where Mathematics Comes From: How the Embodied Mind Brings Mathematics into Being*. New York: Basic Books.

367.Lamprecht, Sterling P. 1946. 'Metaphysics: Its Function, Consequences, and Criteria'. *The Journal of Philosophy*, XLIII(15): 393–401.

368.Langer, Susanne K. *Mind: An Essay on Human Feeling*, 3 volumes. Baltimore: John Hopkins University Press.

369.Langbein, Hermann. 2004. *People in Auschwitz*. Trans. Harry Zohn, University of Carolina Press.

370.Laske, Otto E. 2008. *Measuring Hidden Dimensions of Human Systems*. Medford: Interdevelopmental Institute Press.

371.Latsis, Spiro. 1976. 'A Research Programme in Economics'. *In:* Spiro Latsis, ed. *Method and Appraisal in Economics*. Cambridge: Cambridge University Press.

372.Lawn, Philip, ed. 2006. *Sustainable Development Indicators in Ecological Economics*. Cheltenham: Edward Elgar.

373.Lawn, Philip. 2007. *Frontier Issues in Ecological Economics*. Cheltenham: Edward Elgar.

374.Lawvere, F. William. 1996. 'Grassmann's Dialectics and Category Theory'. *In:* Gert Schubring ed., *Hermann Günther Grassmann (1809-1877):*

Visionary Mathematician,Scientist and Neohumanist Scholar. Dordrecht：Kluwer.

375.Lazzarato,Maurizio. 2004. 'From Capital-Labour to Capital-Life', *Ephemera：Theory & Politics in Organization*,4（3）：187-208.

376.Lazzarato,Maurizio. 2015. *Governing by Debt*. Trans. Joshua David Jordan,South Pasadena：Semiotext（e）.

377.Leclerc,Ivor. 1972. *The Nature of Physical Existence*. London：George Allen & Unwin.

378.Leclerc,Ivor. 1986. *The Philosophy of Nature*. Washington：The Catholic Umversity of America Press.

379.Lecourt,Dominique. 1975. *Marxism and Epistemology：Bachelard, Canguilhem and Foucault*. Trans. Ben Brewster,London：NLB.

380.Leff,Enrique. 1995. *Green Production：Toward an Environmental Rationality*. New York：Guilford Press.

381.Lefebvre,Henri. 1991. *The Production of Space*. Trans. D Nicholson-Smith,Oxford：Blackwell.

382.Lenhard,Johannes and Michael Otte. 2010. 'Two Types of Mathematization',*In*：B. Van Kerkhove,J. De Vuyst and J.P. Van Bendegem,eds. *Philosophical Perspectives on Mathematics*,London：College Publications, Essay 12,301-339.

383.Leontief,Wassily. 1982. 'Academic Economics',*Science*,217：104—107.

384.Leopold,Aldo. 1949. *A Sand County Almanac and Sketches Here and There*. London：Oxford University Press.

385.Levin,Simon. 1999. *Fragile Dominion：Complexity and the Commons*. Cambridge,MA：Perseus.

386.Levin, Richard and Richard Lewontin. 1985. *The Dialectical Biologist*. Cambridge, MA: Harvard University Press.

387.Lewontin, Richard and Richard Levins. 2007. Biology Under the Influence: Dialectical Essays on Ecology, Agriculture, and Health. New York: Monthly Review Press.

388.Lévi-Strauss, Claude. 1969. *Totemism*. Trans. Rodney Needham, Harmondsworth: Penguin.

389.Lévi-Strauss, Claude. 1972. *The Savage Mind*. London: Weidenfeld and Nicolson.

390.Lichtheim, George. 1961. *Marxism*. London: Routledge.

391.Limnatis, Nectarios G. 2008. *German Idealism and the Problem of Knowledge: Kant, Fichte, Schelling and Hegel*. Dordrecht: Springer.

392.Limnatis, Nectarios G. ed. 2010. *The Dimensions of Hegel's Dialectic*, London: Continuum.

393.List, Friedrich. 2010. *National System of Political Economy* [1856]. Trans. G.A. Matile. Ann Arbour: University of Michigan Library.

394.Livingston, Paul M. 2004. *Philosophical History and the Problem of Consciousness*. Cambridge: Cambridge University Press.

395.Livingston, Paul M. 2012. *The Politics of Logic: Badiou, Wittgenstein, and the Consequences of Formalism*. New York: Routledge.

396.Lizardo, Omar. 2004. 'The Cognitive Origins of Bourdieu's *Habitus*', *Journal for the Theory of Social Behaviour*, 34 (4): 375–401.

397.Louie, A.H. 2009. *More Than Life Itself: A Synthetic Continuation in Relational Biology*. Frankfurt: Ontos Verlag.

398.Louie, A.H. 2013. *The Reflection of Life: Functional Entailment and Imminence in Relational Biology*, Berlin: Springer.

399.Loux, Michael J. ed. 1979. *The Possible and the Actual: Readings in the Metaphysics of Modality*. Ithaca: Cornell University Press.

400.Luft, Sebastian. 2010. 'Reconstruction and Reduction: Natorp and Husserl on Method and the Question of Subjectivity'. *In*: Rudolf A. Makkreel and Sebastian Luft, *Neo-Kantianism in Contemporary Philosophy*. Bloomington: Indiana University Press.

401.Lukács, Georg. 1971. *History and Class Consciousness: Studies in Marxist Dialectics*. Trans. Rodney Livingstone, London: Merlin Press.

402.Mac Lane Saunders. 1981. 'Mathematical Models: A Sketch for a Philosophy ot Mathematics', *The American Mathematical Monthly*, 88 (7) Aug/Sept.: 462–472.

403.MacArthur, David 2008. 'Quinean Naturalism in Question'. Philo, 11(1): 5–18.

404.MacIntyre, Alasdair. 1977. 'Epistemological Crises, Dramatic Narrative and the Philosophy of Science', *Monist*, 60: 453–472.

405.MacIntyre, Alasdair. 1999. *Dependent Rational Animals: Why Human Beings Need the Virtues*. Chicago: Open Court.

406.MacIntyre, Alasdair. 2006. *Ethics and Politics: Selected Essays, Volume 2*. Cambridge: Cambridge University Press.

407.MacIntyre, Alasdair. 2007. *After Virtue*, 3rd ed. Notre Dame: University of Notre Dame Press.

408.Macpherson, C.B. 1964. *The Political Theory of Possessive Individualism: Hobbes to Locke*. Oxford: Oxford University Press.

409.Makreel, Rudolf A. 1994. *Imagination and Interpretation in Kant*. Chicago: University of Chicago Press.

410.Mander,W. J. 2011. *British Idealism:A History*. Oxford:Oxford U-niversity Press.

411.Marchart,Oliver. 2007. *Post-Foundational Political Thought*. Edin-burgh:Edinburgh University Press.

412.Martin,Xavier. 2001. *Human Nature and the French Revolution.* New York:Berghahn Books.

413.Martinez –Alier,Juan. 1987. *Ecological Economics:Energy,Envi-ronment and Society*. Oxford:Blackwell.

414.Marx,Karl and Friedrich Engels. 1962. *Karl Marx and Friedich Engels:Selected Works in Two Volumes*. Moscow:Foreign Languages Pub-lishing House,Vol. Ⅱ.

415.Marx,Karl. 1962. *Capital*,Vol.Ⅰ. Trans. Samuel Moore and Edward Aveling. Moscow:Progress Publishers.

416.Marx,Karl. 1970. *A Contribution to the Critique of Political Econo-my*. Trans. S.W.Ryazanskaya,Moscow:Progress Publishers.

417.Marx,Karl. 1973. *The Poverty of Philosophy*. Moscow:Progress Pub-lishers.

418.Marx,Karl. 1978. *The Marx –Engels Reader*,2nd ed. Robert C. Tucker ed. New York:Norton.

419.Mason,Paul. 2015. *Postcapitalism:A Guide to Our Future*. Lon-don:Allen Lane.

420.Matavers,Derek and Jon Pike. 2005. *Debates in Contemporary Po-litical Philosophy:An Anthology*. London and New York:Routledge.

421.Mathews,Freya. 2003. *For Love of Matter:A Contemporary Panpsy-chism*. Albany. NY:SUNY.

422.Mathews,Bruce. 2011. *Schelling's Organic Form of Philosophy:*

236

Life as the Schema of Freedom. New York：SUNY Press.

423.Mayumi，Kozo. 2001. *The Origins of Ecological Economics*. Lon－don：Routledge.

424.McCumber，John. 2001. *Time in the Ditch：American Philosophy and the McCarthy Era*. Evanston：Northwestern University Press.

425.McDonald，Christine. 2008. *Green，Inc.：An Environmental Insider Reveals How a Good Cause Has Gone Bad*. Guilford：The Lyons Press.

426.McDonough，William and Michael Braungart. 2002. *Cradle to Cra－dle：Remaking the Way We Make Things*. New York：North Point Press.

427.McKinney，Ronald H. 1983. 'The Origins of Modem Dialectics'. *Journal of the History of Ideas*，44（2）：179-190.

428.McMullin，Ernan. 1978. *Newton on Matter and Activity*. Notre Dame：Notre Dame University Press.

429.McNeill，William H. 1980. *The Human Condition：An Ecological and Historical View*. Princeton：Princeton University Press.

430.Meillassoux，Quentin. 2012. *After Finitude*. Trans. Ray Brassier，London：Bloomsbury.

431.Merleau-Ponty，Maurice. 1973. *Adventures of the Dialectic*. Trans. Joseph Bien. Evanston：Northwestern University Press.

432.Merleau-Ponty，Maurice. 2003. *Nature：Course Notes from the Col-lege de France*. Trans. Robert Vallier，Evanston：Northwestern University Press.

433.Mersenne，Marin. 1974. *L'Impiété de deists*，（Paris，1624），Vol. I，230f. Trans，and quoted by A.C. Crombie，'Mersenne'，In：Charles Coulston Gillispie ed.，*Dictionary of Scientific Biography*，16 vols. New York：Scribner 1970—80，Vol.IX，317.

434.Miller，David. 1990. *Market，State and Community：Theoretical*

Foundations of Market Socialism. Oxford: Clarendon Press.

435.Miller, David. 2000. *Citizenship and National Identity.* Oxford: Polity Press.

436.Miller, David. ed. 2006. *The Liberty Reader.* Boulder: Paradigm Publishers.

437.Miller, David. 2013. *Justice for Earthlings.* Cambridge: Cambridge University Press.

438.Minsky, Hyman P. 2008. *Stabilizing an Unstable Economy.* New York: McGraw Hill.

439.Mirowski, Philip. 1989. *More Heat than Light: Economics as Social Physics, Physics as Nature's Economics.* Cambridge University Press.

440.Mirowski, Philip and Dieter Plehwe, eds. 2009. *The Road from Mont Pèlerin: The Making of The Neoliberal Thought Collective.* Cambridge, MA: Harvard University Press.

441.Mirowski, Philip. 2011. *Science —Mart: Privatising American Science.* Cambridge: Harvard University Press.

442.Mirowski, Philip. 2013. *Never Let a Serious Crisis go to Waste.* London: Verso.

443.Modak-Truran, Mark. 2008. 'Prolegomena to a Process Theory of Natural Law'. In: Michael Weber and Will Desmond, eds. *Handbook of Whiteheadian Process Thought.* Ontos Verlag, 507–519.

444.Monbiot, Georgy 2006. *Heat: How to Stop the Planet Burning.* London: Penguin.

445.Moore, Matthew E. 2010 *New Essays on Peirce's Mathematical Philosophy.* Chicago: Open Court.

446.Morris, William. 1999. *William Morris on Art and Socialism.* Nor-

237

man Kelvin, ed. Mineola: Dover.

447.Mumford, Lewis. 1972. Quote from *The Myth of the Machine. In*: Erich Fromm Erich. *The Anatomy of Human Destructiveness*. New York: Holt, Rinehart and Winston.

448.Nell, Edward J. 1984. 'The revival of political economy' in *Growth, Profits, & Property: Essays in the Revival of Political Economy*. Edward J. Nell ed. Cambridge: Cambridge University Press.

449.Nell, Edward. 1996. *Making Sense of a Changing Economy, Technology, Markets and Morals*. London: Routledge.

450.Nell, Edward J. 1998. *The General Theory of Transformational Growth: Keynes After Sraffa*. Cambridge: Cambridge University Press.

451.Nietzsche, Friedrich. 1956. 'The Birth of Tragedy'. *In*: Friedrich Nietzsche. *The Birth of Tragedy and The Genealogy of Morals*. Trans. Francis Golffing. New York: Anchor Books.

452.Nietzsche, Friedrich. 1990. *Twilight of the Idols*. Trans. R.J. Hollingdale, Harmondsworth: Penguin.

453.Nirenberg, Ricardo L. and David Nirenberg. 2011. 'Badiou's Number: A Critique of Mathematics as Ontology'. *Critical Inquiry*, 37(4): 583–614.

454.Noorden, Richard Van. 2014. 'Publishers withdraw more than 120 gibberish papers'. *Nature*, 25 February, doi: 10.1038/nature.2014.14763.

455.Norgaard, Richard B. 1994. *Development Betrayed: The End of Progress and a Coevolutionary Revisioning of the Future*. London: Routledge.

456.Nove, Alex. 1987. *The Economics of Feasible Socialism*. London: George Allen and Unwin.

457.O'Connor, James. 1987. *The Meaning of Crisis: A Theoretical Introduction.* Oxford: Blackwell.

458.O'Connor, James. 1998. *Natural Causes: Essays in Ecological Marxism.* New York: Guilford Press.

459.Olafson, Frederick A. 2001. *Naturalism and the Human Condition: Against Scientism.* London: Routledge.

460.Ollman, Bertell. 2008. 'Why Dialectics? Why Now?' In: Ollman and Smith, eds. *Dialectics for the New Century.* London: Palgrave.

461.Ollman Bertell and Tony Smith, eds. 2008. *Dialectics for the New Century.* London: Palgrave.

462.O'Neill, R.V. et al. 1986. *A Hierarchical Concept of Ecosystems.* Princeton: Princeton Univesity Press.

463.Orlov, Dmitry. 2013. *The Five Stages of Collapse: Survivor's Toolkit.* Gabriola Island: New Society.

464.Ormerod. Paul. 1998. *Butterfly Economics.* London: Faber and Faber.

465.Ostrom, Elinor. 1990. *Governing the Commons: The Evolution of Institutions for Collective Action.* Cambridge: Cambridge University Press.

466.Ostrom, Elinor et at. Eds. 2002. *The Drama of the Commons.* Washington DC: National Academy Press.

467.Otte, Michael. 2011. 'Justus and Hermann Grassmann: philosophy and Mathematics', In: Hans Joachim Petsche ed. *Herman Grassmann: From Past to Future*, Basel: Springer.

468.Parker, Kelley A. 2004. 'Josiah Royce', In: Edward N. Zalta, ed., Stanford Encyclopedia of Philosophy, URL=http://plato.stanford.edu/archives/fall2004/entries/royce/.

469.Patomäki, Heikki. 2015. 'Why Do Social Sciences Matter'. In: Paul-Erik Korvela, Kari Palonen and Anna Björk, eds. *The Politics of World Politics*. University of Jyväskylä: SoPhi.

470.Pattee, H. H. 1973. 'The Physical Basis and Origin of Hierarchical Control'. In: Howard H. Pattee ed., *Hierachy Theory: The Challenge of Complex Systems*, ed. New York: George Braziller.

471.Pattee, Howard Hunt and Johanna Ra̧czascek-Leonardi. 2012. *Laws, Language and Life: Howard Pattee's classic papers on the physics of symbols with contemporary commentary*. Dordrecht: Springer.

472.Paulson, Susan and Lias L. Gezon. 2005. *Political Ecology across Spaces, Scales, and Social Groups*. New Brunswick: Rutgers University Press.

473.Pearson, James. 2011. 'Distinguishing W.V. Quine and Donald Davidson', *Journal of the History of Analytic Philosophy*, 1(1): 1–22.

474.Peirce, Charles Sanders. 1955. *Philosophical Writings of Peirce*. New York: Dover.

475.Peirce, C.S. 1958. *Collected Papers on Charles Sanders Peirce*. C. Hartshorne and P. Weiss eds. Cambridge: Harvard University Press.

476.Peirce Chafles Sanders. 1992. *The Essential Peirce: Selected Philosophical Writings, Vol.1 (1867–1893)*. Nathan Houser and Christian Kloesel, eds. Bloomington: Indiana University Press.

477.Peirce, Charles Sanders. 1998. *The Essential Peirce*, Vol.2 (1893–1913). The Peirce Editions Projected ed. Bloomington: Indiana University Press.

478.Peirce, Charles Sanders. 2007. *Pragmatism as a Principle and Method of Right Thinking: The 1903 Harvard Lectures on Pragmatism*. Patricia Ann Turrisi, ed. New York: SUNY Press.

238

479.Perkins, John. 2006. *Confessions of an Economic Hit Man.* New York: Plume.

480.Perelman, Michael. 2007. *The Confiscation of American Prosperity: From Right-Wing Extremism and Economic Ideology to the Next Great Depression.* New York: Palgrave.

481.Perron, Paul, et al. eds. 2000. *Semiotics as a Bridge Between the Humanities and the Sciences.* New York: Legas.

482.Peterson, Garry, Craig R. Allen, and C.S. Holling. 2010. 'Ecological Resilience, Biodiversity, and Scale'. *In:* Lance H. Gunderson, Craig R. Allen and C.S. Holling, eds. *Foundations of Ecological Resilience.* Washington: Island Press.

483.Petsche, Hans -Joachim. 2009. *Hermann Grassmann: Biography.* Trans. Mark Minnes. Basel: Birkhäuser.

484.Pettdfor, Ann. 2006. *The Coming First World Debt Crisis.* Houndmills: Palgrave.

485.Pettit, Philip. 2012. *On the People's Terms: A Republican Theory and Model of Democracy.* Cambridge: Cambridge University Press.

486.Piaget, Jean. 1971a. *Insight and Illusions of Philosophy.* Trans. Wolfe Mays. Chicago: Meridian.

487.Piaget, Jean. 1971b. *Biology and Knowledge: An Essay on the Relations between Organic Regulations and Cognitive Processes.* Trans. Beatrix Walsh. Chicago: University of Chicago Press.

488.Piaget, Jean. 1971c. *Structuralism.* Trans. Chaninah Maschler. London: Routledge and Kegan Paul.

489.Piaget, Jean. 1976. 'A Brief Tribute to Goldmann', *In:* Lucian Goldmann, *Cultural Creation in Modern Society.* Trans. Bart Grahl, Saint

Louis：Telos，Appendix 1，125–127.

490.Piaget，Jean. 1995. *Sociological Studies*. Leslie Smith ed. Trans. Terrance Brown et al. London and New York：Routledge.

491.Pibram Karl. 1991. 'The Implicate Brain'，In：B.J. Hiley and F. David Peat，eds. *Quantum Implications：Essays in Honour of David Bohm*. London and New York：Routledge.

492.Piketty，Thomas. 2014. *Capital in the Twenty–First Century*. Trans. Arthur Goldhammer，Cambridge，MA：Belknap Press.

493.Pihlström，Sami. 1998. *Pragmatism and Philosophical Anthropology*. New York：Peter Lang.

494.Pimentel，David，Laura Westra，and Reed F. Noss，eds. 2000. *Ecological Integrity：Integrating Environment，Conservation，and Health*. Washington：Island Press.

495.Pitte，Frederick P. Van de，1971. *Kant as Philosophical Anthropologist*. The Hague：Martinus Nijhoff.

496.Plehwe，Dieter，Bernard Walpen，and Gisela Neunhöffer，eds. 2006. *Neoliberal Hegemony：A Global Critique*. Abingdon：Routledge.

497.Pocock，J.G.A. 1975. *The Machiavellian Moment：Florentine Political Thought and the Atlantic Republican Tradition*. Princeton：Princeton University Press.

498.Polak，Fred. 1973. *The Image of the Future*. Trans. and abridged by Elise Boulding，San Francisco：Josey–Bass.

499.Polanyi，Karl. 1957. *The Great Transformation*. Boston：Beacon.

500.Polanyi，Michael. 1958. *Personal Knowledge*. Chicago：University of Chicago Press.

501.Polanyi，Michael. 1969. *Knowing and Being：Essays by Michael*

239

Polanyi. Marjorie Grene ed. Chicago：University of Chicago Press.

502.Popper，Karl R. 1969. *Conjectures and Refutations*，3rd ed. London：Routledge

503.Potter，S.J. Vincent G. 1997. *Charles S. Peirce：On Norms & Ideals.* New York. Fordham University Press.

504.Prigogine，Ilya. 1980. *From Being to Becoming：Time and Complexity in the Physical Sciences.* San Francisco：W.H. Freeman.

505.Prigogine，Ilya and Isabelle Stengers. 1984. *Order Out of Chaos.* New York：Bantam Books.

506.Prugh，Thomas，Robert Costanza，and Herman Daly. 2000. *The Local Politics of Global Sustainability.* Washington：Island Press.

507.Putnam，Hilary. 1990. *Realism with a Human Face.* Cambridge，MA：Harvard University Press.

508.Putnam，Hilary. 1992. *Renewing Philosophy.* Cambridge，MA：Harvard University Press.

509.Pylkkänen，Paavo T.I. 2007. *Mind，Matter and the Implicate Order.* Berlin：Springer.

510.Quiggin，John. 2010. *Zombie Economics：How Dead Ideas Still Walk Amongst Us：A Chilling Tale by John Quiggin.* Princeton：Princeton University Press.

511.Quine，W.V. 1959. *Methods of Logic*，2nd ed. Cambridge，MA：Harvard University Press.

512.Quine，W.V. 1960. *Word & Object.* Cambridge，MA：Harvard University Press.

513.Quine，W.V. 1961. *From a Logical Point of View：Logic-Philosoph-*

ical Essays, 2nd ed. New York: Harper & Row.

514.Quine, W.V. 1969. *Ontological Relativity and Other Essays*. New York: Columbia University Press.

515.Quine, W.V. 1981. *Theories and Things*. Cambridge, MA: Harvard University Press.

516.Radu, Mircea. 2000. 'Justus Grassmann's Contributions to the Foundations of Mathematics: Mathematical and Philosophical Aspects', *Historia Mathematica*, 27:4–35.

517.Raez–Luna Ernesto R. 2008. 'Third World Inequity, Critical Political Economy, and the Ecosystem'. In Approach'. David Waltner –Toews, James J. Kay and Nina–Marie E Lister eds. *The Ecosystem Approach: Complexity, Uncertainty, and Managing for Sustainability*. New York: Columbia University Press.

518.Rappaport. R.A. 1990. 'Ecosystems, Populations and People'. In E.F. Moran, ed., *The Ecosystem Approach in Anthropology: From Concept to Practice*. Ann Arbor: University of Michgan Press.

519.Redding, Paul. 2009. *Continental Idealism: Leibniz to Nietzsche*. London: Routledge.

520.Reid, Robert G.B., 2007. *Biological Emergences: Evolution by Natural Experiment*. Cambridge: MIT Press.

521.Reinert, Erik S. ed. 2004. *Globalization, Economic Development and Inequality: An Alternative Perspective*. Cheltenham: Edgar Elgar.

522.Reinert, Erik S. 2007. *How Rich Countries Got Rich ... And Why Poor Countries Stay Poor*. New York: Carrol & Graf.

523.Reinert, Erik S. and Francesca Lidia Viano. 2012. *Thorstein Ve-*

blen:Economics for an Age of Crisis. London:Anthem Press.

524.Rescher,Nicholas. 1996. *Process Metaphysics:an Introduction to Process Philosophy.* New York:SUNY Press.

525.Ricoeur,Paul. 1984. *Time and Narrative, Volume I.* Trans. Kathleen McLaughlin and David Pellauer,Chicago:University of Chicago Press.

526.Ricoeur,Paul. 1986. *Lectures on Ideology and Utopia.* George H. Taylor,ed. New York:Columbia University Press.

527.Riegel,Klaus F. 1973. 'Dialectial Operations:The Final Period of Cognitive Development', *Human Development*,16:346–370.

528.Riegel,Klaus F. 1978. *Foundations of Dialectical Psychology.* New York:Academic Press.

529.Rispoli,Giulia. 2014. 'Between 'Biosphere' and 'Gaia'. Earth as a Living Organism in Soviet Geo–Ecology'. Cosmos and History,10 (2):78–91.

530.Ritchie,Jack. 2008. *Understanding Naturalism.* Stocksfield:Acumen.

531.Ritzer,George 1993. *The McDonaldization of Society.* Thousand Oaks. Pine Forge Press.

532.Ritzer,George,ed. 2007. *The Blackwell Companion to Gobalization.* Malden,Oxford and Carlton:Blackwell.

533.Robinson,William I. 2004. *A Theory of Global Capitalism:Production, Class, and State in a Transnational World.* Baltimore:John Hopkins University Press.

534.Roe,Emery. 1994. *Narrative Policy Analysis:Theory and Practice.* Durham:Duke University Press.

535.Romanos,George D. 1983. *Quine and Analytic Philosophy.* Cam-

240

bridge：MIT Press.

536.Roosevelt，Frank and David Belkin，ed. 1994. *Why Market Social-ism?* Armonk，NY：M.E. Sharpe.

537.Rorty，Richard. 1980. *Philosophy and the Mirror of Nature.* Oxford：Blackwell.

538.Rosen，Judith，2012. 'Preface to the Second Edition：The Nature of Life'. In：Rosen Rosen，*Anticipatory Systems：Philosophical，Mathematical and Methodological Foundations*，2nd ed. New York：Springe.

539.Rosen，Robert. 1987. 'Some epistemological issues in physics and biology'. In：B.J. Hiley and F. David Peat，eds. *Quantum Implications：Essays in Honour of David Bohm.* London：Routledge.

540.Rosen，Robert. 1991. *Life Itself：A Comprehensive Inquiry into the Nature，Origin，and Fabrication of Life.* New York：Columbia University Press.

541.Rosen，Robert. 2000. 'The Church–Pythagoras Thesis'. *In：*Robert Rosen，*Essays on Life Itself.* New York：Columbia University Press.

542.Rosen，Robert. 2012. *Anticipatory Systems：Philosophical，Mathematical and Methodological Foundations*，2nd ed. New York：Springer.

543.Rosen，Steven M. 2008. *The Self–Evolving Cosmos：A Phenomenological Approach to Nature's Unity–in–Diversity.* Singapore：World Scientific.

544.Rössler，Otto. 1998. *Endophysics：The World as an Interface.* Singapore：World Scientific.

545.Rota，Gian–Carlo. 1996. *Indiscrete Thoughts.* Boston：Birkhauser.

546.Rothschild，M. 1990. *Bionomics：Economy as Ecosystem.* New York：Henry Holt and Co.

547.Rovelli，Carlo 2014. 'Science Is Not About Certainty'. *In：*John Brockman, *The Universe*. New York: Harper Perennial.

548. Royce, Josiah. 1995. *The Philosophy of Loyalty* [1908]. Nashville, Tennessee, Vanderbilt University Press.

549. Salthe, Stanley N. 1985. *Evolving Hierachical Systems*. New York: Columbia University Press.

550. Salthe, Stanley N. 1993. *Development and Evolution: Complexity and Change in Biology*. Cambridge, MA: MIT Press.

551. Salthe, S. 2005. 'The Natural Philosophy of Ecology: Developmental Systems Ecology', *Ecological Complexity*, 2: 1–19.

552. Salthe, S. N. 2010. 'Maximum Power and Maximum Entropy Production: Finalities in Nature'. *Cosmos and History*, 6 (1): 114–121.

553. Salthe, S. 2012. 'On the Origin o Semiosis'. Cybernetics and Human Knowing, 19 (3): 53–66.

554. Sandel, Michael J. 2005. *Public Philosophy*. Cambridge: Harvard University Press.

555. Sandel, Michael J. 2005. 'The Procedural Republic and the Unencumbered Self'. *Public Philosophy*. Cambridge, MA: Harvard University Press.

556. Sartre, Jean-Paul. 1968. *Search for a Method*. Trans. Hazel E. Barnes. New York: Vintage.

557. Sartre, Jean-Paul. 1976. *Critique of Dialectical Reason I*. [1960]. Trans. Alan Sheridan-Smith. London: New Left Books.

558. Sartre, Jean-Paul. 1991. *Critique of Dialectical Reason Volume II (Unfinished)*. Arlette Elkaim-Sartre, ed. Trans. Quentin Hoare. London: Verso.

559. Schafer, Paul. 2008. *Revolution or Renaissance: Making the Transition form an Economic Age to a Cultural Age*. Ottawa: Ottawa University Press.

241

560.Scheler, Max. 1973. *Formalism in Ethics and Non-Formal Ethics of Values*. Evanston: Northwestern University Press.

561.Schelling, F.W.J. 1856-61. 'Allgemeine Deduktion des dynamische Prozesses oder der Kategorien der Physik'. In: Friedrich Wilhelm Joseph von Schelling, *Sämmtliche Werke*. ed. K.F.A. Schelling I Abtheilung, vols 1-10, I/4: 1-78.

562.Schelling, F. W. J. 1936. *Schelling: Of Human Freedom*. Trans. James Gutmann. Chicago: Open Court.

563.Schelling, F. W. J. 1978. *System of Transcendental Idealism* (1800). Trans. Peter Heath. Charlottesville: University Press of Virginia.

564.Schelling, F. W. J. 1989. *The Philosophy of Art*. Trans. Douglas W. Stott. Minneapolis: University of Minnesota Press.

565.Schelling, F.W.J. von. 1994. *On the History of Modern Philosophy*. Trans. Andrew Bowie. Cambridge: Cambridge University Press.

566.Schelling, F.W.J. 2000. *The Ages of the World, Third Version (c. 1815)*, Trans. Jason W. Wirth. New York: State University of New York Press.

567.Schelling, F.W.J. 2004. *First Outline of a System of the Philosophy of Nature*, [1799]. Trans. Keith R. Peterson. New York: State University of New York.

568.Schelling, F.W.J. 2007. *The Grounding of Positive Philosophy: The Berlin Lectures*. Albany: SUNY Press.

569.Schellnhuber, Hans Joachim. 2008. 'Global Warming: Stop Worrying, Start Panicking?' *PNAS*, 105 (37), Sept: 14239 -14240. doi: 10.1073/pnas.0807331105.

570.Schilhab, Theresa, Stjemfelt, Frederik and Deacon, Terrence, eds.

2012. *The Symbolic Species Evolved*. Dordrecht: Springer.

571. Schiller, Friedrich. 1982. *On the Aesthetic Education of Man In a Series of Letters*. Trans, and ed. Elizabeth M. Wilkinson and L.A. Willoughby. Oxford: The Clarendon Press.

572. Schleiermacher, Friedrich. 1996. *Dialectic or, The Art of Doing Philosophy*. Trans. Terrance N. Tice Atlanta: Scholars Press.

573. Schmid, Christian. 2008. 'Henri Lefebvre's Theory of the Production of Space' In: Kanishka Goonewardena et. al.eds. Space, *Difference, Everyday Life: Reading Henri Lefebvre*. New York: Routlede.

574. Sebeok, Thomas A. 'Semiotics as a Bridge Between the Humanities and the Sciences', In: Paul Perron et al. eds. *Semiotics as a Bridge Between the Humanities and the Sciences*, 76–100.

575. Seers, Dudley. 1983. *The Political Economy of Nationalism*. Oxford: Oxford University Press.

576. Seibt, Johanna. 2003. *Process Theories: Crossdisciplinary Studies in Dynamic Categories*. Dordrecht: Kluwer.

577. Sen, Amartya. 1999. *Development as Freedom*, New York: Anchor Books.

578. Shaw, Devin Zane. 2010. *Freedom and Nature in Schelling's Philosophy of Art*. London: Continuum.

579. Shellenberger, Michael and Ted Nordhaus. 2004. *The Death of Environmentalism: Global Warming Politics in a Post-Environmental World*. The Breakthrough Institute. http://thebreakthrough.org/archive/the_death_of_environmentalism[Accessed 3 February 2016].

580. Siebers, Johan. 2002. *The Method of Speculative Philosophy: An Essay on the Foundation of Whitehead's Metaphysics*. Kassell: Kassell Uni-

versity Press.

581.Simeonov, Plamen L., Smith, Leslie L. and Ehresmann, Andrée C. eds. 2012. *Integral Biomathics: Tracing the Road to Reality*. Springer-Verlag, Berlin.

582.Simeonov, Plamen L., K. Matsuno, K. and R.S. Root-Bernstein, eds. 2013. 'Focussed Issue: Can Biology Create a Profoundly New Mathematics and Computation?', *Process in Biophysics & Molecular Biology*, 113(2), Sept.

583.Simeonov, Plamen, Arran Gare and Steven Rosen, eds. 2015. 'Focussed Issue: Integral Biomathics: Life Sciences, Mathematics and Phenomenological Philosophy'. *Progress in Biophysics & Molecuhr Biology*. 119(3), Dec.

584.Simhony, Avital and David Weinstein, ed. 2001. *The New Liberalism: Reconciling Liberty and Community*. Cambridge: Cambridge University Press.

585.Skinner, Quentin. 1998. *Liberty Before Liberalism*. Cambridge: Cambridge University Press.

586.Skinner, Quentin. 2002. *Visions of Politics Volume Ⅲ, Hobbes and Civil Society*. Cambridge: Cambridge University Press.

587.Skinner, Quentin and Bo Stråth, eds. 2003. *States and Citizens: History, Theory, Prospects*. Cambridge: Cambridge University Press.

588.Skinner, Quentin. 2003. 'States and the freedom of citizens'. In: Quentin Skinner and Bo Stråth, eds. *States and Citizens: History, Theory, Prospects*. Cambridge: Cambridge University Press.

589.Skinner, Quentin. 2008. *Hobbes and Republican Liberty*. Cambridge: Cambridge University Press, 2008.

590.Sklair, Leslie. 2001. *The Transnational Capitalist Class*. Oxford:

Blackwell.

591.Skolimowski, Henryk. 1983. 'The Structure of Thinking in Technology'. *In:* Carl Mitcham and Robert Mackey, eds. *Philosophy and Technology: Readings in the Philosophical Problems of Technology*, New York: The Free Press.

592.Smolin, Lee. 2007. *The Trouble with Physics*, Boston: Houghton Mifflin. See also Peter Woit, Not Even Wrong. London: Vintage.

593.Smolin, Lee. 2013. *Time Reborn: From the Crisis in Physics to the Future of the Universe.* Boston: Houghton Mifflin Harcourt.

594.Smolin, Lee. 2014. 'Think About Nature'. *In:* John Brockman, ed. *The Universe.* New York: Harper Perennial, 127–152.

595.Smolin, Lee. 2015. 'Temporal Naturalism', *Studies in History and Philosophy of Modem Science Part B: Studies in the History and Philosophy of Modern Physics*, 52 November, Part B: 86–102.

596.Söderbaum, Peter. 2000. *Ecological Economics: A Political Economics Approach to Environment and Development.* London: Earthscan.

597.Söderbaum, Peter. 2008. *Understanding Sustainability Economics.* London: Earthscan.

598.Sorokin, Pitirim A. 1947. *Society, Culture, and Personality: Their Structure and Dynamics.* New York: Harper & Brothers.

599.Stapp, Henry P. 2006. *Mindful Universe: Quantum Mechanics and the Participating Observer*, Dordrecht: Springer.

600.Stjemfelt, Frederik. 2007. *Diagrammatology: An investigation on the Borderlines of Phenomenology, Ontology, and Semiotics.* Dordrecht: Springer.

601.Straume, Ingerid S. and J.F. Humphrey, eds. 2011. *Depoliticization: The Political Imaginary of Global Capitalism*, Malmö: NSU Press.

602.Strawson, Galen. 2013. 'Real Naturalism v2', *Metodo. International Studies in Phenomenology and Philosophy*, 1(2): 101–125.

603.Strawson, P.F. 1992. *Analysis and Metaphysics*. Oxford: Oxford University Press.

243   604.Sturm, Douglas., 1998. *Solidarity and Suffering: Toward a Politics of Relationality*. New York: SUNY Press.

605.Supiot, Alain. 2012. 'Under Eastern Eyes', *New Left Review*. 73, Jan–Feb: 29–36.

606.Suppe, Frederick. 1977. 'The Search for Philosophical Understanding of Scientific Theories.' In: Frederick Suppe, ed. *The Structure of Scientific Theories*. 2nd ed. Urbana: University of Chicago Press.

607.Tanner, Richard and Anthony G. Athos. 1986. *The Art of Japanese Management*. London: Penguin.

608.Taylor, Charles. 1989. *Sources of the Self: The Making of the Modern Identity*. Cambridge: Cambridge University Press.

609.Taylor, George H. 1986. 'Editor's Introduction'. In: Paul Ricoeur, *Lectures on Ideology and Utopia*. New York: Columbia University Press.

610.Taylor, Maria. 2014. *Global warming and climate change: what Australia knew and buried...then framed a new reality for the public*. Canberra, Australian National University Press.

611.Thellefsen, Torkild Leo. 2001. 'C.S. Peirce's Evolutionary Sign: an Analysis of Depth and Complexity within Peircian Sign Types'. *Semiotics, Evolution, Energy, and Development*. 1(2): Dec.

612.Thompson, Evan. 2007. *Mind in Life: Biology, Phenomenology, and the Science of Mind*. Cambridge MA: Belknap Press.

613.Tiles, Mary. 1984. *Bachelard:Science and Objectivity*. Cambridge: Cambridge University Press.

614.Todorov, Tzvetan. 1984. 'Philosophical Anthropology'. *In:*Tzvetan Todorov. *Mikhail Bakhtin:The Dialogic Principle*. Trans. Wlad Godzich. Manchester:Manchester University Press.

615.Toews, Edward. 1985. *Hegelianism:the Path Toward Dialectical Humanism, 1805–1841*. Cambridge:Cambridge University Press.

616.Toscano, Alberto. 2004. 'Philosophy and the Experience of Construction'. In:Judith Norman and Alisdair Welchman, eds. *The New Schelling*. London:Continuum.

617.Toulmin, Stephen. 1994. *Cosmopolis:The Hidden Agenda of Modernity*. Chicago:Chicago University Press.

618.Turchin, Peter. 2007. *War and Peace and War:The Rise and Fall of Empires*, New York:Plume.

619.Tyler, Colin. 2010. *The Liberal Socialism of Thomas Hill Green, Part 1:The Metaphysics of Self-realisation and Freedom*. Exeter:Imprint Academic.

620.Tyler, Colin. 2012. *The Liberal Socialism of Thomas Hill Green, Part I1:Civil Society, Capitalism and the State*. Exeter:Imprint Academic.

621.Uexhüll, Jacob von. 1926. *Theoretical Biology*. Trans. D.L. MacKinnon, London:Kegan Paul, Trench, Trubner.

622.Ulanowicz, Robert E. 1997. *Ecology:The Ascendent Perspective*. New York:Columbia University Press.

623.Ulanowicz, Robert. 2000. 'Toward a Measure in Ecological Integrity'. In:David Pimentel, Laura Westra and Reed F. Noss, eds. *Ecological In-*

tegrity: Integrating Environment, Conservation, and Health. Washington: Island Press.

624.Ulanowicz, Robert E. 2009. *A Third Window: Natural Life beyond Newton and Darwin*. West Conschohocken: Templeton Foundation Press.

625.Unger, Roberto Mangabeira. 1983. 'The Critical Legal Studies Movement', *Harvard Law Review*, 96:571–675.

626.Unger, Roberto Mangabeira and Lee Smolin. 2015. *The Singular Universe and the Reality of Time*. Cambridge: Cambridge University Press.

627.Vanheeswijck, Guido. 1998. 'R.G.Collingwood and A.N. Whitehead on Metaphysics, History, and Cosmology', Process Studies, 27/3–4:215–236.

628.Varoufakis, Yanis, Josep Halevi and Nicholas J. Theocarakis. 2011. *Modern Political Economics: Making Sense of the Post–2008 World*. London: Routledge.

629.Varela, Franciso J., Evan Thompson, and Eleanor Rosch. 1993. *The Embodied Mind: Cognitive Science and Human Experience*. Cambridge, MA: MIT Press.

630.Vatn, Arid. 2005. *Institutions and the Environment*. Cheltenham: Edward Elgar.

631.Veilahti, Antti. 2 Oct 2015. 'Alain Badiou's Mistake—Two Postulates of Dialectic Materialism'. arXiv:1301.1203v3[math.CT].

632.Verene, Donald Phillip. 2009. *Speculative Philosophy*. Lanham: Lexington Books.

633.Vickers, Geoffrey. 1973. *Making Institutions Work*. New York: Wiley.

634.Vijver, Gertrudis van de, Stanley N. Salthe, and Manuela Delpos,

244

eds. 1998. *Evolutionary Systems: Biological and Epistemological Perspectives on Selection and Self-Organization*. Dordrecht: Kluwer.

635. Waddington, C.H. ed. 1968 –72. *Towards a Theoretical Biology*, 4 Vols. Edinburgh: Edinburgh University Press.

636. Waddington, C.H. 2010. 'The Practical Consequences of Meta-physical Beliefs on a Biologist's Work: An Autobiographical Note'. In: CH. Waddington ed. *Sketching Theoretical Biology: Towards a Theoretical Biology, Volume 2*, [1969], 2nd ed. New Brunswick: Transaction, 72–81.

637. Waibel, Violetta L. 2010. "'With Respect to the Antinomies, Fichte had a Remarkable Idea': Their Answers to Kant and Fichte –Hardenberg, Hölderlin, Hegel'. *In*: Daniel Breazeale and Tom Rockmore, eds. *Fichte, German Idealism, and Early Romanticism*, Amsterdam: Rodopi.

638. Waltner-Toews, David, James J. Kay, and Nina Marie E. Lister, eds. 2008. *The Ecosystem Approach: Complexity, Uncertainty, and Managing for Sustainability*. New York: Columbia University Press.

639. Wang Hui. 2011. *The End of the Revolution: China and the Limits of Modernity*. London: Verso.

640. Weart, Spencer. *The Discovery of Global Warming*. Available from: https://www.aip.org/ history/climate/index.htm [Accessed 18 January 2016].

641. Weiner, Douglas R. 1988. *Models of Nature: Ecology, Conservation, and Cultural Revolution in Soviet Russia*. Bloomington: Indiana University Press.

642. Westra, Laura, Klaus Bosselmann, and Richard Westra, eds. 2008. *Reconciling Human Existence with Ecological Integrity*. London: Earthscan.

643. Westra, Laura, Klaus Bosselmann, and Colin Soskolne, eds. 2011.

Globalisation and Ecological Integrity in Science and International Law. Newcastle On Tyne：Cambridge Scholars.

644.Westra，Richard. 2010. *Confronting Global Neoliberalism：Third World Resistance and Development Strategies.* Atlanta：Clarity Press.

645.Wheeler，Wendy. 2006. *The Whole Creature：Complexity，Biosemi－otics and the Evolution of Culture.* London：Lawrence & Wishart.

646.White James D. 1996. *Karl Marx and the Origins of Dialectical Materialism.* Houndmills：Macmillan.

647.Whitehead，Alfred North. 1929. *The Function of Reason.* Prince－ton：Princeton University Press.

648.Whitehead，Alfred North. 1932. *Science and the Modem World.* Cambridge：Cambridge University Press.

649.Whitehead，Alfred North. 1933. *Adventures of Ideas.* New York：The Free Press.

650.Whitehead，Alfred North. 1938. *Modes of Thought.* New York：The Free Press.

651.Whitehead，Alfred North. 1955. Quote. *In：*W.W. Sawyer，*Prelude to Mathematics.* London：Penguin.

652.Whitehead，Alfred North. 1978. *Process and Reality*［1929］，cor－rected edition. David Ray Griffin and Donald W. Sherburne，eds. New York：Free Press.

653.Whitrow，G.J. 1980. *The Natural Philosophy of Time.* 2nd ed. Ox－ford：Clarendon Press.

245　654.Whitton，Evan 2005. Serial Liars：How Lawyers Get the Money and Get the Criminals Off. Raleigh：Lulu.

655.Wiener，Norbert. 1993. *Invention：The Care and Feeding of Ideas.*

Cambridge: MIT Press.

656.Wilkinson, Richard and Kate Picket. 2009. *The Spirit Level: Why More Equal Societies Almost Always do Better.* London: Allen Lane.

657.Williams, Robert R. 1992. *Recognition: Fichte and Hegel on the Other.* New York: SUNY Press.

658.Williams, Robert R. 1997. Hegel's Ethics of Recognition. Berkeley: University of California Press.

659.Wittbecker, Alan, 2011. *Global Government: Creating a System for Conducting the Planet.* 3rd ed. Sarasota: Clio Press.

660.Wittgenstein, Ludwig. 1968. *Philosophical Investigations.* Trans. G. E. Anscombe, 3rd ed., Oxford: Basil Blackwell.

661.Woit, Peter. 2007. *Not Even Wrong.* London: Vintage Books.

662.Wolin, Sheldon S. 2008. *Democracy Inc.: Managed Democracy and the Spectre of Inverted Totalitarianism.* Princeton: Princeton University Press.

663.Worster, Donald. 1994. *Nature's Economy: A History of Ecological Ideas.* 2nd ed. Cambridge: Cambridge University Press.

664.Yi, Guo, Sasa Josifovic, and Auman Lätzer-Lasar, eds. 2013. *Metaphysical Foundations of Knowledge and Ethics in Chinese and European Philosophy.* Paperbom: Wilhelm Fink.

665.Young, Robert M. 1985. *Darwin's Metaphor: Nature's Place in Victorian Culture.* Cambridge: Cambridge University Press.

666.Zalamea, Fernando. 2012. *Synthetic Philosophy of Contemporary Mathematics.* Trans. Zachary Luke Fraser, New York: Orchard Street.

667.Zammito, John. 2002. *Kant, Herder and the Birth of Anthropology.*

Chicago：Chicago University Press.

668.Zijderveld，Anton C. 1979. *On Cliches：The Supersedure of Meaning by Function in Modernity*，London：Routledge and Kegan Paul.

索 引

（页码为英文原著页码）

每章结尾的注释用字母n表示，前面是页码数，后面是注释序号。

Fromm, Erich　弗洛姆，艾瑞克218

fulfilling and fulfilled life　有意义且满意的生命213–14, 219n2

Furth, Hans　福斯，汉斯83, 92

future, visions of　未来愿景94–5, 96–7, 108

fuzzy law　模糊法189

Gadamer, Hans Georg　伽达默尔，汉斯·格奥尔格49

Gaia　盖娅209, 210

Galbraith, James　加尔布雷斯，詹姆斯144

Galbraith, John Kenneth　加尔布雷斯，约翰·肯尼斯148

Galilei, Galileo　伽利略，伽利雷35, 119–20, 125, 126, 137

Gassendi, Pierre　伽森狄，皮尔斯156

Geddes, Patrick　盖迪斯，帕特里克185

Gehlen, Arnold　阿诺德，盖伦162, 167

genetic structuralism　生成结构主义82–92, 95–9, 101, 103–4, 162, 164, 206

geography　地理206

Georgescu-Roegen, Nicholas　乔治斯-罗根，尼古拉斯39, 130, 202

German philosophy　德国哲学4, 48–51, 52–4, 158, 163–4

German Renaissance　德国复兴157, 158, 166

Gestalt psychology　格式塔心理学115, 117, 118

Gezon, Lias L.　格森，利亚斯 L.191

Giampietro, Mario　詹彼得罗，马里奥211n5

Giere, Ronald　吉尔，罗纳德42

global corporatocracy　全球公司王国18, 22, 24–5, 76, 97, 98, 102, 144–6, 151–2, 181–2, 186, 187, 198, 217